释 放 智 慧 能 量　　开 启 智 能 生 活

定制未来个性化生活
智能家居产业专利探究

陈玉华 主编

图书在版编目（CIP）数据

定制未来个性化生活：智能家居产业专利探究／陈玉华主编 .—北京：知识产权出版社，2018.8

ISBN 978-7-5130-5811-7

Ⅰ.①定… Ⅱ.①陈… Ⅲ.①住宅—智能技术—专利—研究 Ⅳ.①G306.71②TU241

中国版本图书馆 CIP 数据核字（2018）第 206607 号

责任编辑：雷春丽　　　　　　　　　　　责任印制：刘译文
封面设计：SUN 工作室　韩建文

定制未来个性化生活
——智能家居产业专利探究

陈玉华　主编

出版发行：**知识产权出版社**有限责任公司	网　　址：http://www.ipph.cn
社　　址：北京市海淀区气象路 50 号院	邮　　编：100081
责编电话：010-82000860 转 8004	责编邮箱：leichunli@cnipr.com
发行电话：010-82000860 转 8101/8102	发行传真：010-82000893/82005070/82000270
印　　刷：北京嘉恒彩色印刷有限责任公司	经　　销：各大网上书店、新华书店及相关专业书店
开　　本：880mm×1230mm　1/32	印　　张：11.625
版　　次：2018 年 8 月第 1 版	印　　次：2018 年 8 月第 1 次印刷
字　　数：279 千字	定　　价：58.00 元
ISBN 978-7-5130-5811-7	

出版权专有　侵权必究

如有印装质量问题，本社负责调换。

本书编委会

主　编　陈玉华
副主编　姚宏颖　崔海波
执笔人（排名不分先后）
　　　　崔海波　于　白　曾宇昕　唐　嫣　沈敏洁　陈冬冰
　　　　苏　文　李文浩　丛　磊　苏　菲　邱晓宁　马欲洁
　　　　杜婧子　姚　楠　王　晶　李　元　李　迪　李　楠
　　　　吴　冰

目　录

1　绪　论

1.1　引　言 ／ 1
1.2　智能家居概述 ／ 2
 1.2.1　智能家居的起源 ／ 3
 1.2.2　智能家居产业的发展现状 ／ 5
 1.2.3　小结 ／ 15

2　单品的智能化

2.1　单品智能化概述 ／ 17
 2.1.1　单品智能化的概念 ／ 17
 2.1.2　单品智能化的发展现状 ／ 18
 2.1.3　单品智能化的技术领域 ／ 25
2.2　智能中央控制器 ／ 29
 2.2.1　智能中央控制器的概念 ／ 29

2.2.2　智能中央控制器的优势 / 32
   2.2.3　海尔的相关专利布局 / 35
   2.2.4　海尔中央控制器的专利地位 / 42
   2.2.5　智能中央控制器的典型产品及未来趋势 / 48
   2.2.6　小结 / 54
 2.3　智能家居机器人 / 55
   2.3.1　智能家居机器人的发展过程 / 55
   2.3.2　智能家居机器人的关键技术 / 74
   2.3.3　智能家居机器人的重点企业 / 81
   2.3.4　小结 / 88
 2.4　智能门窗 / 88
   2.4.1　智能门窗的概述 / 88
   2.4.2　智能门窗的具体印象 / 90
   2.4.3　智能门窗的重要发明主体 / 93
   2.4.4　智能门窗的专利概况 / 104
   2.4.5　小结 / 109
 2.5　智能照明 / 111
   2.5.1　智能照明的发展过程 / 111
   2.5.2　智能照明的关键技术 / 121
   2.5.3　智能照明的重点企业 / 124
   2.5.4　小结 / 129
 2.6　智能防盗 / 129
   2.6.1　智能防盗的概述 / 131
   2.6.2　智能防盗的发展过程 / 135
   2.6.3　智能防盗的关键技术 / 147
   2.6.4　智能防盗的重点企业 / 151

2.6.5 小结 / 156
2.7 智能冰箱 / 156
 2.7.1 智能冰箱的发展过程 / 156
 2.7.2 智能冰箱的关键技术 / 167
 2.7.3 智能冰箱的重点企业 / 175
 2.7.4 小结 / 180
2.8 智能马桶 / 180
 2.8.1 智能马桶的发展过程 / 180
 2.8.2 智能马桶的关键技术 / 185
 2.8.3 智能马桶的重点企业 / 201
 2.8.4 小结 / 207
2.9 智能影音 / 207
 2.9.1 智能影音的发展过程 / 208
 2.9.2 智能影音的相关标准和器材 / 210
 2.9.3 智能影音的历年专利申请情况 / 211
 2.9.4 智能影音的重点企业 / 213
 2.9.5 智能影音的专利解读 / 219
 2.9.6 小结 / 223
2.10 智能医疗 / 224
 2.10.1 智能医疗的发展过程 / 224
 2.10.2 智能医疗的关键技术 / 226
 2.10.3 智能医疗的重点企业 / 239
 2.10.4 小结 / 242
2.11 本章结语 / 243

3 智能家居系统

- 3.1 智能家居系统概述 / 244
  - 3.1.1 智能家居系统的概念 / 245
  - 3.1.2 智能家居系统的行业发展环境 / 246
  - 3.1.3 智能家居系统的发展历程和典型市场参与者 / 248
  - 3.1.4 智能家居系统的发展阻碍 / 249
  - 3.1.5 智能家居系统的未来趋势 / 250
- 3.2 智能家居系统的重点企业——小米 / 252
  - 3.2.1 小米智能家居平台介绍 / 252
  - 3.2.2 小米智能家居产品的关键技术 / 259
  - 3.2.3 产业联盟策略 / 284
- 3.3 智能家居系统的重点企业——海尔 / 284
  - 3.3.1 海尔智能家居平台介绍——U-HOME / 285
  - 3.3.2 U-HOME家居产品的关键技术 / 292
  - 3.3.3 产业联盟策略 / 299
- 3.4 智能家居系统的重点企业——亚马逊 / 300
  - 3.4.1 亚马逊智能家居平台介绍 / 300
  - 3.4.2 亚马逊智能家居平台的关键技术 / 306
  - 3.4.3 亚马逊智能家居平台生态圈 / 317
- 3.5 本章结语 / 322

4 智能家居与人工智能

4.1 人工智能的发展 / 324

4.1.1 人工智能的发展阶段 / 325

4.1.2 人工智能的细分领域 / 330

4.1.3 人工智能的发展现状 / 334

4.2 智能家居与人工智能 / 342

4.2.1 缘分初起——从智能家居的发展说起 / 343

4.2.2 注定相遇——人工智能与智能家居的结合 / 347

4.2.3 好事多磨——面临的挑战 / 349

4.3 智能家居的未来发展趋势 / 351

4.3.1 更加智能 / 351

4.3.2 更加广泛 / 352

4.3.3 更加深入 / 359

1 绪　　论

1.1 引　言

中国古典文化中，理想的居所是世外桃源。陶渊明笔下鸡鸣犬吠、种豆赏菊的荆门草屋象征着人们对回归自然的向往。如今，设备、技术和工艺占据了我们的生活：电灯、电话、冰箱、洗衣机……我们的居所基本变成了由机械和电子产品组成的人造小世界。

工程师们殚精竭虑地思索着改善世界的完美方案，他们的灵感不仅变成一个个实体，也在这些实体中灌注了自我改善和寻求平衡的智慧。近十几年间发生的巨大改变，显示出一场带动人类文明发生变化的科学和技术变革。"智能"这一概念对工业产品领域的影响，不亚于几个世纪前蒸汽机对人类生活产生的影响。

新的思想和技术体系不但展示出设计者的智慧，同时也为人类未来的发展探索着无限的可能。1941年，法国人类学马塞尔·莫斯谈道："为了更好地谈论技术，必须首先了解技术。"技术知识本身有它的文化和智力价值，无论从科学技术、社会文化还是发明创造的角度来考察它们，毫无疑问都具有同样重要的意义。

本书着眼于智能家居领域，从专利技术和专利保护的角度思考技术与人文、工具与生态、理性与感性之间的关系。全书分为四个部分，第一部分讲述智能家居概念，解释了智能家居起源于人类不断改善居住环境的愿望，通过技术演变描述智能家居领域的发展现状。

第二部分介绍智能家居单品的概念及所在技术领域。从智能中控和家居机器人这些"新概念"，到门窗、照明、防盗、冰箱、马桶、影音、医疗等传统家庭生活的方方面面，试图用细节构筑完整的智能家居全景。

第三部分整合智能家居系统，以小米、海尔、亚马逊为例介绍系统平台、关键技术和产业联盟策略。

第四部分对智能家居与人工智能进行思考，分析人工智能的发展及其对智能家居的影响，探索未来智能家居发展。

机器有能力思考吗？20世纪的人也许觉得这是一个可笑的问题，而如今，设备不仅是思想的载体，也部分地拥有了"思想"；技术不仅存在于公共生产领域，也走进了私人居住空间。我们邀请你跟随这本书，在人类的智慧中体验未来生活。

1.2　智能家居概述

智能家居（Smart Home, or Home Automation）是以住宅为平台，利用综合布线技术、网络通信技术、安全防范技术、自动控制技术、音视频技术将家居生活有关的设施集成，构建高效的住宅设施与家庭日程事务的管理系统，提升家居安全性、便利性、舒适性和艺术性并实现环保节能的居住环境，在当前"互联网+"的时代，更凸显以人为本、智能舒适的需求。

智能家居最早出现在美国，它利用先进的计算机技术、嵌入式技术、网络通信技术、综合布线技术，将与家居生活有关的各种子系统有机地结合在一起。随着人们生活水平的提高，人们对居住环境的舒适、便利、环保和安全等方面提出了更高的要求，得益于当前物联网技术的日趋成熟和广泛应用，基于信息化、网络化技术的智能家居应运而生，并逐渐成为未来居家环境发展的主要方向和趋势，智能家居将成为蕴含着巨大市场价值的信息化产业。

1.2.1 智能家居的起源

智能家居的概念起源较早，1984 年美国联合科技公司（United Technologies Building System）将建筑设备信息化、整合化概念应用于美国康涅狄格州哈特佛市的 City Place Building 时，出现了首栋的"智能型建筑"，从此揭开了全世界争相建造智能家居的序幕。

随后智能家居（Smart Home）频繁出现在各大媒体上，成了人们耳熟能详的词汇。关于智能家居的称谓多种多样，诸如电子家庭（Electronic Home）、e-Home、数字家园（Digital Family）、家庭自动化（Home Automation）、家庭网络（Home Net/Networks for Home）、网络家居（Network Home）、智能化家庭（Intelligent Home）等几十种，尽管名称五花八门，但它们的含义和所要实现的功能大体是相同的。早期的智能家居产品主要以家庭灯光、电器远程控制和电动窗帘控制等为主，但由于当时物联技术发展尚未成熟，智能家居实际应用受到很多技术上的制约，应用场景也非常有限。

随着移动通信技术、物联网技术的不断发展，人们对于居家舒适度、智能化、人性化要求的不断提高，智能家居智能控制的功能也越来越多,应用场景也不断扩展,控制的联动场景和精准度的要求也越来越高。与普通家居相比,智能家居不仅具有传统的居住功能,兼备建筑、网络通信、信息家电、设备自动化,提供全方位的信息交互功能,甚至能节省家居的各种能源所消耗的费用资金。

图1-2-1 比尔·盖茨的智能豪宅*

智能家居的概念真正为世人所熟知,要从1997年比尔·盖茨的智能豪宅说起。盖茨的智能豪宅位于美国西雅图的华盛顿湖畔,利用了众多当时最新的科技手段和设施。比如,通信电缆连接了屋里屋外的多个使用Windows NT操作系统的服务器;每个房间都使用触摸感应器控制照明、音乐和室温,灯光和其他设定都是可人性化自动调整;在主人回家的途中,就可以通过智能住宅系统遥控家中的一切,包括让空调预先启动、浴池的水自动调温、嘱咐厨房的工作人员准备晚饭等;到访的客人都要佩带电子探针,方便电脑知道他们是谁和身处何处;此外,住宅里有一棵百年老树,传感器能

---

* "探访比尔·盖茨的智能豪宅",东方网,http://news.163.com/15/1002/10/B4TQGKK800014AEE.html.

够根据老树的需水情况,实现及时、全自动浇灌。这座耗费巨资、花费数年建造的大型豪华住宅,堪称智能家居的经典之作。

1.2.2 智能家居产业的发展现状

进入 21 世纪以来,依托于物联网和云计算技术的快速发展,智能家居产业也相应得到飞速发展,逐渐进入大众生活,同时由于市场规模巨大,智能家居产业也越来越受到全球产业界的关注。

1.2.2.1 全球智能家居产业的发展概况

1. 全球智能家居行业的发展现状

全球智能家居市场规模在 2015 年达 485 亿美元,随后增速逐渐趋缓,仍然维持每年约 80 亿美元的增速,预计 2018 年市场规模将达到 710 亿美元。根据 GfK 研究报告表明,超过半数人认为在未来几年智能家居会对他们的生活产生影响。

根据 Statista 美国智能家居行业的调查数据显示,2016 年美国智能家居市场容量为 97.125 亿美元,成为全球智能家居市场容量最大的国家。全球智能家居市场容量排名前五的国家分别是:美国、日本、德国、中国、英国。其中,美国的智能家居市场容量为 97.125 亿美元,日本为 11.289 亿美元,德国为 9.256 亿美元,中国为 5.2 亿美元,英国为 4.775 亿美元。

另外,从智能家居普及率的增长情况来看,美国以 5.8% 位居第一。其他四个国家依次为:日本、瑞典、德国、挪威,其中日本为 1.3%,瑞典为 1.3%,德国为 1.2%,挪威为 1.2%。

2. 主要国家发展状况

(1) 美国

2014—2016 年,美国智能家居的市场容量不断增长,从 2014

年的 34.04 亿美元到 2015 年的 60.22 亿美元再到 2016 年的 97.125 亿美元,平均每年增长 30 亿美元左右。

美国智能家居的细分领域主要有五个方面:家庭自动化、家庭安全、家庭娱乐、环境辅助、生活能源管理。其中家庭自动化、家庭安全和家庭娱乐的市场容量最大,以 2014 年为例,家庭自动化为 7.699 亿美元、家庭安全为 8.368 亿美元、家庭娱乐为 13.321 亿美元、环境辅助为 0.829 亿美元、生活能源管理为 3.826 亿美元。

2015 年五个细分领域的增长情况如下:家庭自动化为 147.3%、家庭安全系统为 61.2%、家庭娱乐为 50.9%、环境辅助为 92.2%、生活能源管理为 56.6%。美国智能家居的用户数在 2014 年为 280 万户,2015 年用户数就增加到 464 万户,共增加了 184 万户,2016 年这个数字达到 737 万户。

从上述的一系列数据我们可以看出,目前美国正处于智能家居快速发展的阶段,而其中又以智能家居设备制造为主要阶段。

(2) 日本

日本 2016 年在智能家居市场上的收入达到 1129 万美元,在家庭的普及率为 1.29%,预计在 2020 将达到 7.09%。据统计,智能家居的平均收入金额为 1864.96 美元。从全球角度的对比研究表明,大部分收益是产生于美国。

(3) 德国

德国 2016 年在智能家居市场上的收入达到 925.6 万美元,在家庭的普及率为 1.21%,预计在 2020 年将达到 6.23%。据统计,智能家居的平均收入金额为 1970.15 美元。

(4) 英国

英国 2016 年在智能家居市场上的收入达到 477.5 万美元,在家庭的普及率为1.02%,预计在2020将达到5.28%。据统计,智能家居的平均收入金额为1737.85美元。

根据以上数据可以分析得出,美国在智能家居市场处于领先地位,并且远远领先于其他国家,而中国目前智能家居的市场容量及家庭使用普及率较低。

3. 全球智能家居行业发展趋势

市场调研公司Markets And Markets近日发布报告称,全球智能家居市场规模将在2022年达到1220亿美元,2016—2022年年均增长率预测为14%。智能家居产品分类涵盖照明、安防、供暖、空调、娱乐、医疗看护、厨房用品等。

智能家居行业发展的潜力吸引众多资本加入,包括传统硬件企业、互联网企业、房地产家装企业纷纷抢滩智能家居市场。谷歌、苹果、微软、三星、华为、小米、魅族等众多科技公司入局,在这些公司的共同努力之下,全球智能家居行业前景看好。同时,移动通信技术的持续发展给智能家居行业提供强而有力的技术支持,包括5G技术、蓝牙5、Zigbee技术、下一代WiFi标准等都有明确的商业化时间表。

越来越多的新技术涌现,与智能家居的融合将产生强大的合力,如人工智能技术、语音识别技术、深度学习技术,它们都不断在智能家居行业发力,争取与智能家居技术深度融合。智能家居产品将会越来越普及,分类越来越细化,所涉及的产品种类会越来越多。远程控制会有一定的发展,但终究会被完整的智能家居系统所代替。智能家居未来的市场广阔,但智能家居平台市场大战也是必不可少的。

1.2.2.2 中国智能家居行业发展概况

1. 中国智能家居行业发展历程

智能家居在我国发展大致经历了四个阶段。

图 1-2-2　中国智能家居行业发展概况*

第一阶段：萌芽期/智能小区期（1994—1999 年）。

这是智能家居在中国的第一个发展阶段，整个行业还处在一个概念熟悉、产品认知的阶段，这时还没有出现专业的智能家居生产厂商，只在深圳有一两家美国智能家居代理销售公司从事进口零售业务，产品多销售给居住在国内的欧美用户。

第二阶段：开创期（2000—2005 年）。

这个阶段，国内先后成立了五十多家智能家居研发生产企业，主要集中在深圳、上海、天津、北京、杭州、厦门等地。智能家居的市场营销、技术培训体系逐渐完善起来。此阶段，国外智能家居产品基本没有进入国内市场。

第三阶段：徘徊期（2006—2010 年）。

2005 年以后，由于上一阶段智能家居企业的野蛮成长和恶性竞争，给智能家居行业带来了极大的负面影响。比如，厂商过分夸大智能家居的功能而其实际上无法达到这个效果；厂商只顾发展代理商却忽略了对代理商的培训和扶持导致代理商经营困难；产品不

---

* 百度百科：https：//baike.baidu.com/item/%E6%99%BA%E8%83%BD%E5%AE%B6%E5%B1%85/686345?fr=aladdin.

稳定导致用户高投诉率。行业用户、媒体开始质疑智能家居的实际效果，由原来的鼓吹变得谨慎，连续几年市场销售出现增长减缓甚至部分区域出现了销售额下降的现象。

2005—2007 年，大约有二十多家智能家居生产企业退出了智能家居市场，各地代理商结业转行的也不在少数。许多坚持下来的智能家居企业，在这几年也经历了缩减规模的痛苦。正是在这一时期，国外的智能家居品牌却暗中布局进入了中国市场，而活跃在市场上的国外主要智能家居品牌都是这一时期进入中国市场的，如罗格朗、霍尼韦尔、施耐德、Control4。国内部分坚持下来的企业也逐渐找到自己的发展方向，如青岛海尔等企业。

第四阶段：融合演变期（2011—2020 年）。

进入 2011 年以来，市场明显看到了增长的势头，而且宏观的行业背景是房地产受到调控。智能家居的放量增长说明智能家居行业进入了一个拐点，由徘徊期进入了新一轮的融合演变期。有关数据显示，2014 年中国智能家居市场规模达到 304 亿元，同比增长 37.56%。接下来的 3—5 年，智能家居一方面进入一个相对快速的发展阶段，另一方面协议与技术标准开始主动互通和融合，行业并购现象开始出现甚至成为主流。

根据上述智能家居产业发展的四个阶段，国内智能家居产业的发展也契合了从早期的互联网时代到移动互联网时代再到物联网时代的技术演进过程。

定制未来个性化生活
——智能家居产业专利探究

图 1-2-3 智能家居的技术演进*

互联网时代

- 1997: 比尔·盖茨的智能豪宅使智能家居概念被大众认知
- 1998: 新加坡举办的"98亚洲家庭电器与电子消费品国际展览会"上,通过在场内模拟"未来之家",国内开始广泛报道智能家居
- 1999: 微软在中国推出"电视上网"为诉求点的"维纳斯计划",是中国智能家居的开端;海尔推出第一代网络家电
- 2001: 国内科研机构和公司开始研究智能安防控制系统和产品
- 2003: 部分中高档小区、私人住宅开始实现控制和管理上的智能化;宽带网将进入一般居民的住宅和小区
- 2004: 中国家庭网络标准产业联盟"e家佳"成立
- 2006: 智能安防控制系统和产品开始走进普通居民的家中;由于恶性竞争,智能安防控制行业进行洗牌

移动互联网时代

- 2008: 苹果公司推出iPhone 3G。智能手机的发展开启了新的时代
- 2009: IBM正式提出"智慧的城市"愿景;中国物联网领域的研究和应用开发快速发展,无锡市建立"感知中国"研究中心
- 2010: TCL研制出国内第一台基于Android操作系统的智能互联网电视;Fibit发布首款可穿戴产品
- 2011: 谷歌发布Android@Home项目,提出将家里的每一个设备连接到Android APP
- 2012: 海尔发起成立中国智能家居产业联盟

物联网时代

- 2013: 极路由首次在国内推出智能路由器产品;海信与新浪微博合作推出"微博空调"
- 2014: 苹果、三星推出智能家居平台;京东搭建JD+平台;海尔成立U+平台;小米推出智能家庭套装、智能摄像头
- 2015…: 联想、美的、阿里巴巴、小米、乐视等纷纷布局智能家居生态圈

---

* 易观:"2015 中国智能家居市场专题研究报告",http://www.sohu.com/a/108079303_432146.

2. 中国智能家居行业现状及发展趋势

智能家居带来的市场空间主要包括三方面：智能家居工程建设、智能家居产品升级和后续服务市场。细分来看，仅家居产品智能化升级替换的潜在需求就高达两千多亿元。根据中怡康数据，2012年我国家电市场零售规模为月均1.3万亿元，洗衣机、彩电、空调等家电销量合计近3.78亿台；假定智能家电升级后的市场溢价在500元/台，则智能升级增量空间就接近1900亿元。与此同时，2012年我国销售照明灯具近25亿只，假定智能照明灯具市场溢价为20元/只，潜在市场空间就高达500亿元。综合来看，智能家电、智能照明两大家居必需品行业的升级市场空间就高达两千多亿。

可见，目前国内家电类智能家居产品市场份额最高，智能空调、智能冰箱和智能洗衣机三者市场占比合计超过70%。但是由于产品价格和功用性等问题，家电类智能家居设备整体市场增速较慢。另一方面，智能照明、智能门锁、运动与健康监测和家用摄像头不仅价格相对较低，而且能够满足消费者的即时需求，因此，市场增速相对较快。由于智能家电产品市场占比较高且增速较低，因此，有可能拉低我国智能家居市场的整体增长水平。

经过两年的洗礼，到了2016年，智能家居行业的总体竞争态势有了很大的改变，从单品走向套装、整体解决方案等方向发展。智能家居在发展之初，以智能单品打开市场，而单品也具有针对性，但是在智能家居本身的发展来看，智能家居是一个整体系统，单品是其中的一环，如果说智能单品是智能家居的话，那是不准确的。在2017年，以单品打天下的企业越来越少，智能家居的整体解决方案逐步出台。霍尼韦尔、360等都相继出台智能家居整体解决方案系统。

从社会基础上说，目前越来越多的小区都实现了宽带接入，信息高速公路已铺设到小区并进入家庭。智能家居建设和运行所依托的基础条件已经初步具备。

从技术角度上说，智能小区的技术发展已从分散控制阶段、现场总线阶段发展到了TCP/IP网络技术阶段，解决了小区各设备分布式控制集中管理和在小区内实现区域性联网的问题。智能家居终端的配套技术的不断成熟和成品化使智能家居终端的研发推广具备了根本条件，如液晶屏数字显示技术及网络技术的日益成熟等。在功能设定方面，智能家居厂家也从纯粹为了扩大影响力，制造所谓"门槛"到注重开发能真正对住户和物业管理有好处并且能有效使用的功能上。

从市场角度来说，随着市场竞争的日趋激烈，越来越多的房地产开发商积极地把高端家居智能化系统配入所开发的楼盘作为全新卖点。由于智能家居的投入成本提高不多，属于可以接受的范围，随着大房地产集团在全国的布局，新的理念也随之逐步推广，比如，绿城集团在全国范围内采用了基于TCP/IP的智能家居设备。

据易观智库发布的《中国智能家居市场专题研究报告2015》数据显示，2016年中国智能家居市场规模达到1140亿元人民币，2017年预计规模达到1404亿元人民币，同比增长23.2%。2018年预计规模达到1800亿元人民币，到2019年预计规模达到1950亿元人民币。

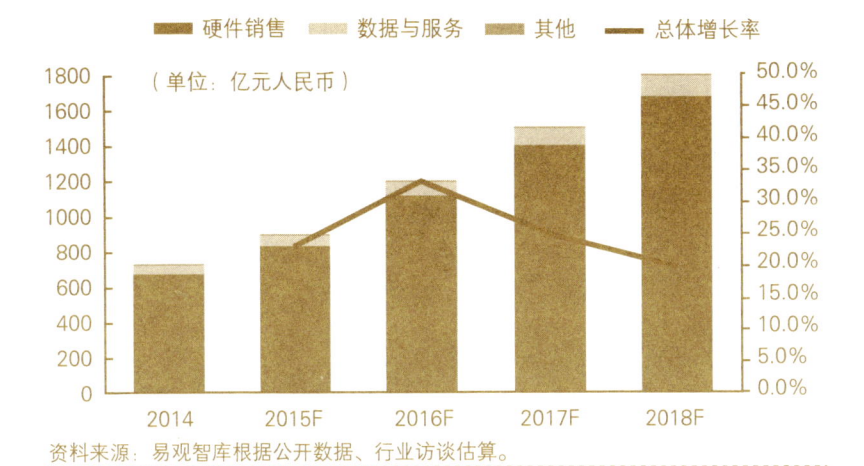

图 1-2-4 智能家居行业市场规模*

1.2.2.3 我国智能家居产业相关政策

进入 21 世纪以来，依托于物联网和云计算技术的发展，国内智能家居产业也相应得到飞速发展。由于我国市场规模庞大，正处于居民消费升级和信息化、工业化、城镇化、农业现代化加快融合发展的阶段，信息消费具有良好发展基础和巨大发展潜力，为了推动信息化、智能化城市发展，我国政府多次出台相关扶持政策大力发展宽带普及、宽带提速，加快推动信息消费持续增长，这都为智能家居、物联网行业的发展打下了坚实的基础。

2012 年 4 月 5 日，中国室内装饰协会智能化装饰专业委员会颁布《智能家居系统产品分类指导手册》将智能家居系统产品共分为控制主机、智能照明系统和电器控制系统等 20 个分类，首次对

---

* 易观："2015 中国智能家居市场专题研究报告"，http：//www.sohu.com/a/108079303_432146.

智能家居系统产品作出了明确分类,对行业发展予以规范化引导。

智能家居产品分类：
1. 控制主机
2. 智能照明系统
3. 电器控制系统
4. 家庭背景音乐
5. 家庭影院系统
6. 对讲系统
7. 家用环境监控
8. 防盗监控
9. 门窗控制
10. 智能遮阳
11. 智能家电
12. 智能硬件
13. 能源管控系统
14. 自动抄表
15. 智能家居软件
16. 家居布线系统
17. 家用网络控制系统
18. 空调系统
19. 花草自动浇灌
20. 宠物照看与动物管制

图 1-2-5 智能家居系统产品分类*

2013年9月,国家发展和改革委员会、工业和信息化部等14个部门共同发布《物联网发展专项行动计划》,明确将智能家居作为战略性新兴产业来培育发展,将智能家居列入9大重点领域应用示范工程中,计划在大中城市选择20个左右重点社区,开展1万户以上家庭安防、老人及儿童看护、远程家电控制,以及水、电、气智能计量等智能家居示范应用。此外,地方政府也在密集出台政策和规划,支持智能家居产业迅速发展。北京首批50个应用物联网技术的智慧社区于2013年6月前建成,并计划2015年覆盖20%的社区。

近两年来随着智能家居概念不断升温,产业规模和影响力不断扩大,政府层面对该领域也表达了相当程度的重视。2015年7月国务院印发的《关于积极推进"互联网+"行动的指导意见》中,明确指出"鼓励传统家居企业与互联网企业开展集成创新,不断提

---

* 易观:"2015中国智能家居市场专题研究报告",http://www.sohu.com/a/108079303_432146.

升家居产品的智能化水平和服务能力,创造新的消费市场空间",从政策上对智能家居产业进行鼓励和引导。

2016 年 3 月,第十二届全国人大四次会议上,政府工作报告中也提到"壮大智能家居消费,鼓励线上线下互动,推动实体商业创新转型",对智能家居产业增强消费、拉动经济增长的作用作出了肯定。

2017 年 8 月,国务院常务会议讨论通过《国务院关于进一步扩大和升级信息消费持续释放内需潜力的指导意见》,其中明确提出"(五)推广数字家庭产品。鼓励企业发展面向定制化应用场景的智能家居'产品+服务'模式,推广智能电视、智能音响、智能安防等新型数字家庭产品,积极推广通用的产品技术标准及应用规范。加强'互联网+'人工智能核心技术及平台开发,推动虚拟现实、增强现实产品研发及产业化,支持可穿戴设备、消费级无人机、智能服务机器人等产品创新和产业化升级"。

由此可见,随着技术的成熟和日益扩大的市场需求,在国家的政策指引下,智能家居产业发展已经是不可逆转的大趋势,一场电子革命即将到来。预计到 2019 年,中国智能家居产业将会达到近 2000 亿元的市场规模,智能家居市场前景广阔,有望成为"互联网+"市场下一个充满无限机会的风口。

1.2.3 小结

作为依托于互联网、物联网技术发展起来的智能家居产业,是在互联网的影响之下的物联化体现,智能家居围绕家庭的一切智能化,其本身也是高度技术密集型产业。商业巨头们在创造新的增长点,创业者也在寻找新的创业机会,资本和媒体助推,一起让智能家居发展呈现百花齐放的态势。比如,苹果 WWDC 上 HomeKit 平台发布,Google 收购 Nest、Dropcam,凭借 Android 构建 OHA 联盟，微软与智能家居公司 Insteon 合作，三星全力打造 Smart Home 智能家居软件平台，国内的海尔、长虹、美的等传统家电厂商纷纷抢滩智能化产品，更有百度、小米、乐视、腾讯等互联网企业跨界而来。在这个热闹的产业发展过程中，具有强烈技术特性的专利信息也同步地反映出了智能家居行业的迅猛发展。下图 1-2-6 列出了国内智能家居领域的专利申请情况，可以看出，自 2014 年起，智能家居领域的专利申请量的增速直线上升，这与 2014 年市场规模大幅增长相契合，专利信息与行业发展的相关性可见一斑。

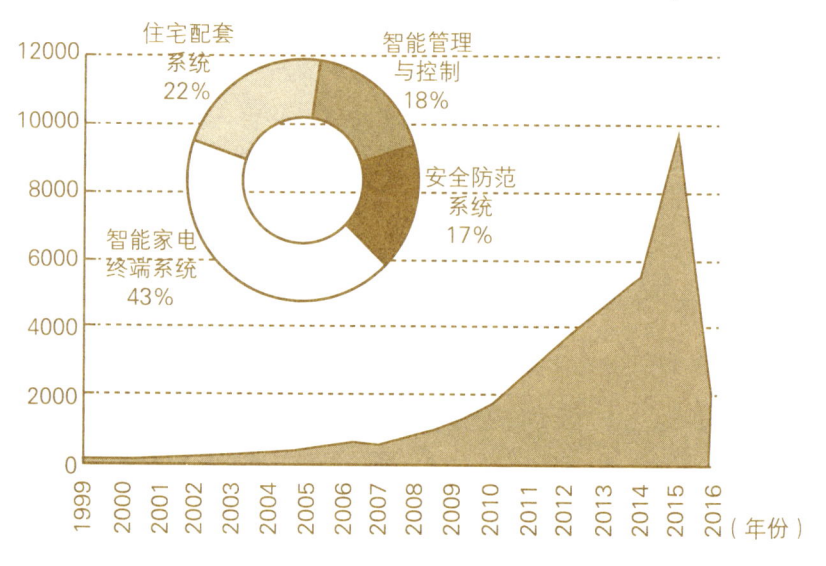

图 1-2-6 国内智能家居领域的专利申请情况

本书拟从专利数据的角度，从另一个全新视角去分析和观察智能家居产业及技术的发展，通过展示智能家居从智能单品到智能系统，再到人工智能的三个发展阶段中各个子领域的关键技术和重点企业，以期为智能家居行业政策研究提供有益参考，为国内智能家居企业在专利信息利用提供工作指引，为企业技术创新提供有效支撑。

2 单品的智能化

2.1 单品智能化概述

智能家居是智能城市的最小单元,是以家庭为载体,以家庭成员之间的亲情为纽带,结合物联网、云计算、移动互联网和大数据等新一代信息技术,实现低碳、健康、智能、舒适、安全和充满关爱的家庭生活方式。实现智能家居,最基础、最便捷的就是对智能化单品的使用。扫地机器人每天自动清扫地板;出门在外可随时查看家中情况;家用电器,即便相隔万里也能轻松遥控;陌生人闯入房屋,主人会收到家中智能安防系统发出的手机短信通报;快到家时可以用手机远程操控空调、电热水器。现如今,随着智能科技的发展,让人们心生向往的智能生活渐渐变得触手可及。智能门锁、智能空气净化器、智能插座、智能电视、智能摄像头、智能听诊器等具有各种各样功能的智能产品,让人们在体验极"智"生活的同时,也能安享舒适、便捷和健康。

2.1.1 单品智能化的概念

目前,按产品宏观数量上来进行区分,智能家居的发展模式大致分为单品和系统模式两种。两者之间的竞争由来已久,单品模式的代表性公司如谷歌 Nest,以做智能家居系统闻名的如国内物联,他们都有自己独特的发展思路。

单品的智能化是智能家居发展的第一步,是其向智能家居系统化发展的基石。单品智能是指采用 WiFi、蓝牙等无线通信技术实现简单功能的单体智能化消费电子产品。单品具有独立的 MAC 地址,需要基于云平台实现对产品的激活与鉴权,同时,可利用智能手机的 APP 实现对其无线遥控、远程控制或数据采集。比如,智能马桶、智能空调、华为 Watch。

2.1.2 单品智能化的发展现状

从消费者的需求和接受程度来说,单品似乎更受市场的青睐。市面上推出的智能插座、智能炫彩灯广受消费者的青睐。原因有二:其一,智能家居市场还没有全面铺开,消费者对智能家居用品还没有切身的体会,所以单品化的智能家居更容易打动消费者,消费者抱着尝鲜的态度买回家先感受一下;其二,由于单品化智能家居研发成本低,所以市场价格相较于系统化的智能家居的价格较低,比较亲民,消费者也容易接受。

从厂商的角度而言,由于很多厂商是通过转型升级,或者初创型的公司进入智能家居领域,在资金、技术、销售渠道、市场经验积累等诸多方面存在不足,所以从单品开始入手,不仅能够节省研发和投入成本,而且能够让不专业的消费者简单、有效地接触、体验智能家居,快速了解并传播智能家居的功能、应用、利益点等。

智能化单品已经发展为图 2-1-1 所示的三大类分支。

2　单品的智能化

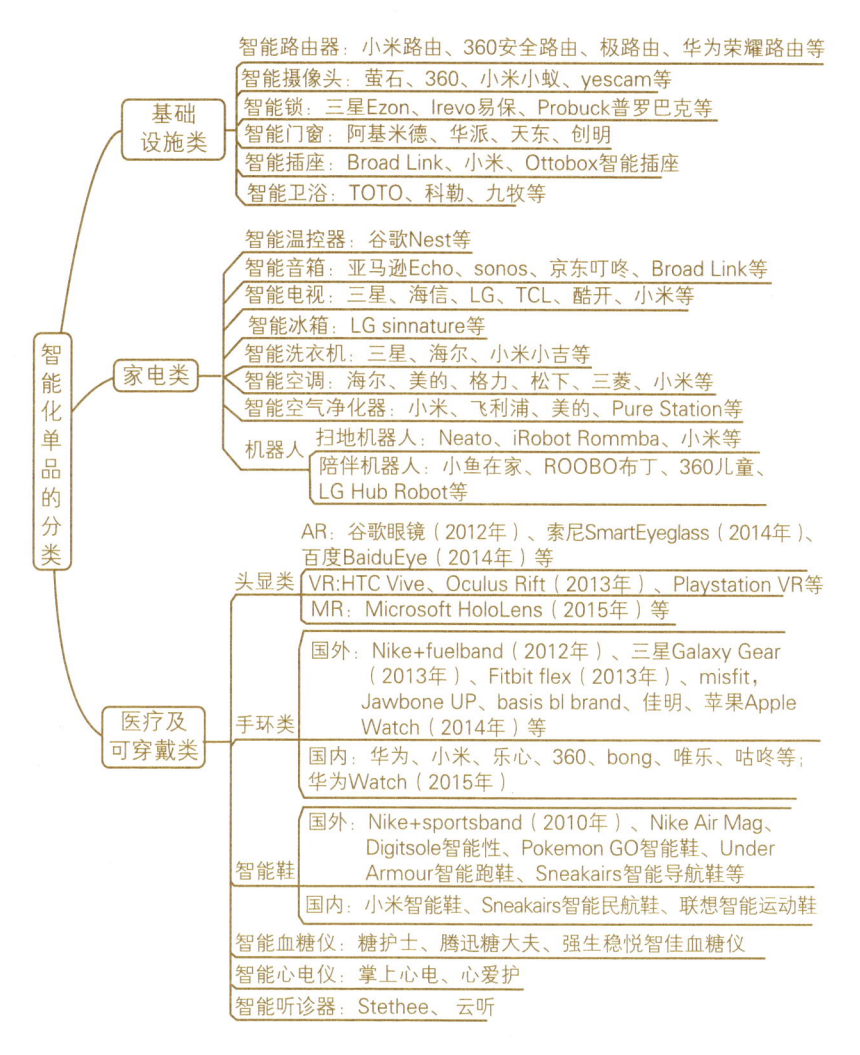

```
                    ┌─ 智能路由器：小米路由、360安全路由、极路由、华为荣耀路由等
                    ├─ 智能摄像头：萤石、360、小米小蚁、yescam等
          基础      ├─ 智能锁：三星Ezon、Irevo易保、Probuck普罗巴克等
          设施类    ├─ 智能门窗：阿基米德、华派、天东、创明
                    ├─ 智能插座：Broad Link、小米、Ottobox智能插座
                    └─ 智能卫浴：TOTO、科勒、九牧等

                    ┌─ 智能温控器：谷歌Nest等
                    ├─ 智能音箱：亚马逊Echo、sonos、京东叮咚、Broad Link等
                    ├─ 智能电视：三星、海信、LG、TCL、酷开、小米等
                    ├─ 智能冰箱：LG sinnature等
智能化              ├─ 智能洗衣机：三星、海尔、小米小吉等
单品的    家电类    ├─ 智能空调：海尔、美的、格力、松下、三菱、小米等
分类                ├─ 智能空气净化器：小米、飞利浦、美的、Pure Station等
                    └─ 机器人 ┬─ 扫地机器人：Neato、iRobot Rommba、小米等
                              └─ 陪伴机器人：小鱼在家、ROOBO布丁、360儿童、
                                           LG Hub Robot等

                    ┌─ 头显类 ┬─ AR：谷歌眼镜（2012年）、索尼SmartEyeglass（2014年）、
                    │         │     百度BaiduEye（2014年）等
                    │         ├─ VR:HTC Vive、Oculus Rift（2013年）、Playstation VR等
                    │         └─ MR：Microsoft HoloLens（2015年）等
                    │
                    ├─ 手环类 ┬─ 国外：Nike+fuelband（2012年）、三星Galaxy Gear
                    │         │     （2013年）、Fitbit flex（2013年）、misfit、
          医疗及    │         │     Jawbone UP、basis bl brand、佳明、苹果Apple
          可穿戴类  │         │     Watch（2014年）等
                    │         └─ 国内：华为、小米、乐心、360、bong、唯乐、咕咚等、
                    │                 华为Watch（2015年）
                    │
                    ├─ 智能鞋 ┬─ 国外：Nike+sportsband（2010年）、Nike Air Mag、
                    │         │     Digitsole智能性、Pokemon GO智能鞋、Under
                    │         │     Armour智能跑鞋、Sneakairs智能导航鞋等
                    │         └─ 国内：小米智能鞋、Sneakairs智能民航鞋、联想智能运动鞋
                    │
                    ├─ 智能血糖仪：糖护士、腾讯糖大夫、强生稳悦智佳血糖仪
                    ├─ 智能心电仪：掌上心电、心爱护
                    └─ 智能听诊器：Stethee、云听
```

图 2-1-1　智能化单品的分类图

（1）基础设施类：是指家居装修的基础设备、设施及网络，主要包括以下类型。

·19·

智能路由器。可进行智能化管理的路由器是家庭组网的主要设施，一般具有 WLAN 功能，可以实现无线组网，如小米路由、360 安全路由、极路由。

智能摄像头。能远程监控家里实时动态，捕捉门窗动态及实时传送报警照片，通过手机端 App 可操控你摄像机，如萤石、360、小米小蚁。

智能锁。智能锁区别于传统机械锁，具有安全性、便利性的特点，可采用生物识别（如指纹、虹膜）、无线电遥控（如蓝牙）等作为开启的方式，如三星 Ezon、Irevo 易保、Probuck 普罗巴克。

智能门窗。融合多种传感器，通过语音、手机 APP 方式实现交互。其智能功能包括：监测不同空气质量、天气状况（如下雨）等模式下执行相应操作，如阿基米德、华派智能门窗、创明智能窗帘等。

智能插座。流行的如计量插座、定时插座、遥控插座等节能型插座产品，并且能达到节能、远程控制照明设备和电器开关等，如 Broad Link、小米、Ottobox 的智能插座。

智能卫浴。将电控、数码、自动化等现代科技运用到卫浴产品中，实现卫浴产品功能的更加强大高效，提升卫浴体验的健康舒适性、便利性，如 TOTO、科勒、九牧。

（2）智能家电类：是指将微处理器、传感器技术、网络通信技术引入家电设备后形成的家电产品，具有自动感知住宅空间状态和家电自身状态、家电服务状态的能力，可自动控制及接收住宅用户在住宅内或远程的控制指令。包括传统家电的智能化和新型智能化家电（如机器人），其产品类型主要包括如下几种。

智能温控器。用于家庭的温度控制器或称为恒温器，可以通过记录用户的室内温度数据，智能识别用户习惯，并将室温调整到最舒适的状态，如谷歌 Nest 恒温器。

智能音箱。具有语音识别模块，实现从人与设备的交互，过渡到人和机器的对话，可以将其作为人工智能发展初级阶段的智能终端，如亚马逊 Echo、sonos、京东叮咚、Broad Link、小雅等。

智能电视。是基于互联网应用技术，搭载操作系统与芯片，拥有开放式应用平台，可实现双向人机交互功能，集影音、娱乐、数据等多种功能于一体，以满足用户多样化和个性化需求的电视产品。生产该类产品的主要厂商有三星、LG、海尔等。

智能冰箱。是一种能对冰箱进行智能化控制、对食品进行智能化管理的冰箱。具体来说，就是能自动进行冰箱模式调换，始终让食物保持最佳存储状态，可让用户通过手机或电脑，随时随地了解冰箱里食物的数量、保鲜保质等信息，如 LG signature。

智能洗衣机。一般配备了重量感应系统用来对衣物称重确定水量；水量感应系统确保衣物能够在最合适的水量中洗涤；脏污感应系统用来确定衣物所用洗涤剂的准确量，还可以根据衣物的重量和脏污程度，自动或远程遥控设置洗涤时间、用水量、洗衣液或柔顺剂的用量。

智能空调。根据其控制器收集到的室内温度、湿度等参数，具有自动调节控制并实现节能的功能，且能通过手机 APP 或者网页进行远程控制。其主要品牌有海尔、美的、松下等。

智能空气净化器。通过手机 APP 与空气净化器连通，远程控制并调节风量、模式、加湿等，实时查看室内空气质量、流通量，从而实现为用户提供更便捷的服务。保证在无声、高效过滤的同时还需要保持整屋空气循环。生产该类产品的有小米、飞利浦、美的等品牌。

机器人。自动执行工作的机器装置。它既可以接受人类指挥，又可以运行预先编排的程序，也可以根据以人工智能技术制定的规则行动。在这里特指家庭机器人,主要包括扫地机器人和陪伴机器人。前者如 Neato、iRobot Rommb、小米等;后者如小鱼在家、ROOBO 布丁、360 儿童。

(3) 医疗及可穿戴类:通过可穿戴或可携带设备,采集个人的心率、体重、心电、血糖等体征,进行运动、健康状况记录及分享,并对慢性病进行监测、监控和云端联网处理,从而实现健康、保健管理的功能。还有虚拟现实、增强现实、混合现实等交互可穿戴设备,主要包括如下几类。

头显类。头戴式显示设备的简称,所有头戴式显示设备都可以称作头显。通过各种头戴式显示设备,用不同方法向眼睛发送光学信号,可以实现虚拟现实、增强现实、混合现实等不同效果。虚拟现实(Virtual Reality,以下简称 VR),它利用电脑技术模拟出一个立体、高度模拟的 3D 空间,当使用者穿戴 VR 头显装置时,会产生好像处在现实中一般的错觉,如 HTC Vive;增强现实(Augmented Reality,以下简称 AR),它通过电脑技术,将虚拟的信息应用到真实世界,真实的环境和虚拟的物体实时地叠加到了同一个画面或空间同时存在,借助于数字技术帮助消费者更好地探索现实世界,如谷歌眼镜;混合现实(Mixed Reality,以下简称 MR),通过电脑技术,将现实世界与虚拟世界合并在一起,从而建立出一个新的环境,以及符合一般视觉上所认知的虚拟影像,在这之中现实世界中的物件能够与虚拟世界中的物件共同存在并且即时产生互动,如微软 HoloLens。

手环类。包括智能手表和智能手环。智能手表具有信息处理能力,并且可以连接网络,可与手机互动显示来电信息,如三星 Galaxy Gear;智能手环可以记录日常生活中的锻炼、睡眠等实时数据,并将这些数据与手机、平板等设备同步,起到通过数据指导健康生活的作用,其还可以提供定位、录音等功能,如 Nike + fuelband、小米手环、360 儿童手环等。

智能鞋。鞋内置传感器、定位模块,可以记录运动轨迹、速度、耗时、卡路里消耗等信息,并传送到关联的移动终端或者可穿戴设备中,如 Nike + sportsband、Pokemon Go 智能鞋及云朵智能鞋等。

智能血糖仪。检测血糖信息后,自动传送到云端,可供专业医疗机构或者医院查阅,用户可通过 APP 同步观看,并可与医生互动,比如糖护士、腾讯糖大夫、强生稳悦智佳血糖仪等。

智能心电仪。可穿戴式家用心电记录仪,跟踪监测用户心电情况,并对其进行智能分析处理,同时可以检测出异常进行提醒,如掌上心电、心爱护。

智能听诊器。移动医疗智能硬件产品,通过采集和智能分析可以掌握心音、肺音等指标,并进行科学的健康管理,如 Stethee、云听。

在智能单品的发展中,不同类型企业因处于不同的发展阶段,采取了如表 2-1-1 所示的三种发展模式。

表 2-1-1 三种发展模式的定义、特点与典型产品

发展模式	传统产品的智能化	围绕智能入口的创新	智能化新单品
定义	基于已有的产品开展智能化,增加传感器和联网功能,实现可感知、可控制。在家电类的产品较为普遍。比如,海尔智能空调、三星智能洗衣机、海信智能电视、强生稳悦智佳血糖仪	从单品智能化到智能化系统,作为家居入口控制是演进争夺的焦点。各企业结合各自的特点构筑不同入口。比如,小米的米家以其手机为核心,BroadLink 以 WiFi 模块为切入点	作为新入行者,顺应市场趋势,研发新型的智能化单品,从而满足客户的潜在需求,也可成为行业的翘楚。比如,咕咚手环、小米智能空气净化器、南京熙健掌上心电

续表

发展模式	传统产品的智能化	围绕智能入口的创新	智能化新单品
特点	一般通过合作伙伴实现联网智能化模块，其用户体验感不强	增强现有产品的黏性，可兼容性强便于控制各类产品，人机操作界面较友好	抓住某个痛点引爆市场，技术上较先进，其用户体验也较为创新
典型产品	海尔智能空调，其战略合作伙伴为上海庆科，为其提供家电WiFi模块，在其控制上需要手机连接上同样的WiFi网络，故此部分型号无法实现远程控制	Amazon Echo智能音箱，搭载亚马逊智能助手Alexa，可以做生活助手，如设置闹钟，语音控制智能家电设备。在2016年卖出650万台，取得了巨大的成功。京东叮咚属类似产品	Fitbit公司是可穿戴智能设备商，其第一款智能单品是Fitbit Ultra计步器，可以通过无线技术把记录跟踪的数据传输到云端，其产品还包括体重秤、手环等，是该领域第一家上市公司

国内智能机器人发展处于市场培育阶段，以家庭陪伴式机器人为例，其虽引领AI概念，但发展屡屡遭遇考验。据统计，在过去3年里，国内家庭陪伴式机器人这一细分品类实现了从无到有和爆发式增长，截至2016年年底，具有一定市场知名度的品牌已有十余个，在这些家庭陪伴式机器人创业公司当中，融资规模最高的A轮达1亿美元，最快融资进度到B＋轮，更多的新兴创业项目则是停留在天使轮和pre-A，甚至未获融资。其一，家庭机器人在陪伴场景下扎堆。在家庭这一垂直应用场景下，小范围的竞争格局已形成三个梯队。第一批是早期切入的创业明星，如小鱼在家、狗尾草、ROOBO、金刚蚁；第二批是巨擘入局，如奇虎360发布了儿童陪伴机器人、新三板企业巴巴腾推出小腾机器人、安防巨头大华股份开发了乐橙育儿机器人以及清华紫光股份旗下的爱乐优家庭亲子机

器人;第三梯队则是像爱蹦、小墨、雷大白等起步较晚的企业。

其二,人工智能浪潮下产品定位的困境。当家庭陪伴应用场景尚未打通时,人工智能概念的走红把家庭智能音箱、智能助手类产品推到了风口浪尖,占据了智能家居入口。目前,家庭陪伴式机器人聚焦在儿童教育内容和情感陪伴方面。在很多功能上存在人们习惯使用的成熟性替代产品,对于广大家庭来说非必需品。

其三,单一商业模式难得资本青睐。家庭陪伴式机器人行业在市场尚未得到充分印证之前基本处于探索阶段,企业重要的利润来源就是硬件产品的销售。家庭陪伴式机器人是区别于大众消费电子的新品类,线上展示很难向消费者讲清楚交互功能和体验,于是更多市场侧重和盈利出自线下。

目前来看,家庭陪伴式机器人仅靠单一产品线很难实现盈利和更大的市场布局,更有价值潜力的商业模式可能是类似于ROOBO一样,除了多线运作机器人产品之外,也着手打造提供机器人硬件芯片模组、软件系统和人工智能为一体的整套解决方案,满足其他各垂直服务领域的需要,横跨2C和2B两种业务模式。此外,另一种突破方向是守住陪伴场景阵地的同时,向家庭智能家居中心入口的方向上快速布局求证。

因此,场景应用的创新、用户真实需求的解决、市场实践的能力以及积累的数据资源成为下一轮重点考验,整体解决方案更有价值。

2.1.3 单品智能化的技术领域

单品智能化最早起源于商用,仅是提供自动控制功能的单体终端设备。而当下,"互联网+"推动智能终端变身物联设备,承担新基础设施"云—管—端"中"端"的重要角色:具备大量的传感器实现"感知+控制"以及具备互联互通实现"朋友圈"的新一代智能单品。

单品智能化技术领域主要为物联网时代的三个方面：智能传感器、网络通信、人工智能。

1. 智能传感器

智能传感器是具有信息处理功能的传感器。智能传感器带有微处理机，具有采集、处理、交换信息的能力，是传感器集成化与微处理机相结合的产物。与一般传感器相比，智能传感器具有以下三个优点：通过软件技术可实现高精度的信息采集，并且成本低；具有一定的编程自动化能力；功能多样化。一个良好的"智能传感器"是由微处理器驱动的传感器与仪表套装，并且具有通信与板载诊断等功能。

无线传感器使得智能家居真正实现"智能"，将各种子系统联系在一起，实现信息共享。无线传感器在智能家居中的应用，主要是通过设置在区域环境中多个传感器组节点形成一个无线多跳自组织的网络系统，实现家居中安保系统、家电控制系统以及网络应用系统等有效的整合，保证观察者可以实现实时监控[1]。

2. 网络通信

网络通信的可靠性决定了智能家居产品的稳定性。智能家居中的通信方式大致分为有线和无线两种。有线方式有电力线载波、以太网和有限局域网；无线方式可分为两大类，一是基于蜂窝的接入技术，如蜂窝数字分组数据（CDPD），通用分组无线传输技术（GPRS）、EDGE等[2]；二是通过局域网的技术，如NB-IOT、Zigbee、IEEE802.11WLAN、蓝牙、WiFi非授权频段通信技术。

---

[1] 余国伟. 无线传感器在智能家居上的应用 [J]. 信息通信，2013，9：17.
[2] 程海英等. 无线传感器技术在智能家居系统的应用 [J]. 中国仪器仪表，2009，11：50.

在单品智能领域，室内较常见的是使用蓝牙和 WiFi，室外一般为蜂窝通信。

表 2-1-2　几种近距离无线通信技术对比①

名称	WiFi	BlueTooth	ZigBee
传输速度	11—54Mbps	1Mbps	100Kbps
通信距离	20—200m	20—200m	10—75m（最高可达几千米）
频段	2.4GHz	2.4GHz	2.4GHz
安全性	低	高	中等
节点数目	50	8	6500
国际标准	IEEE 802.11b IEEE802.11g	IEEE 802.15.1x	IEEE 802.15.4
功耗成本	10—50mA 25 $	20mA 2—5 $	5mA 5 $
优点	传输速率高、可减少企业成本	可移植性高、应用广泛	低功耗、低成本、网络容量大、保密性高、频段灵活
缺点	设计复杂、设置烦琐	成本高、传输距离短	传输速率低
主要应用	无线上网、PC、PDA 等	通信、汽车、IT、多媒体、医疗等	无线传感器、医疗、工业控制、家庭网络等

3. 人工智能

人工智能是计算机科学的一个分支，它企图了解智能的实质，

---

① 刘锐，等．智能终端短距离融合通信系统及其关键技术研究［J］．电信科学，2012，10：14—18．

并生产出一种新的、能以人类智能相似的方式作出反应的智能机器，该领域的研究包括机器人、语言识别、图像识别、自然语言处理和专家系统等。人工智能从诞生以来，理论和技术日益成熟，应用领域也不断扩大，可以设想，未来人工智能带来的科技产品将会是人类智慧的"容器"。语音识别和行为分析在智能单品中应用较为广泛。

以语音识别技术为例进行介绍。语音识别的目的就是让机器明白你在说什么，并能够按照你的指令去执行相关动作。语音识别技术的分类如图 2-1-2 所示①。

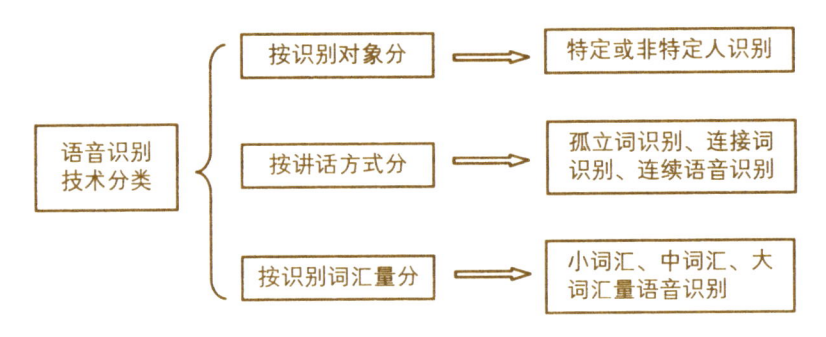

图 2-1-2 语音识别技术分类

智能家居语音控制系统大致可分为两部分：语音识别部分和语音控制部分。语音识别部分主要是处理从麦克风送过来的语音信号，并将识别结果送给主控芯片；语音控制部分是指主控芯片会根据语音识别电路送来的识别结果做相应的处理，比如，根据识别结果通过对继电器的控制实现对家居电器开或关的控制②。

---

① 杨熙,等.语音识别在智能家居控制系统的应用 [J]. 湖南科技学院学报, 2016, 37 (10)：34—35.
② 杨熙,等.语音识别在智能家居控制系统的应用 [J]. 湖南科技学院学报, 2016, 37 (10)：34—35.

随着智能家居的发展，机器人技术、语音识别技术、图像识别技术让智能家居更实用化，具有广阔的市场前景。

在接下来的章节中让我们依次领略各种具有代表性的智能家居单品。

2.2 智能中央控制器

引　言

运筹帷幄之中，决胜千里之外。

——《资治通鉴》汉纪三汉高帝五年（己亥公元前202年）

帝置酒洛阳南宫，上曰："彻侯、诸将毋敢隐朕，皆言其情：吾所以有天下者何？项氏之所以失天下者何？"高起、王陵对曰："陛下使人攻城略地，因以与之，与天下同其利；项羽不然，有功者害之，贤者疑之，此其所以失天下也。"高祖曰："公知其一，未知其二。夫运筹策帷帐之中，决胜于千里之外，吾不如子房。镇国家，抚百姓，给馈饷，不绝粮道，吾不如萧何。连百万之军，战必胜，攻必取，吾不如韩信。此三者，皆人杰也，吾能用之，此吾所以取天下也。项羽有一范增而不能用，此其所以为我擒也。"群臣说服。

上文中刘邦将打天下的功劳分为三份，排在第一名的就是张良，他能够居中设计调度部队，确定千里之外的战场胜局，其重要性可见一斑。而在智能家居管理中，运筹帷幄的角色就由智能中央控制来扮演。

2.2.1 智能中央控制器的概念

智能家居发展到今天已经进入家居智能化阶段，这个时期是面向系统设计的阶段。系统可以通过总线把家庭住宅的各种与信息相关的家居电器连接起来集中进行监控和控制。简而言之，智能家居控制系统是一种能够提供高效、舒适的家居环境，确保用户的生命财产以及人身安全，合理规划利用资源，节能减排，提供现代通信和信息服务的人性化家居系统。

在国外，如美国及一些欧洲国家在智能家居系统研发方面处于领先地位，此外，日本、新加坡、韩国等国家的高端企业也纷纷着力于家居智能化的发展。随着智能技术的日趋成熟，这些系统的开销会比比尔·盖茨的高端别墅配置它们时便宜得多。

在国内，20世纪90年代末，中国的智能小区开始出现，最早的智能住宅是在上海、广州和深圳这几个沿海城市，然后逐渐往内陆进发。我国的智能家居相比于国外起步较晚，还有较大的发展空间。为了解决当前国内智能化产品使用复杂、产品价格昂贵及实用性较差等缺点，符合市场的智能化家居设备正在被国内各大软件、硬件机构积极的研制开发，技术创新性也逐步向国际先进水平看齐，未来值得期待。

智能家居控制系统主要包括智能照明、电动窗帘、气体检测、家电控制、远程抄表、智能门锁、消防报警、网络通信等，提升了居住环境的自动化程度，达到人与居住环境的和谐统一。

想象一下这样的场景，早上起床，窗帘缓缓地自动拉开，和煦的阳光洒入房间，电视开始播放早间新闻。离家时，设置为安防模式，检测到有人活动或者空气中烟雾浓度超过阈值时，马上触发电话报警，告知家中情况。下班回家的路上，随手点一下手机，家里的电饭煲自动打开并开始煮饭，温湿度传感器开始采集室内的温湿度数据，亮度传感器采集室内光线信息，分别进行调整，为用户创造一个舒适的环境。睡前在床头点击一下睡眠模式，按预设动作关闭灯光，开启安防模式，把空调调整到适合睡眠的温度。用户在家还可实现远程医疗，测量心电、血压、体温等，通信模块对采集到的人体参数进行加密压缩处理后,传送数据至监护中心的后台数据库系统,后台数据库存档,分析数据,由医生确定诊断结果,最后将诊断结果发送给用户以告知诊断情况。

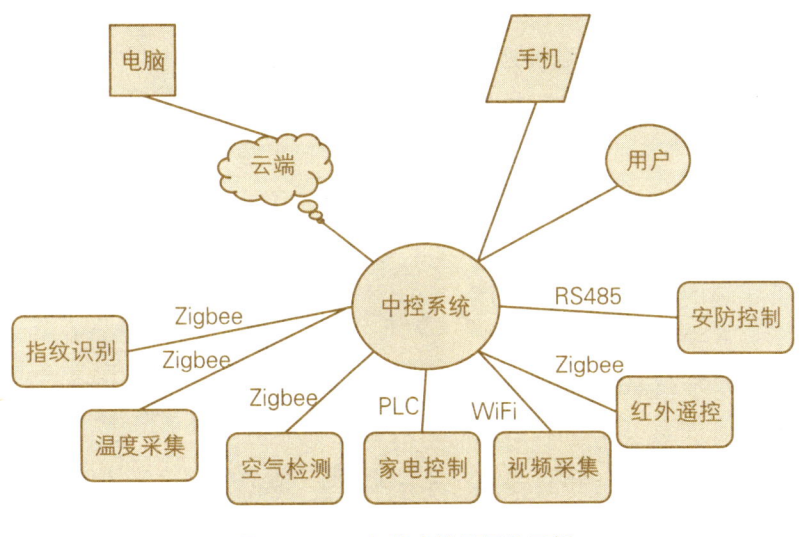

图 2-2-1 智能中控及周边示例

智能家居控制系统总体设计方案如上图 2-2-1 所示,其中中央控制器通过家庭网络与功能子模块之间建立联系(可以采用 ZigBee、WiFi 等通信协议),把各个功能子模块加入网络,完成网络构建后,所有的功能子模块就可以和中央控制器通信,中控系统还可以转发各个功能子模块之间的信息,实现功能子模块之间的通信[①]。

总体来看,智能家居控制系统是将各个功能子系统通过网络组合到一起来实现智能控制功能的,用户可根据需要,减少或增加功能子系统,以满足需求。

---

① 蒋坤. 智能家居关键技术研究. [D]. 宁波大学, 2015.

2.2.2 智能中央控制器的优势

2014 年 PINGWEST 的极客盛会 SYNC 大会上,海尔中央空调推出其突破性产品——星盒,引发广泛关注。

星盒是以智能温控为核心功能的家庭智能控制中枢,是海尔中央空调基于自身对室内环境的研究,联合"因为设计(INWAY Design,创新工场家族成员)"、华中科技大学等多家机构共同研发生产的。

图 2-2-2 示出了手机登录的界面。就星盒产品本身来看,星盒有一个可以用于信息显示和触摸操作的屏幕;通知栏可以显示当前的室温和机器运行情况;模式选择可以针对不同人群的特征来直接设定适合该类人群的温度和风速;当前温度和风速设定,也就是传统中央空调的手动控制部分,这一部分可以直接控制每个房间的温度和风速。除了直接在星盒上控制之外,当然它还具备智能家居产品的一个重要特点:通过 WiFi 连接到网络,与专用的智能手机上的 APP 进行适配,从而实现远程温度控制。在操作方面,星盒可通过手机 APP 实现智能控制,支持安卓、iOS 操作系统。颠覆了传统空调线控器烦琐的现象,去控制化,让操作更简单。

星盒外壳采用了亚克力玻璃设计的触摸屏,尺寸为 96mm ×

图 2-2-2 手机登录星盒界面

2 单品的智能化

96mm×23.5mm，连接方式支持 WiFi 和 ZigBee，可以实现对空调、新风、地暖、空气净化器、加湿器、除湿器、睡眠灯光、安全监控、可穿戴设备等跟家庭环境相关设备的控制与联动，致力打造最健康、舒适的室内环境。

在平台互联方面，支持设备的不断升级，随着更多设备通信协议开放，星盒可实现空调、空气净化器、加湿器、新风等室内空气相关家电的联动控制，为用户创造全方位的智能家居体验。同时，星盒更是一个开源平台，API 接口开放，开发者可将自己的 APP、智能硬件或智能设备等产品与星盒互联互通。

突破性设计：外观上，星盒以黑色为主，配有多色的外盒可供更换。界面上突破了传统白色按压式面板，采用超清 3.1 英寸全触摸电容屏，分辨率高达 720×720，采用全贴合工艺，支持多点触控。体验上，星盒是有生命、有呼吸的家庭伴侣。人走近星盒，它会被唤醒而慢慢亮起，星球开始运转；人远离时，它会进入"呼吸"状态[①]。

星盒的优势在于如下几个方面。

1. 简操作

作为中国最大的家电企业，海尔在生产销售环节积累了大量的产品经验，更加了解用户对于家电类产品的实际使用需求。在使用环节中，目前很多家电智能化的做法是创造出新的控制方式，强迫用户接受和使用。但星盒意识到，智能家居的核心是人，硬件的呈现只是手段而非目的。要想真正将智能落实到用户的使用中，最好是用一种优雅的、润物细无声的方式融入用户的

---

① Chenjh. 海尔星盒是什么？海尔星盒有什么功能？http://www.pc6.com/edu/82166.html，2015—7—22.

生活，让用户少操作，甚至不操作，便可达到最终拥有舒适环境的目的。

星盒通过 7 天自学习，主动记录用户的室内温度数据、智能识别用户习惯，并结合室内外实际温度，持续控制中央空调的工作，将室内温度和湿度调整到最舒适的状态。

2. 功能核心是关怀陪伴

为了让不同用户能够真正享受到舒适的环境，星盒能够作用于各种家电及家居产品，使其如虎添翼——以家用中央空调为例：星盒首创的爱宝宝功能，可结合宝宝年龄、所在地区和室内外温湿度，自动调节室内温度，并引入室外新风，给宝宝最健康的成长环境；同时，星盒领先的好睡眠功能，可根据室内外环境变化，将室内环境调整为最适合睡眠的状态，让用户享受整晚的无忧睡眠。此外，除湿、酷强冷、强力热，加之 APP 远程操控等，都大大提升了空调的使用体验。

3. 开放 API

无论是三星 LG 还是松下，都已经有成型的智能家居解决方案，但是产业间的封闭、利益的考量让各大厂商不可能会在短时间内进行开放、打通整个产业底层系统，所以最困难的部分反而落在了如何跨越不同品牌的壁垒，实现所有家居设备的开放连接。星盒从研发之初便开放 API，邀请更多品牌、厂商共同开发产品——换个角度说，就是这些第三方开发者可以为自己的产品增加一个新特性。星盒的产品和平台吸引了各类公司的关注，在发布会现场的签约仪式上，不仅有微泛、虫洞等软硬件厂商宣布与星盒共同开发，更有万科集团这样的重量级房地产商宣布与星盒联手打造智能社区，让星盒产品真正落地，走进大众的家中。

在发布会上，星盒宣布启动用户大规模公测，在广泛收集用户使用数据的基础上，对软硬件进行优化升级。据悉，星盒将可能成为海尔中央空调的标配产品进行销售，那么海尔就将领先其他所有家电厂商，率先进入空气智能时代。

对于众星云集的 2014 年智能家居市场，星盒的发布，作为一个开放的平台吸引科技人群参与到产品升级迭代，为智能家居入口带来了重新洗牌，如其定位所言，通过智能连接，为用户生活带来无限可能。

2.2.3 海尔的相关专利布局

星盒作为海尔在智能家居领域的一个里程碑式产品，海尔有没有为之进行相应专利布局来保护它呢？答案是肯定的。

笔者对海尔涉及智能中控方面的专利进行了研究，经过相应检索，获得了 107 篇专利，细读后发现其布局非常细致。

从上一节的整体构架图上可以看到，与智能中控相关联的有云端（远程服务器）、移动终端（手机）、用户以及各种智能家居电器。按照关联关系，可以将这些专利分为以下十个分支。

（1）中控自身；

（2）中控与家电；

（3）中控与用户；

（4）中控与云端；

（5）中控、用户与家电；

（6）中控、云端与用户；

（7）中控、终端与家电；

（8）中控、云端与云端；

（9）中控、家电与家电；

（10）整体系统。

从技术效果的角度出发，笔者进一步定义了八种效果，并分别进行定义：

（1）连接策略优化：采用 WiFi、红外、ZigBee 等方式连接，优化 APP、接口、协议之间的兼容性；

（2）提高安全性：通过身份验证、绑定标识、引入安防因素、信息有效性验证、信息备份、智能用电等方面来保障控制的稳定性和安全性；

（3）模型定制化：设置好固定场景模式，便于用户选择，也可在云端等第三方保存权限模型，导入较为方便；

（4）人机交互优化：可通过语音智能交互、短信语义解析、建模学习用户意图、优化界面等方式改进人机交互的友好度；

（5）避免命令冲突：利用优先级、机器学习等方法协调处理多用户命令、多家电命令、用户权限等冲突；

（6）提高联动能力：多终端之间的权限同步，平台之间、家电之间通过中控进行联动和信息同步等；

（7）改善家居体验：能主动感应用户的位置、身体特征等信息，并自动作出适应性调整，可应用于家居大环境，也可应用于如厨房等具体场景；

（8）改进外观或结构：中控的外观设计和中控的具体结构。

在各个方向上的专利分布如图 2-2-3 所示。

单从关联关系来看，海尔的布局可以算是面面俱到，在将技术效果和关联关系放在一起的时候，如图 2-2-3 所示，可以看到海尔最关注的是中控与用户之间的人机交互优化，占据了 21 项专利之多。这里涉及的技术包括命令设置、机器设置规则、自学习用户操作习惯、语音智能识别、加快语义处理速度、根据用户的动作和位置来推理用户需求。以语音智能识别为例，其中涉及的专利细节如表 2-2-1 所示。

2 单品的智能化

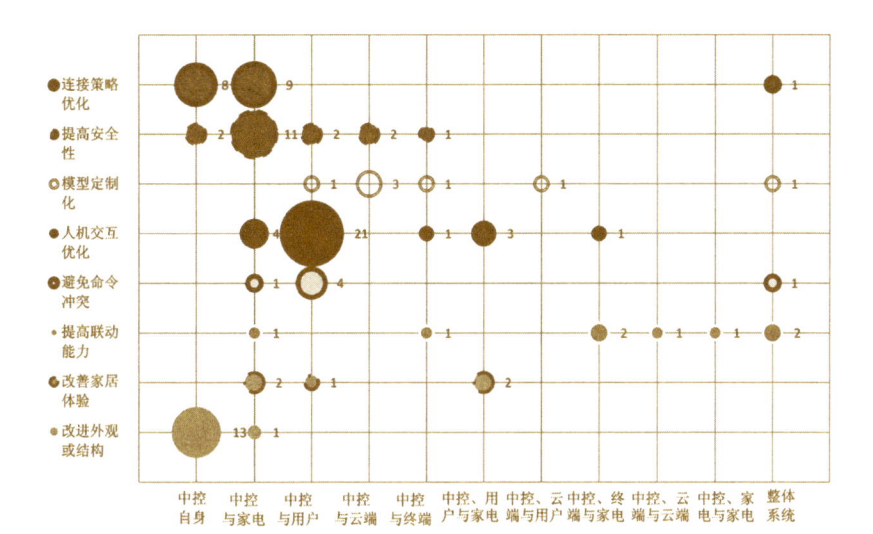

图 2-2-3 海尔中控专利布局的技术功效图

表 2-2-1 语音智能识别专利信息表

技术归类	技术方案	申请日	法律状态
声学定位	一种智能家庭室内定位方法，包括以下步骤：环境声音检测识别步骤；声音信号上传步骤：所述语音接收装置将匹配识别成功的识别结果及信号强度发送至中央控制器。用户位置定位步骤：中央控制器根据语音接收装置识别到的声音信号强度和语音接收装置的IPV6地址所对应的在家庭空间中的位置，来判断声源的位置。本发明的智能家庭室内定位方法，通过语音接收装置拾取家庭空间中人的声音信号，来确定发音者在空间中的位置，可以减少中央控制器的计算量。采用声音信号确定发音者在空间中的位置，声音具有良好的穿透性和衍射性，不易受家具摆放的影响，检测灵敏度高	2014—11—27	在审

续表

技术归类	技术方案	申请日	法律状态
语义解析与用户定位	一种智能家庭自然语言控制方法，包括以下步骤：（1）语音接收装置接收语音控制命令；（2）控制单元分析命令；（3）执行命令；在所述步骤（2）中，还包括以下子步骤：（21）分析语音控制命令的完整度，若语音控制命令中包含完整的电器类型以及控制执行的动作命令，则直接进入步骤（3）；否则，进入步骤（22）；（22）若语音控制命令中未指定电器类型，则对用户的位置进行定位，根据用户位置找出距离用户最近距离的电器，并判断该电器为指定电器，并执行步骤（3）。本发明的智能家庭自然语言控制方法，采用对用户进行室内定位的方式，并根据用户位置智能分析判断用户不完整语音控制命令中所隐含包含的信息，提高了语音控制系统对自然语言的识别能力	2014—11—27	在审
语义解析	一种智能家电设备的控制方法及装置，其中，一种控制方法包括：语义引擎平台判断是否接收到来自语音引擎平台的语义解释请求，其中，所述语义解释请求用于请求解释控制智能家电设备的控制指令；在接收到所述语义解释请求的情况下，所述语义引擎平台对所述控制指令进行指令分解，并发送分解后的控制指令。本发明将语义引擎平台与语音引擎平台进行交互，语义引擎平台判断是否接收到来自语音引擎平台的语义解释请求，如果接收到，则对控制指令进行指令分解，在语音引擎平台无法完成控制指令发送的情况下，直接为语音引擎平台得到的控制指令进行分解，加快了处理速度，且释放了控制终端的复杂操作，解决了现有技术的问题	2015—12—29	在审

续表

技术归类	技术方案	申请日	法律状态
语义解析	本发明提出了一种智能物联家电的控制方法、装置及相关设备，通过服务端对智能物联家电进行控制，该方法在服务端侧执行的流程包括：通过对接收到的自然语音信息进行语义识别，提取出关键词；在数据库中查找到所述关键词对应的对智能物联家电的控制指令，所述数据库包含词汇与智能物联家电的控制指令的对应关系；将查找到的所述控制指令下发给相应的智能物联家电去执行。本发明可以使智能物联家电与用户的互动更为智能和便捷，减少了人为的控制操作和智能场景预设	2015—08—28	在审
语义解析	一种家电设备的控制方法和系统，该方法包括：通过控制终端接收语音信息；所述控制终端将所述语音信息发送至语义识别服务器进行语义识别，并从所述语义识别服务器获取基于语义识别结果生成的用于控制家电设备的控制命令。本发明能够提升家电设备控制的智能程度	2013—04—28	已失效
语义解析	一种命令生成装置、设备的智能控制方法和系统，该方法包括：拆分从控制终端接收的关键字以获取至少一个单词；重组所述至少一个单词以得到至少一个词组；基于各词组在命令库中查找匹配的控制命令并将查找的控制命令发送至控制终端，以指示控制终端执行相应的控制操作。本发明可在保证设备控制的准确性的同时提升设备控制的智能程度	2013—03—19	已失效

续表

技术归类	技术方案	申请日	法律状态
语音识别	一种机顶盒系统,尤其涉及一种基于声控的机顶盒智能家居系统。本实用新型的智能家居声控机顶盒系统,包括机顶盒、无线红外转发器、无线信号发送器、智能家居控制中心,机顶盒与无线红外转发器之间通过红外信号通信,无线信号发送器与智能家居控制中心之间连接,无线红外转发器与无线信号发送器之间无线通信,智能家居控制中心连接无线麦克风接收器,无线麦克风接收器通过无线方式与无线麦克风通信。本实用新型的控制方式在此基础上引入了语音智能交互概念,用户可通过声音命令完成对机顶盒的各项控制	2010—08—21	已失效

在语音识别领域,语义解析(主要是提高准确率和响应速度)当然是重中之重,而声学定位也是不可忽视的一项技术。通常,我们对着手机说话时,这种语音输入功能称为近场识别技术,用户必须在离手机比较近的距离内说话。但在智能家居环境中,用户和智能终端之间的距离被大大增加了,用户能随意用语音控制智能家居的一个必要条件就是无论你在客厅哪个角落发出指令,设备都能准确的识别,语音识别技术必须突破距离的障碍。目前室内的语音交互受到背景噪音、其他人声干扰、回声、混响等多重复杂因素影响,导致识别率低甚至无法使用,只能在相对安静、近距离的环境下使用。远场识别技术将能够很好地解决这些问题,我们也看到海尔在这方面是有着相应的专利布局的。然而,涉及声纹验证(防止非认证用户随意使用)、方言兼容(提高容错性)等具体语音方面的,海尔在智能中控方面并没有布局,目前还存在较大的开发空

间。只有让中控更好地理解人，才能更好地去执行用户的意图，用户才能得到更好的服务。

再回到技术功效图，从技术效果整体来看，海尔布局的重点区域集中于中控与家电之间的连接策略优化、提高中控各向连接的安全性、改进人机交互体验、中控自身设计这四个方面，都是从实际的基本体验角度出发，较为符合当前智能家居行业关注的热点。在模型定制化、避免命令冲突、提高联动能力、改善家居体验这四个方面则布局明显要少一些，后期可以考虑在这些方面进行加强。从关联关系整体来看，海尔布局的重点区域集中于中控自身、中控与家电、中控与用户这几个方向，而在中控与云端、中控与终端等方向布局较少，尤其是中控、云端与用户之间，还可以考虑进行拓展。

我们也可以看到在星盒这个产品的背后，实际有很多专利技术的支持。

比如，简操作甚至无须操作，自动感应并进行调整，使用户坐拥舒适环境，这一点就与改善家居体验的专利有关，像专利申请CN103634168A，其技术方案为：在智能家庭中设置噪声感测器和家庭网关，所述噪声感测器将感测到的噪声信息通过无线通信网络发送给所述家庭网关，所述家庭网关将噪声信息和预先存储的噪声阈值进行比较，根据比较结果对所述智能家庭中的家电设备播放的节目的音量进行调整。本发明实施例可以保证智能家庭中对家庭内部噪声进行精确地感测与相应的控制，实现家庭内部噪声与家电设备音量的自动调节，使得用户在智能家庭中体验到真正的智能控制，使得智能家居系统更具亲民的实用性。

比如，开放 API，如何跨越不同的品牌壁垒，实现所有家居设备的开放连接，这就需要连接策略优化类专利的支持，像专利申请CN105207863A，其技术方案为：接收用户使用的预定 APP 的控制能力，控制能力包括以下之一：预定 APP 所能控制的设备型号，预定 APP 的控制功能列表；将控制能力对应的功能与目标智能家电设备所具有的功能进行比较，目标智能家电设备为用户确定要控制的同类型的智能家电设备；将控制能力对应的功能和目标智能家电设备所共有的功能集合发送至家庭网关，以通过功能集合中的各功能控制目标智能家电设备。通过运用本发明，无须使用目标智能家电设备的固定 APP，解决了异构家电设备通常拥有各自配套的控制 APP，不同 APP 之间无法混用，异构家电设备的统一控制存在困难的问题。

2.2.4　海尔中央控制器的专利地位

在海尔坐拥了这些专利和产品之后，是否就可以高枕无忧？答案是值得商榷的，我们接下来从专利的法律状态（即是否有效）、中国申请趋势对比和申请人排名这几个方面逐一进行探讨。

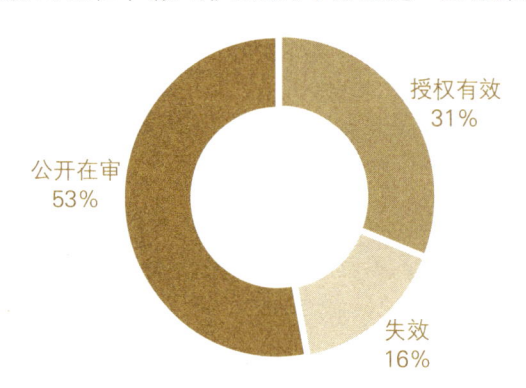

图 2-2-4　海尔中控专利的法律状态

我们对海尔在中控方面专利申请的法律状态进行了统计，如图 2-2-4 所示，其中授权有效的专利数量是已经失效（失效：包括申请人主动撤回、被驳回或者没有缴纳年费）的专利数量的两倍左右，公开在审的则占据超过一半的份额。失效的专利从技术效果的角度来看主要集中在改进外观和结构、改善家居体验、连接策略优化、人机交互优化和提高安全性，尤其是中控相关的外观和结构类，要么是被驳回，要么是申请人放弃缴纳年费而失效（相较于发明而言，外观和实用新型的创造性高度略低，申请人觉得没有必要维护），在关联关系中主要集中在中控自身、中控与用户、中控与家电、中控用户与家电，这其中并未引入终端和云端，存在一定数量的早期申请，从这个角度可以看出很明显的时代影响力。而授权并维持有效的，从技术效果的角度来看，8个方面的专利都有，以数量而言，海尔最重视的还是人机交互优化。从关联关系的角度来看，在联动方面还没有授权有效的（包括中控、云端与云端，中控、家电与家电），都处于在审状态。这也说明，家电或云端之间的联动技术是近年来才引起行业关注的。

接下来，看一下国内申请人的相关情况。

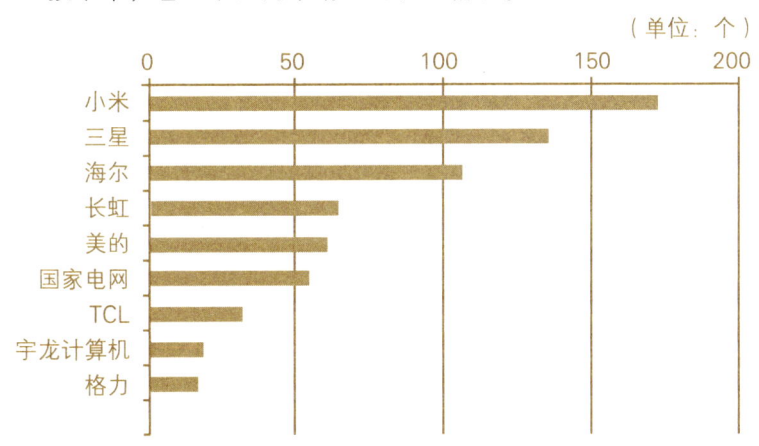

图 2-2-5　智能中控国内主要申请人排名

从图 2-2-5 中可以看到，在国内，小米的申请量最多，以 173 个高居第一的位置，是海尔最强劲的竞争对手，其开放式的态度与海尔不谋而合。按照雷军的构想，智能设备有三大痛点：手机连接复杂、每个设备都需要 APP、云服务，投入较大。因此，小米希望通过"智能模块＋控制中心＋云服务"的模式来解决这些问题。小米已经陆续投资了 25 家生态链企业，无论是智能模块还是控制中心，其生态链笃定的原则就是"开放、不排他、不独家"。排名在第二集团的是韩国的三星和中国的海尔，在智能控制领域的全球范围内，韩国企业尤为重视全产业链的技术投入和产品研发，专利申请的布局也非常全面，三星和 LG 两家无疑是其中最为抢眼的技术主导者，前者在中国国内的排名甚至排到了第二，其专利布局也值得引起国内厂商的关注。排在第三集团的是四川长虹、美的和国家电网，实力与前两个集团存在一定差距，但也不容小视。排在第四集团的是 TCL、宇龙计算机和格力。

在这些申请人之中，还存在一些交叉合作、相互竞争的关系。格力与美的，一个是国资管控较弱、小股东能"挑战"大股东的国企，一个是少有的能在中国建立了完善职业经理人制度的民企。两者驰骋家电江湖多年，把持着中国空调市场一半以上的份额，是中国家电业的双寡头。十多年前，双双在残酷的市场竞争中战胜诸多对手脱颖而出，这十多年里，伴随着两家企业成长的是，相互之间从来不断的纷争，而最多见的莫过于专利战。而格力与美的的竞争也不仅局限在侵权之争。在"法院见"之外，双方的言论也火药味颇浓。

而小米和美的之间的合作也引起了格力的警惕，美的产品覆盖几乎所有白电、小家电、厨房电器产品。而小米的电视机业务正是美的唯独缺少的。双方合作，让业界期待。特别是美的有传统优

2 单品的智能化

势,而小米有互联网思维。双方合作,有利于线上线下整合。这种双方牵手后的可怕前景,正是让格力坐卧不安的地方。从智能家居的智能中控专利布局这一块来看,格力的专利布局较少,如果要在这块市场切下蛋糕,恐怕还是应该多寻找合适的盟友。

了解行业内的重要申请人之后,我们接下来关注的是行业内专利申请趋势的变化,以及小米和海尔是否都精准地把握了市场脉搏。

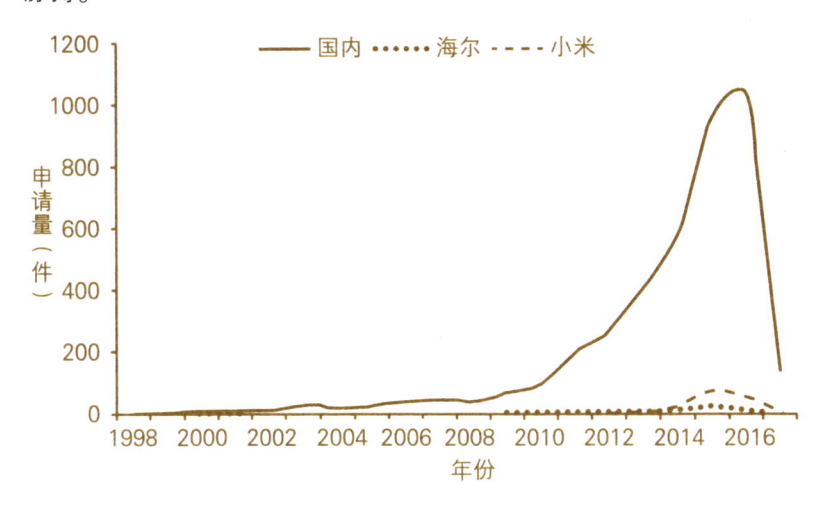

图 2-2-6 智能中控国内申请趋势

我们知道,智能家居的萌芽期始于 20 世纪 70 年代,而一直到 90 年代中期,都是处于极为简单的基于同轴电缆或电力线布局智能家居的组网技术(比如对家电、灯光、窗帘等的直接控制),而到了 21 世纪前后,简单的组网技术已经无法满足智能家居的需求,开始逐步出现了通过中央控制来进行管理的全面管理组网技术。

从图 2-2-6 中可以看到,国内智能家居的智能中控申请始于 1998 年,是一篇个人申请。经历了五年的萌芽期,在这个时间段内，虽然智能家居的概念开始引入中国，但并未真正消化，相应的专利申请也较少，与同阶段国外相比，技术较为落后。而在这一阶段，海尔已经参与其中，拥有五件专利申请，算是行业中的佼佼者了，此时小米尚未成立。

时间推移到2003年，在获得信息产业部科技司的批准下，以联想、康佳、TCL、长城、海信等五家企业发起，七家单位共同参与的IGRS闪联标准工作组正式成立。IGRS将新的智能家居发展趋势定义为3C（顾客、计算机、交流）合一，从这时起专利申请量有了第一个飞跃，一直到2010年，这个阶段可称之为缓慢发展期。然而当时标准较多，既有IGRS，也有海尔推出的e家佳，还有电信为首的中国通信标准化协会，行业内都是选择其中一个来遵循，按照不同的接口标准和协议进行生产，产品之间还不能实现互联、互通和互操作，各子系统之间的信息也不能交换，这些都使得很多家庭服务成为海市蜃楼。智能家居系统相关产品的研发多采用高科技，更新换代快，风险较大，很多企业不愿意投入较大的资金进行研发，我们可以看到，这段时间海尔仅在2006年、2009—2010年提出了少量专利申请。小米公司在2010年4月成立，成立初期的核心业务是手机。

到了2011年，中国的智能家居已经由概念接受、技术研发，发展到全领域的技术产业化，像闪联和e家佳都被国际智能家居标准采纳，进一步激发了中国企业在智能家居技术方面的创新积极性（海尔持续投入研发，并一直在进行相关专利申请）。此时出现了第二个飞跃，这个时间往后可称之为高速发展期。2011年正好也是中国智能手机元年，在电信运营商、手机厂商及渠道商的共同推动下，智能手机开始全面普及，而智能手机恰好与智能家居的概念存在共通之处。在市场的激发下，除了传统的家电企业在做智能家居，小米也开始跨入这个行业，从 2012 年就开始进行相关专利的布局，并寻找自己的合作伙伴，在智能中控领域，短短的 6 年里小米的申请量已攀升到国内第一，推出了小米路由器、小米魔盒等产品，其对市场的信心不言而喻。影响智能家居的另一重要因素，是云计算技术的发展。2014 年后，适逢国内云计算市场进入快速成熟阶段，从政策面到产业面，产业链、行业生态环境相对稳定，各厂商的解决方案更加成熟稳定，丰富的 SaaS、PaaS、IaaS 等产品大量涌现。用户云计算应用取得良好的效果，并成为 IT 系统不可或缺的组成部分。云平台的引入为智能家居厂商的管理和更新等服务注入了一剂强心针，并于 2016 年将智能中控相关专利的年申请数量增加到了 1000 件以上。随着企业的大力宣传加上政府逐步重视智慧社区、智慧城市建设，智能家居产品越来越多地开始在高端社区中推广普及，智能中控技术也需要有相应的提升。

再着眼国内，可以看到智能家居的中控技术存在一些地域分布的特色。

通过对中国国内申请量的省市分布进行统计，可以看出，截至 2017 年 8 月，广东、北京、江苏、浙江、山东、上海、四川的申请量都比较大。其中，北京、江苏和广东是申请量最多的区域，属于第一集团（申请量 >400 件），最为突出的是广东，几乎等于北京与江苏的总和。其中影响因素众多，比如经济发展水平的影响（毕竟智能家居目前主要应用于高端社区），再比如主要申请人在其占据比例较多（格力发于珠海，美的兴于佛山，TCL、宇龙、志高成于深圳，中山大学的智能中控技术知名度也很高）。而像北京的相关申请则依托于小米、京东这些电商以及各大高校的申请排名第二。江苏前有国家传感器创新示范区无锡，后有苏州、昆山等工业城市中的大批新兴企业，有力地推动了江苏智能实业的发展和技术的积累。

处于第二集团的是浙江、山东、上海和四川，申请量均在 200 件以上，也是智能家居中控布局的主要市场。浙江推出多届浙江智能家居产业链发展模式研讨会，也成立了浙江智能家电家居组委会，依托阿里巴巴、浙江大学等，也有较强的研发实力。而山东则有海尔、海信两大家电企业，从而成为专利申请大户，其中海尔是中国 e 家佳智能家居联盟的最重要的成员。上海作为国际化大都市，在这方面也不甘人后，2017 年 9 月举办了第三届上海国际智能建筑展览会。四川则是中国西部的国际智慧城市，省委省政府大力提升创新驱动发展实效，推进了四川国家数字家庭应用示范产业基地建设，也具备较强的实力。

2.2.5 智能中央控制器的典型产品及未来趋势

过去几年，智能家居总是跟扫地机器人、智能电视、冰箱等电器单品联系在一起，通过智能化升级，传统家电有了更好的用户体验和卖点。不过，随着谷歌、亚马逊、苹果这些国外公司纷纷倾力于语音助手、智能印象等产品时，人们发现，智能家居未来真正的竞争力是以家居控制中心为核心的系统平台。众多科研学者认为，基于家庭场景的特殊性，未来的"智慧家庭"极可能会形成通过类似"智能管家"的中控实现对各类电器设备控制操作，于是智能管家这一平台入口就变得极其重要。

可以预见，接下来国内智能家居市场的竞争，不论是海尔、美的等家电企业，还是中兴、华为等通信设备企业，甚至京东、阿里巴巴等互联网企业都以不同的方式进入智能家居市场，大打生态牌，打造自己的控制中心，平台入口争夺战变得愈发激烈。

作为智能家居的大脑，智能中控经历过各种变换，产品形态也是花样繁多。

2 单品的智能化

1. 自建智能家居整体系统

这种类型就是不管硬件和软件全部自己完成。比如，美国的 Control 4，通过物理布线或 ZigBee 等无线通信方式把兼容的照明、影音、安防电子设备连接到一个嵌入墙体的中控系统实现统一控制，部分中控系统还会拥有移动端 APP。这类系统自然是众多家电企业梦寐以求的。

作为每个 Control 4 项目的控制主机，HC−800 具备的处理能力能以超快的速度连接、控制家中几乎所有设备。流线、优雅的设计可灵活安装于电视柜、层板、机柜等位置。控制主机能够提高即时、交互式的电视画面控制及浏览媒体库，外加经过认证的 HDMI 影音传输和全面的音频输入和输出、红外线、串口、开关量和继电器，均能提供可靠的连接。

华录 SAVC800 智能影音总控主机涵盖影音及家居控制、高清影音矩阵、高清影音无损传输以及远程操控、多域共享、多屏互动。支持 1 路红外 IR 输入和 8 路红外 IR 输出，键码网络自动适配并且提供可编程触摸屏。同时支持 ZigBee 网络自动适配，实现 ZigBee 电源控制、窗帘控制、灯光控制。在矩阵功能方面，支持 8 路 HDMI 输入及切换，支持 HD1080p/3D，支持 4k 超高频视频输出，完全满足影音总控的功能需求。

2. 半开放平台的智能家居整体系统

融合发展是未来趋势。也有不少企业开始在自建系统留出开发接口，允许其他厂商产品接入，不仅可以依然掌握智能家居整体系统的控制权，还可以把整个系统建成一个平台，实现双赢。

以对接家庭生活需求为目标，旨在为用户提供智慧生活一站式 O2O 服务解决方案。通过网络，用户可以使用语音和文字方式，随时随地控制家电，还能够提供涵盖衣食住行全方位生活服务的智慧生态服务平台。U+生态圈"智慧健康""智慧洗护""智慧空气""智慧美食"等七大智能生活场景，为优家APP用户精选了数百种家电百科，实时推送天气、美食等生活资讯，营造了便捷舒适的智能生活。其操作界面如图2-2-7所示。

图2-2-7 海尔U+智慧生活开放平台操作界面

图2-2-8 星网天合5006L控制界面

此款产品采用高灵敏度触摸屏，不锈钢金属表面，搭配多种颜色。图形界面简单直观，操作方便快捷。每个按键都具有功能强大的场景功能，可以控制1路或多路灯光、窗帘、新风、门禁等。另外，产品通过设定可以和多房间中央背景音乐、暖通空调甚至安防系统联动。设置LonWorks总线接口，并且具有双向通信功能，可反馈显示被控设备的开关状态。

3. 以"盒子"类为中控的智能控制系统

这类系统由于主要利用无线网络作为传输通道，将智能家居植入其中，于是就以路由器、电视盒子、机顶盒等与WiFi相关联的硬件设备作为中控，而这些智能硬件本身没有智能家居功能，而是一个平台。

小米提供了三种玩法模式：（1）起床模式；（2）外出模式；（3）回家模式。每种模式都会对应不同的家电控制场景，比如"起床模式"中就有这样的情景：清晨你还在熟睡，小米路由器就已经将家中电器唤醒。当你睁开眼睛，舒适的光线、音乐、室温甚至早餐都已经准备就绪。所有的指令应该都是小米路由器发出的，不依赖于手机 APP，所以即使你手机断开 WiFi 后没有网络也能正常执行离家模式，而且不会有额外的耗电。

格通智能家居系统 GH1000 智能网关采用最新的 ZigBee 无线通信技术，具有强大的网络功能及灵活的控制方式。用户可通过手机、PAD 等设备远程连接智能网关，对家居电器进行实时监测与控制。支持 iOS 与 Android 系统，安装格通软件可实现远程控制。带有 WiFi 功能，支持云平台与家居系统对接工作，设置两路 USB 接口、一路网络接口和一路 SD 卡端口，同时支持软件远程更新。

4. 从单品突破成系统

这类从某一智能家居的功能出发，做出一个智能家居单品，比如，智能音箱、Nest 的智能恒温器、可搭载触控屏幕的智能冰箱甚至是家庭智能机器人等，在此基础上形成一个开放的平台让其他的智能家居产品接入。

Echo 首次把语音和自然语言理解的交互以崭新的产品形态呈现给消费者，得到了消费者的认可。消费者可以通过与 Echo 连接的智能产品通过语音进行控制，比如你可以说：ALEXA（语音助手），帮我关下空调；ALEXA，帮我开下灯；ALEXA，现在几点了……只要是 Echo 支持的智能产品都会得到对应的操作。据统计，Echo 在 2015 年销售量是 170 万台，2016 年卖出了超过 650 万台，2017 年亚马逊 Echo 系列累积销售至少 2000 万台。相对于手机整体出货量几亿台，Echo 的成就并不显著，但是作为智能家居行业，毫无疑问地奠定了扎实的基础。Echo 有远程听音能力（手机只能靠近来听），而且使用操作基本都是通过语音识别进行，这样就解放了人们的双手，解决了智能家居的一大痛点：实现交流及更加方便[①]。

还有国内的京东联手科大讯飞，推出智能音箱：叮咚。不过反响差一些，究其原因，还是语音识别技术发展有些不足，用户认为理解能力不强，所以这一块还需要加大技术投入。2017 年 6 月 20 日，喜马拉雅 FM 推出了小雅 AI 音箱，技术合作方是猎户星空，其播放内容调用喜马拉雅 FM 上的音频内容，语音识别技术较叮咚、天猫精灵有所提高。

5. 第三方智能家居平台

一些独立于家居家电的企业则采用依托于移动终端作为中控，包括手机、电脑、平板电脑等设备来专门打造一个开放平台，供其他家居家电厂商接入。最典型的莫过于苹果公司在 2014 年发布的 HomeKit 智能家居平台系统。

HomeKit 并非一款应用，而更像是一种基础设施，使智能家居设备能相互通信。利用 HomeKit，这些智能家居设备还可以通过 Siri 来控制。此外，用户可以针对不同场景，比如，下班回家后或上床睡觉时，配置不同的设置，从而自动调节灯光、音乐、电视机，以及其他设备的运行。

（1）华丽升级：闪亮亮的机器人来了

自 2015 年起，让机器人充当"家庭中控"的趋势就越来越明显，各大企业也相继放出大招，比如海尔 Ubot、美的 Bubble 机器

---

① OFweek 中国高科技门户. 智能音箱：能否成为智能家居的中控台？. news.pconline.com.cn/921/9214394.html，2017—5—11.

人与BroadLink的Rokid，多是主打家庭管家概念，功能大体相似，支持家电智能管理、安防监控、生活助手等功能。

家庭智能机器人概念热炒的背后，除却资本市场热度高、产品营销需卖点外，更为重要的是，用户对于活泼、听话的机器人产品容忍度更高，偶尔犯点小错并不会引起失望、不喜等负面情绪，这也是导致产品形态向机器人升级的原因之一。其二，机器人是进入家庭的最佳角色与入口。相较于依赖手机/遥控器等设备进行手动控制与语音交互，机器人简直人味儿十足！试想下这两种场景：通过手机/遥控器来完成灯的开关，或者对着小机器人说"heyrobot，帮我把灯打开行吗"，体验简直千差万别呢。其三，科幻电影的长期熏陶。还记得那个又暖心又萌的大白吗？层出不穷的科幻类电影，让我们对机器人始终抱有一定程度的美好期待与幻想。

（2）终极形态：科技式未来已在路上

不过，当前的家庭智能机器人仍旧停留在问答式的交互，很听话，却未必真得懂你。未来依托于人工智能+自学习技术，机器人可以从每一次互动中掌握你的喜好与生活习惯，根据习性每天早上自动为你播报天气与感兴趣的资讯，当你说"我累了"的时候会自动调节成你最喜欢的舒缓环境等，让机器人真正成为家庭中的智慧大脑。

此时的智能设备们则可以相应做减法，变得更加头脑简单，只需接收中控大脑所发送的指令并执行即可，不用自己做判断。比如，衣物洗护，洗衣机不必判断衣物材质的能力，而改为由机器人来判断，并下达相应的洗护指令。另外一种声音则认为，未来，与中控大相径庭的家居控制模式可能会是"去中心化"。在通信协议统一标准之后，让每台智能设备都拥有自己的小大脑，互相对话互相联动，而不必要一个控制中心来进行统筹。也许这一天来得更早，也未可知呢！

那么在当下，最值得关注的技术焦点在哪里？

答案是：友好的人机交互成突围关键。

智能家居平台之战焦灼不堪，但不论是怎样的入口、控制中心、系统、生态等，始终还是要回归到用户体验上。

在家庭用户的眼里，人们似乎并不介意智能家居系统是一整套单一知名品牌的，还是从多家厂商择优单品组成的，也不介意"智能管家"到底是电视、冰箱、音箱还是路由器、电视盒子，而更渴望的是像《钢铁侠》中那样自然流畅的人机交互。

在家庭交互场景中，语音交互技术已然成为智能家居中控交互体验的最为重要的一环。通过在室内安装麦克风阵列，如在智能机顶盒上安装线性阵列等，可以实现远场对人声的精准识别。

为了实现更好地用户体验，让中控能够明确使用者画像也是必不可少的一个条件。采用人脸识别技术，可以依托家中摄像头，准确辨别出使用者的身份、年龄等信息，从而让中控更为适宜地控制设备。

每个家庭对智能家居的使用都具有个性化特点，利用窗帘打开的时间，空调日常调节的温度，平时关灯的时间等。学习每个家庭对设备的使用习惯等信息，进行数据分析，并反馈给中控，让每个"智能管家"可以更个性化、人性化地进行家庭服务，可以大大提高用户的交互体验。

2.2.6 小结

智能家居系统平台之战愈演愈烈，各大智能家居企业在疯狂争夺入口的同时，只有更加注重用户的人机交互体验，从用户的真实需求出发，充分利用并不断改进语音交互、麦克风阵列、人脸识别、数据挖掘等 AI 技术，才能在激烈的市场争夺中立于不败之地。

2.3 智能家居机器人

2.3.1 智能家居机器人的发展过程

2.3.1.1 智能家居机器人的背景介绍

图 2-3-1 智能家居机器人　　图 2-3-2 智能家居机器人

以上你所看到的，不管它是什么模样，它们都是智能家居机器人。

智能家居机器人是服务机器人中的一种，国际机器人联合会给了服务机器人一个初步的定义：服务机器人是一种半自主或全自主工作的机器人，它能完成有益于人类的服务工作。其中的智能家居机器人是指相对于从事生产的工业服务机器人而言，在家中为人们的家庭生活服务的机器人，比如从事家庭服务、维护、运输、监护、教育、娱乐等工作。

2.3.1.2 智能家居机器人的成长历史

机器人概念的第一次出现是在20世纪60年代，最初是用于工业生产，1961年第一台工业机器人在美国诞生。几十年来，伴随着科学技术的发展和人们对机器人所赋予期望值的增加，机器人技术得到了迅猛发展。

逐渐地，机器人从工厂的结构化环境进入人的日常生活环境——医院、办公室、家庭和其他杂乱及不可控环境，成为不仅能自主完成工作，而且能与人共同协作完成任务或在人的指导下完成任务的智能机器人。

机器人的广泛应用可以说是 21 世纪自动控制最有说服力的成就。随着人工智能的加入，机器人不再局限于工业领域，而是向更加宽阔的应用范围扩展。其中，智能家居机器人由于具备可以代替人类完成很多复杂的任务、解放人类的劳动负担等优势，迅速成为机器人市场的新生力军。

近年来，互联网的快速发展带动了社会进步和人们生活水平的提高，人工智能技术的发展为机器人产业带来广阔的遐想空间，移动性和智能性逐渐成为人们追求的目标，人们对智能家居技术不断深入研究，智能家居机器人的种类越来越多，技术的发展与应用将更加宽广，让人们逐渐体验到智能家居产品的智能性和便利性。特别是最近几年，清洁机器人、安保机器人、护理机器人等机器人在技术上的进步，是大家都有目共睹的。

2.3.1.3 智能家居机器人的市场状况

来自全球的行业数据显示，家居机器人的增速将远超工业机器人，肩负起行业增长最大"发动机"的重任。其实这个结果也是可以预见的，因为相比工业机器人来说，家居机器人更贴近人的需求，应用场景也更为广阔。

整个服务机器人的市场，从国际机器人联合会的数据来看，它是一个快速上升的应用阶段，从已有的数据来看，2016 年实际的数据是 72.9 亿元，相比 2015 年同比增长达到 44.6%。值得注意的是，在服务机器人中，智能家居机器人市场尤其可观。有专家预测，未来三年内，智能家居机器人的全球销量将高达 2590 万台，市场规模高达到 122 亿美元。

根据 CNET 与 Coldwell Banker 对美国人智能家居的调查，发现28%的美国人已经拥有某种智能家居产品，而在中国，这一数据尚未达到5%。不管是国外还是国内，这一数值都向我们说明智能家居市场的发展空间还是极大的。目前，各大家居行业巨头都在智能家居机器人领域跑马圈地，智能家居机器人将是智慧家居中的重要一环已经是业内的共识。因此，人工智能在智能家居机器人中的作用就显得尤为关键。如何赋予服务机器人更强大的"拟人"功能，毫无疑问将会是这个行业坚定的努力方向。

2.3.1.4 智能家居机器人的智能家族

按照通用分类标准，智能家居机器人大家族主要包括以下几类大户。

1. 清洁机器人

图 2-3-3　扫地机器人　　　　图 2-3-4　擦窗机器人

说起家务，给人的印象就是累、烦、永远都做不完，有人甚至谈之变色。为什么不找个机器人来帮我们干家务呢？于是，人们发明了智能家居清洁机器人。清洁机器人包括吸尘机器人、地面清扫机器人、壁面清洗机器人、擦窗机器人和一些特种清洗机器人，通过机械设计来实现机器人清洁的功能，通过搭载传感器及智能处理算法来实现机器人的路径规划和巧妙避障，搭配其机械系统和控制

系统实现清洁功能，可用于各种场合的清洁工作。全世界第一款量产的吸尘机器人是由瑞典的伊莱克斯（Electrolux）于1997年发布的Electrolux Trilobite，当时曾在英国BBC电视台的科学节目"明日世界"中介绍。

2. 娱乐/教学机器人

娱乐机器人主要是指那些在平时的生活中给大家提供欢乐的机器人，比如唱歌、跳舞、讲故事等，当大家下班或者放学回家，劳累了一天，躺在沙发上，让娱乐机器人放一首较为悠扬和宁静的抒情音乐，相信很容易就能够放松身心。日本是世界上第一台人类娱乐机器人的产地。2000年，本田公司发布了ASIMO，这是世界上第一台可遥控、有两条腿、会行动的机器人。2003年，索尼公司推出了ORIO，它可以漫步、跳舞，甚至可以指挥一支小型乐队。

教育机器人是教育行业中的服务机器人，教育机器人将增强或延伸教师的表达能力、知识加工能力和沟通能力；机器人教育将激发广大学生对智能技术的学习兴趣和动力，并大范围提高学生信息技术能力，提升数字时代的竞争能力。随着家庭教育受重视程度的日益增强和"家庭学校"在全球的兴起，教育机器人或许能作为同伴或辅导教师，成为"家庭的一员"，协助"在家教育"，促进孩子的学习发展和健康成长。

3. 厨房机器人

图2-3-5　厨房机器人　　　　图2-3-6　送餐机器人

2　单品的智能化

过去，机器人下厨在我们看来仿佛是科幻电影中的情节，而现在，它已完全不是什么新鲜事了。英国科技公司 Moley Robotics，在伦敦展示了其最新产品——机器人厨房系统。这套系统被该公司称为"世界上第一款自动化厨房"，可实现完全自动化的烹饪体验。虽然看起来只有两个机器手臂，但却非常灵活。体内配有 129 个传感器、20 个电动马达、24 个关节，能完全模仿人类手臂的动作，可以通过房间内的动作捕捉摄像头记录人类厨师的操作，并进行采样及效仿，从而实现精确的烹饪体验。这个系统的不足是需要将配料等内容精确地摆放在一定位置上，机械手臂才能正常辨别并使用。虽然并不算非常聪明，但 Moley Robotics 机器人厨房可以完美地执行预设菜谱，比如在 30 分钟内制作出一道美味的蟹肉浓汤。Moley Robotics 的愿景是用户可以从数字商店中下载食谱，并通过机器人厨房简单快捷地制作美食。至少从目前的体验来看，Moley Robotics 机器人厨房制作的蟹肉浓汤是十分美味的。

4. 安防机器人

图 2-3-7　安防机器人　　　　图 2-3-8　安防机器人

安防人员的职责以及主要工作内容，就是巡视，发现异常，解决异常。随着人力成本的增加，以及科技的发展，企业和家庭安防已经不仅仅局限于靠人巡逻的方式来实现，从红外监控，到视频监控，再到视频图像分析，企业和家庭安防经历了巨大的变化。也因此，智能机器人的问世，为科技企业服务安防，创造了更多的机遇。

家庭安防意识不断随着国民收入的提高而增强，正因为这种需求的存在，国外已有较多企业着力开发并生产家用机器人，希望能通过人性化的交流体验摆脱常规数码设备所带来的情感缺失，同时促使人工智能科技的不断优化和发展。

家用智能安防系统由安防监控平台（安防机器人本身）+云转储平台+数据采集设备（视频、音频、红外、烟感、天然气、煤气、一氧化碳、其他有害气体、温感、湿感）+智能家居配套+智能生物识别设备+远程控制客户端组成。

5. 护理机器人

日本理化学研究所日前展示了新研发的护理机器人。这款机器人样子亲切可爱又充满活力，它能够像人一样柔和地抱起坐着的人。英国布里斯托大学的科学家也计划开发能够陪伴老年人并对其提供照顾的护理机器人，护理机器人是英国试图解决人口日益老龄化问题的方法之一。布里斯托机器人实验室认为，护理机器人可以帮助老年人在家中独立居住更长的时间。

但是，并非所有人都相信机器人可以解决病患照顾和老龄化社会面临的危机。20世纪80年代的科学节目《巨蛋竞赛》中的明星人物海因茨·沃尔夫教授，曾经参与一些早期设备的开发，但他认为机器永远不能取代人与人面对面的接触。他说："我相信，当你们像我现在这样年老体衰的时候，有人说你的机器人明天送到，它将照顾你。你肯定感到不高兴。"

6. 管家机器人

观看《钢铁侠》的时候，除了精彩炫酷的打斗场景，其中的人工智能也让人们为之着迷，尤其是AI管家。智能家居机器人的佼佼者就是管家机器人，管家机器人一般能实现语音服务、实时监控、智能家居整体控制、提供人机交互等功能。

图 2-3-9 管家机器人　　图 2-3-10 管家机器人

目前，市面上的机器人多达上百家，但说到能够担当"管家"一职的机器人可谓少之又少，甚至可以说几乎没有。与此同时，在中国，拥有智能家居产品的人数都不到5%，更何况是机器人的普及率。鉴于此等现象，我们可以知道两个事实：一个是机器人并不足够"聪明"，一个是多数人对于机器人并不是那么的热衷或者尚不具备使用的条件。由此，我们可以知道，要想让机器人成为拥有实体的AI管家，并走入千家万户之中，还有很多问题需要去面对和解决。

2.3.1.5 专利概况

1. 专利申请趋势

机器人技术的发展，可从专利概况中窥见一斑，为此，我们统计了关于机器人的专利申请。

如图所示，截至2017年8月20日，全球智能家居机器人的专利申请超过6500余件，中国的专利申请超过2700余件。

智能家居机器人的全球专利申请趋势始于20世纪80年代中期，起步阶段发展比较缓慢，从该时期开始，机器人逐渐从工厂的结构化环境进入人的日常家庭生活环境，成为不仅能自主完成工作，而且能与人共同协作完成任务或在人的指导下完成任务的智能

图 2-3-11 专利申请趋势图

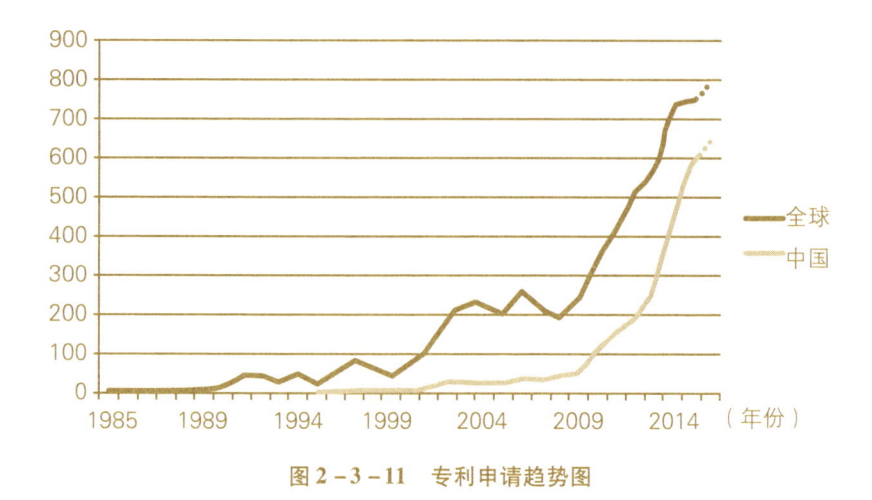

家居机器人。但是在这一阶段，虽然机器人技术在国外已经盛行，但是用于家庭的家居机器人仍处于发展初期，即使是机器人技术发展较好的各国也并没有重点关注机器人在家庭领域的研发。

20世纪90年代中后期到2007年前后是智能家居机器人的成长阶段，比起前一阶段申请量有了明显的增长。在2004年前后申请量达到一次小峰值，这得益于相关技术的飞速发展，比如计算机和传感器技术，为智能家居机器人的发展扫清了障碍，很多家居机器人进入了普通人的生活。这一阶段的增长由欧美日韩等发达国家引领，发展较好的美国、瑞典投入大量的研究，20世纪初，日本也开始关注家居机器人的发展。

在2008年前后全球经历了一次国际金融危机，全球专利申请数量上呈现了一次小幅度回落后，于2009年恢复进入高速增长阶段，如今仍然保持强劲动力。最近几年，清洁地面、保姆和警卫等智能家居机器人技术上的进步，大家都有目共睹。各国政府都将发展智能家居机器人产业列为国家级发展战略。

与欧美、日韩等国家相比，中国在家居机器人领域的研发起步晚，错过了家居机器人发展的起步阶段。中国从20世纪90年代才开始出现相关的申请，并经历了15年左右的低速增长，自2009年前后增长速度开始与全球申请增速并驾齐驱，随着中国专利申请趋势的不断上扬，全球专利申请呈现快速增长趋势。目前中国在家居机器人技术方面的研究，通过20多年不懈地努力，也得益于计算机和互联网的飞速发展不断消除智能领域的技术障碍，中国家居机器人技术已跨入世界先进行列，金融危机之后全球专利申请量的高速增长，很大程度上归功于中国申请的贡献。随着"863计划""973计划""科技支撑计划"全面实施，服务机器人科技项目的全面展开，并且已建成一批高水平的研究开发基地，造就了一支跨世纪的研究开发队伍，为机器人技术的持续创新发展奠定了基础。

2. 技术原创国分析

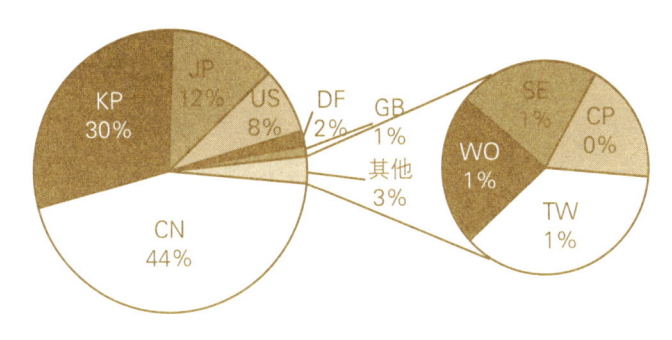

图2-3-12 智能家居机器人全球原创国分布图

拥有的专利数量可以在一定程度上反映出一个国家在机器人行业的竞争实力，但是全球原创国分布图，更可以让我们从全球视角研究最具实力的创新国家。技术原创国是专利被首次申请的国家，又被称为专利优先权国家，往往也是技术创新的来源国。

智能家居机器人技术原创国分布图展示了各国的专利优先权分布，可以看出，中国作为原创国产出的专利申请量将近占到全球的一半，为44%，近年来中国的智能机器人发展迅猛，原创数量上已经超越美日韩等老牌机器人研究大国。

中国在智能家居领域起步较晚，但是智能家居机器人产业在中国正迅猛发展，经过二十多年的努力，建成了一批高水平的研究开发基地，近年来在工博会、机器人各类展示会上，都可以看到中国企业自主研发的智能家居机器人。中国把智能家居机器人项目纳入国家科技发展战略，智能家居机器人在《国家中长期科学和技术发展规划纲要（2006—2020年）》中被列为未来15年重点发展的前沿技术和重点领域。在《国家高技术研究发展计划"十一五"发展纲要》的组织策划下，计划将护理机器人、餐饮机器人、竞技与娱乐机器人等机器人及其关键技术的研究作为主要目标，已经取得了不少具有代表性的科技成果。2014年，北京智能机器人产业技术创新联盟成立。2015年年初，李克强总理在政府报告中提出制定"互联网+"行动计划，推动移动互联网、云计算、大数据、物联网等与现代制造业结合。2015年，国务院发布《中国制造2025》规划，规划中提出了大力发展机器人等十大重点领域。中国智能家居机器人在人机交互、机器人运动控制、多机器人系统研究领域处于世界前列。

紧接着中国，排名原创国二到四位依次是韩国、日本和美国，分别占据30%、12%、8%的份额。韩国、日本、美国既是全球重视机器人市场的大国，又是机器人技术产出大国。

韩国专门为服务机器人发展制定了相关法律，在人才培育、质量品牌和平台搭建等方面进行了顶层设计。韩国非常注重服务机器人的产业化道路，提出成为世界三大机器人强国之一的发展目标。

2 单品的智能化

韩国从20世纪90年代开始就把机器人产业定位为未来的支柱产业,从2003年韩国政府提出的"十大未来发展动力产业"政策,继而到2004年信息通信部提出的"IT839计划",启动了"无所不在的机器人伙伴"项目,到2008年的《智能机器人开发与普及促进法》,韩国政府制定了一系列的相关政策及法律以促进机器人产业的发展。2012年,韩国知识经济部发布了一项中长期战略"机器人未来战略展望2022",将政策焦点放在了扩大韩国机器人产业并支持国内机器人企业进军海外市场方面,重点发展救灾机器人、医疗机器人、家庭服务机器人等机器人技术,到2022年实现"All-Robot时代"的愿景。由此可见,韩国政府在对机器人产业充满信心的同时,也为本国机器人产业的发展制定了非常清晰的近期和远期目标。

日本家居机器人技术发展极为迅速,连美国都被其后来居上甩在身后,赢得了"机器人王国"的美誉。从机器人技术的国际竞争力来看,日本在工业机器人、仿人型机器人以及家用服务机器人三个领域具有绝对竞争优势,尤其是家用服务机器人,是其产业快速发展的原动力。根据日本机器人协会的数据,2011年日本服务机器人总出货额约在12亿美元,预计到2020年以后日本国内服务机器人规模将超越工业机器人,达到100亿美元左右,远超其他国家。日本从始至终高度重视机器人发展战略。早在2001年,日本成立了新世纪机器人技术战略调查专门委员会,就阻碍机器人产业化的主要原因以及市场供应和需求情况进行了全面的调查和讨论。日本政府各部门为推动机器人技术的研发,提供了大量的资金支持,其中1998年开始的仿人型机器人计划,总投资约200亿日元;2004年,政府推出了下一代机器人应用计划,斥资约3000万美元。日本机器人技术的迅猛发展同样得益于产学官的联合。在美国硅谷效应的启发下,日本政府推出了"产业集群"以及"知识密集区"建设计划,在各地方选建了 19 个各具技术特色的产业集群。在政府的推动下逐渐形成的产学官结合机制形成了促进机器人技术研发发展的合力。

美国是机器人的发源地,1933 年,芝加哥世界博览会上出现了一个奇葩的展示品:Alpha 机器人,它可以说是史上第一款智能机器人。这个实际上并不能自由移动的机器人,具有回答问题的能力,在当时无疑是极为聪明、智能的。也正是由于它的出现,智能家居机器人从概念变成了现实。1939 年纽约世博会,Elektro 机器人亮相,这个由美国西屋电气公司设计的家居机器人,身高约 2.1 米、重 120 公斤,具有人形外观和语音识别系统,并且能够说出大约 700 个单词,另外,它还会抽烟、吹气球,相比 Alpha 机器人无疑更为先进。虽然 Elektro 无法走入千家万户成为管家机器人,但无疑也是智能家居历史上重要的一员。现在美国的机器人技术在国际上仍处于领先地位,其技术全面、先进,适应强,在军用、医疗、智能家居机器人产业都占有绝对的优势。美国拥有很多行业内处于垄断地位的跨国企业。一方面,拥有智能机器人产业的明星,像 iRobot 和直觉外科公司(Intuitive Surgical);另一方面,像苹果、谷歌等互联网巨头更是在加速推动服务机器人的产业化。美国机器人领域在软件、影像辨识与语音辨识技术领先,消费性产品已进入多国市场。

图 2-3-13　Alpha 机器人　　图 2-3-14　Elektro 机器人

3. 布局中国的主要申请人

企业不仅需要重视研发技术、制造产品，在专利申请布局方面的策略也尤为重要。我们来看一下布局中国的主要专利申请人。

中国市场更是全球智能家居专利竞争的热点区域，各跨国公司在中国均进行了大量的专利布局。主要申请人中的前十位排名如图2-3-17所示，所有的申请人均为企业，国外在中国智能家居机器人领域布局的申请人主要来自韩国、日本和美国，这些国家同时也是中国进口机器人的主要来源国，这也与这些国家分别是全球原创国第二至四位的身份相符。图中，韩国企业占据两席，企业自身优势明显，占领排名榜第一位和第四位，中国企业占据六席，入围企业数量最多并且专利申请总量最多，日本和美国企业分别有一位入围，都是本国智能家居领域的龙头企业。

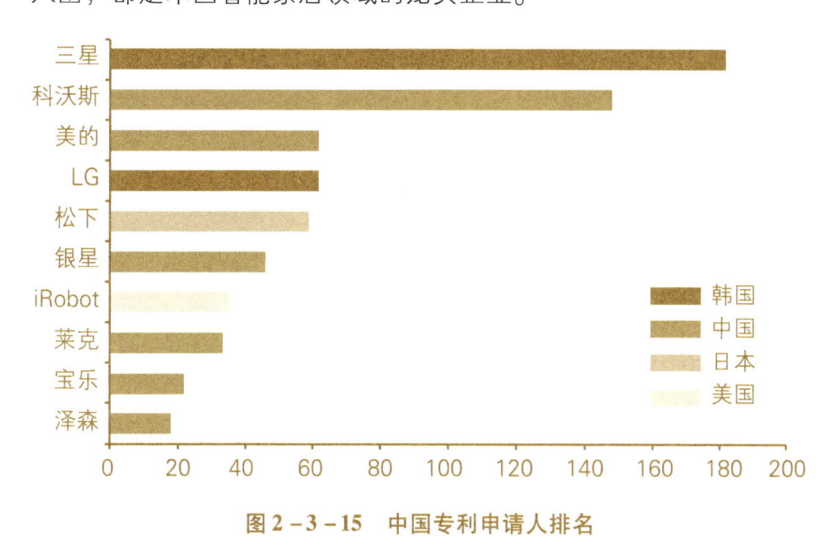

图2-3-15 中国专利申请人排名

来自韩国的申请人为三星和LG。在智能家居机器人领域，三星拥有最多数量的中国专利，由此可见，三星在中国智能家居机器人市场中的优势竞争地位。三星作为全球电子产品巨头，除了其热销的手机、平板、电视等产品外，智能家居也是其不容忽视的一大业务，三星电子通过收购美国公司 Smart Things 打入了智能家居领域，Smart Things 能让用户通过一个移动应用来控制各种联网设备。三星的"老冤家"LG 近年来积极投资机器人领域，推进人工智能技术的革新，为公司进军机器人行业做准备，发展方向也基于自己的"老本行"家电行业：研发与冰箱、洗衣机和空调等家用电器无障碍联动的机器人产品。LG 将人工智能作为其未来的业务重心，目标是让精密机器完成人类的日常工作，其家电业务主管称："我们通过大规模投资智能家居、机器人和关键部件，并加强家电业务的产能，来为未来做准备。"

图 2-3-16　三星机器人 OTTO　　图 2-3-17　LG 机器人 Rolling Bot

来自中国的申请人，为科沃斯、美的、银星、莱克、宝乐和泽森。科沃斯创建于 1998 年，历经 14 年的发展，公司由 OEM/ODM 为主的出口代加工型企业逐步转型为拥有智能家居机器人高端品牌"科沃斯"及精品小家电品牌——"泰怡凯"为品牌双核的集团公司，专业从事家居机器人和清洁器具的研发、设计、制造和销售。科沃斯的华丽转型和近几年的高速发展，像是哈利波特一样，被赋予了一根神奇的魔法棒，业界纷纷叫好称奇。中国另一家

2 单品的智能化

企业美的在 43 年里,一直都是一家以研发和生产为主的家电制造商,然而在过去的 5 年中,发生了翻天覆地的变化,历经几次转型,如今美的定位为涵盖消费电器、机器人及工业自动化系统等的多元化高科技企业,并在 2016 年 7 月跻身世界 500 强。2016 年美的对德国机器人企业库卡集团的要约收购刚完成,2017 年年初又与以色列运动控制系统解决方案提供商 Servotronix 达成战略合作交易。美的在 2015 年才成立了专门的机器人部门,但近两年的收购,让其在机器人产业布局出现爆发式加速。

图 2-3-18 科沃斯机器人地宝　图 2-3-19 美的机器人 R1—L083B

来自日本的申请人为松下。在如今日本的科技行业中,打造一款智能服务机器人似乎才能显示出自家的强大。拉斯维加斯举行的 2016 年 CES 国际消费电子展上,松下向世人宣布了这一野心——通过"智能城市""智能家居"理念重新赢得消费者的心。松下公布了全新的 Ora 软件系统,旨在让整个世界变得更加智能。借助 Ora 系统,用户便可以通过一个设备全局掌控用户家中日益增加的智能设备和应用。松下将在智能家居领域发力,Ora 系统可以帮助用户通过一个设备控制家中所有的智能设备,同时还能让用户的起居生活更加轻松和充满乐趣。

松下还提出了"2020 年更美好的生活"愿景,并在东京都江东区著名的"东京松下中心"设计了可以体验这种生活的展厅"Wonder Life-BOX2020"未来馆。Wonder Life-BOX 未来馆的智能家居主要分为客厅、厨房和卧房三大部分,这个家中拥有一位智能助理,长得就像小太阳一样可爱,通过投影机、麦克风、传感器等设备,在家中的每个角落都能看到它,虽然不会说话,但听得懂主人下的指令、使命必达,还能像宠物般跟在主人后面走动,十分有趣。

来自美国的申请人为 iRobot。iRobot 创立于 1990 年,是目前美国机器人产业发展最为成功的企业,是世界领先的服务机器人企业,也是纳斯达克机器人第一股,无论是从技术水平、从业历史还是从产业化程度来看,iRobot 都是全球智能家居机器人发展的领军企业。目前,iRobot 在家居机器人、军用机器人、航空机器人、医疗机器人、教育机器人等各领域形成了丰富的产品体系,并取得了很好的销售业绩。单是家用清洁机器人一个品种,iRobot 2011 年全球销量就已经破 600 万台,2013 年销量达到 1000 万台,是机器人史上民用消费机器人最好的成绩。目前,iRobot 产品已经销售到全球 50 多个国家和地区,家庭服务机器人销量超过 10 万。

4. 中国专利申请地域分布

从地域分布来看,中国专利申请量的排布与中国地势高低呈现一致的状况,中国专利申请量在中国的地域分布同样可以分为三阶梯,第一阶梯为东南沿海和北京地区,包括江苏、广东、北京、浙江、上海、天津、山东,第二阶梯为中部内陆省份,包括安徽、四川、湖北、湖南、广西等,第三阶梯为西、北部各省,包括吉林、山西、贵州、甘肃等。中国智能家居机器人专利申请量较高的地区主要集中在第一阶梯,产业发展较好的地区也主要集中于此,这与中国地域的经济水平、人口分布均保持正相关。这些地区具有良好的制造业基础以及科研能力,为服务机器人产业的发展奠定了坚实的基础。

2 单品的智能化

在第一阶梯中，专利申请量以长三角地区最大，排名依次为江苏、浙江、上海。江苏拥有科沃斯、美的两大智能家居巨头，并且拥有大量科研院所，不断为当地企业提供技术支持和人才输送，知名的有江苏大学智能机械及机器人研究所、常州大学机器人研究所、南京大学、南京理工大学等几大研究院所，并成立了江苏省机器人与智能装备产业技术创新战略联盟，以推动江苏省机器人与智能装备产业发展。目前，江苏已推出教育机器人、竞赛机器人、老人服务机器人、配药机器人等，并开展了示范应用。浙江省最活跃的申请人是杭州信多达，公司成立于 1994 年，是中国领先的电子方案开发、智能控制器制造、整机生产服务提供商，公司围绕智慧家居概念及生产自动化，进军智能服务机器人领域，并陆续推出智能扫地机器人、智能家居服务机器人等。浙江省为推动服务机器人的研发，于 2008 年设置了服务机器人重点实验室，该实验室以浙江大学为依托，重点研究嵌入式系统平台技术、核心应用软件技术、信息智能技术、人机交互、工业设计和机电一体化等服务机器人领域的核心支撑技术。上海市最突出的申请人是智臻智能网络科技股份有限公司，智臻智能是小 i 机器人拥有者，小 i 机器人拥有全球最大规模的 Bots 商业化应用，业务覆盖通信、金融、电子政务、电子商务、智能家电和汽车交通等多个行业，它是全球领先的智能机器人平台和架构提供者，拥有全球先进的中文智能人机对话引擎，在人工智能相关技术方面走在行业的前列，推出了应用于多个行业和领域的智能虚拟/实体机器人解决方案。同时，上海市还拥有上海交大自主机器人研究所、复旦大学媒体计算研究所、上海大学、上海应用技术学院等一批研发实力很强的科研院所，使其在服务机器人的研发上处于国内领先水平。

广东地区的申请主要集中在深圳。深圳市的最重要申请人是银星公司，银星公司是国家级高新技术企业，致力于智能家居机器人产品的研发和生产，拥有多项国内国际发明专利，公司智能家居机器人被列入"国家火炬计划项目"，并誉为"广东省重点新产品"和"广东省自主创新产品"，公司服务机器人研发中心被列为"深圳市重大项目"。2008年，深圳市建立了国内首个机器人行业的产学研战略联盟，并加紧建设机器人产业孵化基地。截至目前，中国科学院深圳先进技术研究院已研制出餐饮服务机器人、救灾机器人、宠物机器人、清洁机器人、管家机器人、老人服务机器人、娱乐机器人等二十多个可产业化的样机，其中有些已经实现产业化。

北京的科技实力全国领先，智力资源在全国是最密集的，由此造就了其在服务机器人研发上具有先发优势，北京有效地将服务机器人的研发成果转化到生产上，在服务机器人的应用上，北京也是应用较早、较为广泛的地区。天津和山东的智能科技公司和科研院所也对专利申请量作出了较大贡献。

5. 中国专利质量情况

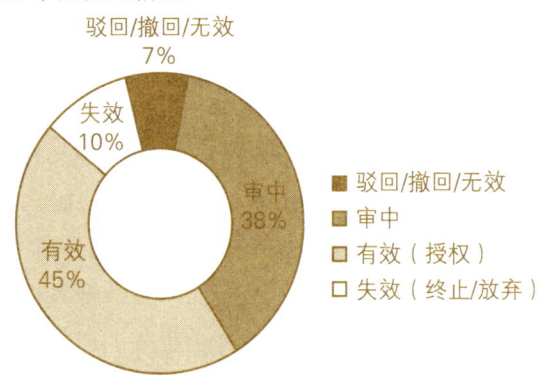

图2-3-20 中国专利申请法律状态分布图

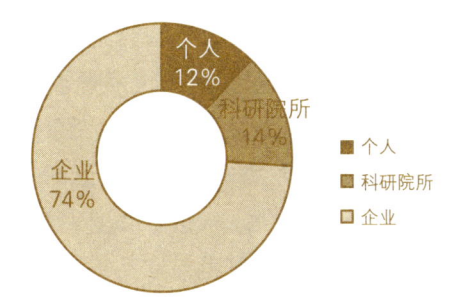

图 2-3-21 中国专利申请人类型分布图

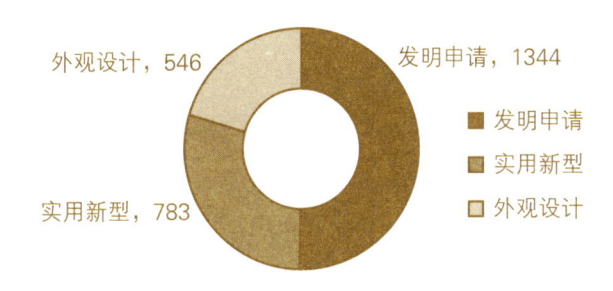

图 2-3-22 中国专利申请类型分布图

以上三幅图，分别表示中国专利申请法律状态分布、中国专利申请人类型分布、中国专利申请类型分布，通过这三幅图，可以大致判断中国智能家居机器人专利申请的专利质量高低情况。

如图 2-3-20 所示，将法律状态分成四类：有效（授权且权利维持）、失效（权利终止或权利人放弃权利）、驳回/撤回/无效（审查驳回/申请人撤回/无效专利）、审中（专利公开状态）。这样分的目的是，从专利质量的角度，授权后有效和失效的专利质量相对更高，驳回/撤回/无效的专利质量相对更低。中国授权有效专利比例达到 45%，如果算上 10% 的失效专利，中国较高质量专利超过申请量的一半，远远高于较低质量专利（驳回/撤回/无效）的 7%。从这个维度来看，中国智能家居机器人专利申请质量表现良好。

· 73 ·

如图 2-3-21 所示，将申请人类型分为三类：个人、科研院所和企业，一般认为，企业出于实际的技术需求和申请支出考虑，其申请的专利一般质量较高，科研院所和个人的专利质量往往参差不齐。从图中可以看出，企业的专利申请量达到 74%，科研院所和个人的专利申请量刚超过 1/4。从这个维度来看，中国智能家居机器人专利申请的质量是相当不错的。

如图 2-3-22 所示，这张图将外观数据考虑进来，以更好地说明中国专利申请质量，将专利申请分为三种：发明专利申请、实用新型专利申请、外观设计专利申请，笼统地认为，发明专利申请代表了更高的技术，实用新型专利申请和外观设计专利申请价值略低。图中可以看出，发明专利申请数量占据总申请量的一半以上，从这个维度来看，中国智能家居机器人专利申请的质量同样较好。

综上，初步看来，中国智能家居机器人专利申请的质量是令人满意的。在这些专利申请中，授权有效专利是研发需要重点关注的重点技术，失效专利和驳回/撤回/无效专利已成为可以自由利用的现有技术，研发机构在实际的研发过程中，可以积极利用这些自由现有技术提供的技术信息，以提高研发起点，避免重复研发。处于审中状态的专利申请还处于公开状态，需要追踪这些专利法律状态，避免日后出现专利风险。

2.3.2 智能家居机器人的关键技术

2.3.2.1 智能家居机器人的技术概述

智能家居机器人要达到"智能"的程度，需要具备两大特质，分别是自主移动和人机交互。

自主移动技术是利用传感器检测技术，把由传感器获取的设备自身及其所处环境的各种信息综合起来，对这些信息进行融合处理，使设备能够理解自己的状态和自己所处的环境，并实时的作出运动控制的决策，从而实现躲避障碍物、寻找最优路径、进行自主移动和轨迹跟踪等功能。自主移动技术已经成为自动化、计算机和人工智能等领域的研究热点。

自主移动的实现，需要借助环境感知技术、定位建图技术、路径规划技术。

(1) 环境感知技术：运用一种或多种传感器的组合，获得周围环境的测量数据，从而对环境进行认知。

(2) 定位建图技术：组合环境感知传感器输出的结果得到的环境测距信息从而得到环境地图，并且确定设备在环境地图中所处的位置。

(3) 路径规划技术：根据局部环境信息或者全局环境地图寻找一条合理、安全的路径，基于局部环境信息规划下一时刻设备的位置和方向，从而使设备从起点安全行驶到目标点。

人机交互是研究人与计算机之间通过相互理解的交流与通信，在最大限度上为人们完成信息管理、服务和处理等功能，使计算机真正成为人们工作学习的和谐助手的一门技术科学，它是伴着计算机的诞生发展起来的。在现代和未来的社会里，只要有人利用通信、计算机等信息处理技术，为社会、经济、环境和资源进行活动时，人机交互都是永恒的主题。鉴于它对科技发展的重要性，研究如何实现自然、便利和无所不在的人机交互，成为现代信息技术、人工智能技术研究的至高目标，也是数学、信息科学、智能科学、神经科学以及生理、心理科学多科学交叉的新结合点，并将引导着21世纪前期信息和计算机研究的热门方向。

人机交互又分为触觉交互、语音交互、视觉交互。从当前的技术发展趋势上来看，语音交互和视觉交互是人机交互的两大主流技术。语音交互相当于机器人的口和耳，视觉交互相当于人的双眼和双手。语音交互的实现，需要借助声源定位、语音识别、语音合成、语义理解等技术；视觉交互的实现，需要借助手势交互、眼球追踪、表情识别、体感交互等技术。

自主移动的智能机器人和传统机器人相比，具有自主感知、决策和执行功能的能力，具有智能化的巨大优势以及广阔的应用前景。与工业机器人相比，智能家居机器人面临了结构复杂程度较高以及具有动态变化可能的家居环境，对于自主移动定位的感知技术以及后端计算技术的准确性、鲁棒性和实时性都提出了新的挑战。此外，基于家用的目标市场，自主移动的成本也有待进一步降低。

根据智能家居机器人领域的研究热度，选择路径规划、语音识别、表情识别三大技术作为智能家居机器人的核心技术进行解读。

2.3.2.2 智能家居机器人的环境感知

1. 背景知识

环境感知运用一种或多种传感器的组合，获得周围环境的测量数据，从而对环境进行认知。为了在一个环境中实现自主移动，有效而可靠的环境感知是必不可少的，运用自身配置的一种或多种传感器的组合，对环境进行主动获取或者被动感知，进而将各种感知信息进行融合，得到周围环境信息。在准确、实时的环境感知信息的基础上，才能够实现构建环境地图、定位以及路径规划等功能。环境感知是智能家居机器人实现自主移动的基础。

环境感知技术的基础是传感器，机器人自主移动技术中常用的传感器分为两类：一类是外部传感器，用于对周围环境特征进行观测，包括对人工路标和自然路标进行观测，常见的外部传感器有激光雷达传感器、毫米波雷达、视觉摄像头等；另一类是内部传感器，这类传感器是对机器人本身运动的感知，其通常与机器人本身的运动模型一起对机器人的位置进行预测估计,常见的内部传感器有惯性传感器、陀螺仪、里程计等;由于内部传感器存在随时间积累的漂移误差,所以不宜直接用于长期定位,一般仅作辅助外部传感器定位之用。

2. 相关专利

针对智能家居机器人的环境感知技术,挑选代表性专利进行解读。

表2-3-1 环境感知技术代表专利

公告号	CN103294057B	附图
申请人	三星电子株式会社	
名称	传感器组件以及具有该传感器组件的机器人吸尘器	
法律状态	授权有效	
方案摘要	一种传感器组件以及具有该传感器组件的机器人吸尘器,该传感器组件执行障碍物传感器和视觉传感器两者功能。传感器组件包括:发光模块,安装在该壳体上并且产生光;以及光接收模块,安装在该壳体上并且接收通过由障碍物反射从该发光模块产生的光而获得的反射光,其中该光接收模块包括:接收反射器,安装在所述壳体上并提供为圆锥形的形式以聚集该反射光并且其中心部开口以形成视孔;以及照相单元,感应由该接收反射器聚集的该反射光并且同时经由该视孔拍摄该壳体上方的图像	

2.3.2.3 智能家居机器人的路径规划

1. 背景知识

路径规划是智能家居机器人研究领域的热点，其可以被描述为：智能家居机器人依据某个或某些性能指标（如工作代价最小、行走路线最短、行走时间最短），在运动空间中找到一条从起始状态到目标状态、可以避开障碍物的最优或接近最优的路径。通常来说，路经规划选择路径的最短距离，即从起点到目标节点的路径的最短长度作为性能指标。

服务机器人的路径规划方法，可根据环境信息的已知程度划分为两种类型：一是基于全局地图信息的路径规划，简称全局路径规划；二是基于局部地图信息的路径规划，简称局部路径规划。

全局路径规划能够处理完全已知环境（障碍物的位置和形状预先给定）下的路径规划，前提是需要建立移动机器人所在环境的全局地图模型，之后，在建立的全局地图模型上使用搜寻寻优算法获得最优路径。

局部路径规划以不知道环境中的障碍物位置的信息为前提，移动机器人仅通过传感器感知自身周围环境与自身状态。由于无法获得环境的全局信息，局部路径规划侧重于考虑移动机器人当前的局部环境信息，利用传感器获得的局部环境信息寻找一条从起点到目标节点的与环境中的障碍物无碰的最优路径并需要实时地调整路径规划策略。

2. 相关专利

针对智能家居机器人的路径规划技术，挑选代表性专利进行解读。

表2-3-2 路径规划技术代表专利

公告号	CN102183959B	附图
申请人	深圳市银星智能科技股份有限公司	
名称	移动机器人的自适应路径控制方法	
法律状态	授权有效	
方案摘要	一种移动机器人的自适应路径控制方法:在移动机器人的工作区域内放置至少两个按顺序编号的路标定位器;移动机器人按编号顺序依次搜寻各路标定位器发出的远距离信号并在搜寻到该信号后向其运动;移动以时间或距离作为参考设置参考点,求得其虚拟坐标并将其作为关键点储存;在收到路标定位器的近距离信号时,移动机器人求得其当前所在位置的虚拟坐标并储存;在依次完成所有路标定位器的搜索后,移动机器人对关键点的虚拟坐标进行修正;移动机器人按修正后的关键点的虚拟坐标巡航。本机器人系统具有自适应巡航环境能力强、方便操作、安全可靠的优点	

2.3.2.4 智能家居机器人的表情识别

1. 背景知识

人脸识别技术的发展从20世纪70年代兴起,是计算机视觉领域迄今为止最热门的研究课题之一。随着互联网技术的发展和大数据的积累,基于人的脸部特征信息进行身份识别的面部识别已经不是什么太大的技术性问题。

智能机器的发展更是让人们渴望能体验到自然和谐的人机交互，盼望有一天机器可以读懂我们的语言、知悉我们的表情，来更好地为我们服务。如果有一天我们手上的智能手机扫到每个人的面部表情就能实时的知道他们的喜怒哀乐，并能作出相应的回复的话，或许这才是真正智能的开始。

然而，计算机在表情识别方面的成长经历就类似于儿童的成长过程，以观察和辨别表情来作为最终天然、亲切、生动的交互的开始，它需要大量的、长时间的数据积累，通过精确识别这些信息来判断人的情绪。那时，即使人会故意控制面部表情展现出与内心世界不一样的表情，也总会露出一些破绽，可能这些破绽会很微小或一闪而过，让人不易察觉。但对于人工智能来说，发现细微的现象或捕捉稍纵即逝的变化正是他们的长项，他们可以借助高速摄像机和高性能处理器来完成这项工作。从这个方面来说，人工智能对人类情绪的理解可能会比人类还优秀。

2. 相关专利

针对智能家居机器人的表情识别技术，挑选代表性专利进行解读。

表2-3-3 表情识别技术代表专利

公告号	CN105082150B	附图
申请人	国家康复辅具研究中心	
名称	一种基于用户情绪及意图识别的机器人人机交互方法	
法律状态	授权有效	

续表

公告号	CN105082150B	附图
方案摘要	一种基于用户情绪及意图识别的机器人人机交互方法，其利用呼吸、心率、皮电等人体生物信息和面部表情识别相结合进行用户情绪识别，利用压力、光电、温度等多种物理传感器信息识别用户意图，根据用户情绪和意图识别的结果进行智能控制决策，控制机器人相应的执行机构完成肢体动作和语音交互。本方法可以使机器人更加充分地理解用户的意图，了解其心理变化，满足对用户进行情感陪护的功能要求，更好地融入老人、儿童等使用者的生活	呼吸、脉搏、心率、皮电 → 生理信息；面部表情 → 图像处理；→ 特征提取 → 信息融合 → 情绪识别 → 轻松、高兴、悲伤、愤怒

2.3.3　智能家居机器人的重点企业

本节选择全球领先的科技创新企业——iRobot，作为智能家居机器人行业的代表企业，让我们了解这些生产机器人的企业到底有多炫酷。

2.3.3.1　背景介绍

1990 年，麻省理工学院的机器人专家怀着让实用机器人成为现实的愿景创立了 iRobot 公司，公司已在全球范围内售出了 1500

多万台机器人。iRobot 开发出了一些在世界上举足轻重的机器人产品，并在创新方面有着悠久的历史。iRobot 的机器人揭开了吉萨大金字塔的神秘面纱，寻找墨西哥湾有害的海洋石油，挽救了全球多个发生冲突和危机的地区内数以千计的生命。NASA 使用的第一台 Micro Rover 就是受到了 iRobot 的启发，让太空旅行发生了永久性的改变；部署了美军在冲突中使用的第一批地面机器人；将经过 FDA 批准的第一批自动导航远程实景机器人引入医院并且推出了第一台实用的家居机器人 Roomba，为家庭清洁开创出一个全新的类别。iRobot 在过去的 25 年多里一直都是机器人行业的领头羊，始终致力于为大众开发可实现更智能清洁方式并在日常生活中完成更多工作的机器人。

2.3.3.2 发展历史

在家用机器人方面，iRobot 不断推出新产品，持续革新人类的清洁方式。目前，iRobot 已经形成了由吸尘机器人、洗地机器人、擦地机器人、泳池清洁机器人、檐槽清洁机器人构建的完整的家庭室内外清洁产品线。在立足自主研发的同时，iRobot 公司还不断通过兼并与合作等形式丰富自己的产品线，完善并拓展自己在服务机器人前沿市场的布局。iRobot 由清洁领域的家用机器人进入智能家居行业，比一般的智能化家电更为突出的特点是自主的移动和执行，由于 iRobot 的产品已经具有了平台化的特点，未来会在智能家居领域有更加精彩的表现，可能会引领智能家居的新方向。

1990 年：MIT 机器人专家 Colin Angle、Helen Greiner 和 Rodney Brooks 共同创立了 iRobot。

1991 年：iRobot 开发了一款为太空探索而设计的机器人 Genghis™。

1996 年：iRobot 开发了一款在碎波区探测和排除水雷的机器人 Ariel™。

1998 年：iRobot 赢得研发战术移动机器人的 DARPA（美国国防高级研究计划局）合同，这促进了 iRobot PackBot® 的研发

2001 年：iRobot PackBot® 于"9·11"恐怖袭击事件后在世贸中心展开搜救行动。

2002 年：iRobot 正式开启家居机器人市场，推出 Roomba® 扫地机器人。

2004 年：iRobot 的吸尘机器人系列销售突破 100 万台。

2005 年：iRobot 推出 Scooba® 地板清洗机器人。

2006 年：iRobot 推出 Dirt Dog® 商场清扫机器人。

2007 年：iRobot 推出 Create® 可编程移动式机器人。

2008 年：iRobot 推出 Roomba® 宠物系列和专业系列扫地机器人。

2009 年：iRobot 推出 SPARK 教育计划。

2010 年：iRobot 联合举办美国机器人周。

2011 年：iRobot 推出 Scooba® 230 地板清洗机器人、Roomba® 700 系列扫地机器人。

2012 年：在全球交付 5000 多台防御与安全机器人。

2013 年：iRobot 推出 Roomba® 800 系列，采用了革命性的 AeroForce® 高性能清洁系统。

2014 年：iRobot 推出 Scooba® 450 擦地机器人。

2015 年：iRobot 推出 Roomba 980 扫地机器人，这款机器人

将智能可视导航、云连接的应用程序控制和更强劲的地毯清洁能力融为一体。

2016年：iRobot推出Braava jet机器人擦地机，非常适合清洁厨房、浴室和其他面积较小处的地面。

2.3.3.3 主要产品

1990—2000年，iRobot致力于开发太空探测、搜救、扫雷等军用机器人。2001—2010年推出家用扫地机器人、金字塔探秘、国防安全机器人。2011年后，发明视频协作、高效家用清洁机器人。

尤其突出的是2002年，iRobot公司创造了Roomba扫地机器人，由此开启家用机器人的品类。至今，超过1500万iRobot的家用机器人已经销往全球各地65个国家，在家庭里的各个区域高效地执行清洁任务。无论从技术水平、从业历史还是从产业化程度来看，iRobot都是全球服务机器人发展的领军企业。

2.3.3.4 专利情况

iRobot发明了智能家居机器人的三大核心技术：iAdapt® 技术、vSLAM® 技术、三段式清扫技术。

1. iAdapt® 情景规划智能导航技术

表2-3-4 iAdapt® 技术相关专利

公告号	US6809490 B2	附图
授权日	2004—10—26	
名称	自主机器人的多模式覆盖的方法和系统	
法律状态	授权有效	

2 单品的智能化

续表

公告号	US6809490 B2	附图
方案摘要	一种移动机器人，包括：（1）用于将机器人移动到表面上的装置；（2）障碍物检测传感器；（3）可操作地连接到障碍物检测传感器和移动装置的控制系统；（4）控制系统被配置为以多种操作模式操作机器人并且响应于由障碍物检测传感器产生的信号实时地从多个模式中进行选择；多个操作模式包括：覆盖模式，机器人在隔离区域中操作；障碍物跟随模式，机器人靠近障碍物行进；以及反弹模式，机器人在遇到障碍物之后大体上沿远离障碍物的方向行进，并且当处于障碍物跟随模式时，机器人靠近障碍物移动至少两倍于机器人的工作宽度的距离	FIG. 4A FIG. 4B
产品	Roomba® 6 以上系列机器人使用先进的情景规划智能导航 iAdapt® 技术，iAdapt® 让 Roomba 可以主动对清扫环境进行监测，每秒钟思考次数超过 60 次，并且能够以 40 种不同的动作进行反应，以便彻底清扫房间。并且，使用高效能清扫模式和全方位感应器，依据实际环境所有的杂物和家具画出清扫空间的地图	

2. vSLAM® 视觉运算处理技术

表 2-3-5　vSLAM® 技术相关专利

授权号	US9020637 B2	附图
授权日	2015—04—28	
名称	移动机器人的同步定位建图方法	
法律状态	授权有效	
方案摘要	同步定位建图方法包括初始化机器人姿态和粒子滤波器的粒子模型。粒子模型包括粒子,每个粒子具有相关联的地图,机器人姿态和权重。该方法包括从机器人的传感器系统接收稀疏传感器数据,使接收的传感器数据与机器人姿态的变化同步,随着时间的推移累积同步的传感器数据,并确定机器人的定位质量。当积累的传感器数据超过阈值累积并且机器人的定位质量大于阈值定位质量时,该方法包括用累积的同步传感器数据更新粒子。当粒子的平均权重大于阈值粒子权重时,确定粒子模型的每个更新粒子的权重并且将机器人姿态置信于具有最高权重的粒子的机器人姿势	
产品	Roomba® 900 系列机器人利用 iRobot 专有的 vSLAM® 视觉运算处理技术,在您的家中实现连贯、高效地导航,同时在其地图上创建可视化地标便于在清洁时跟踪位置,从而知道哪些区域已经清洁,哪些区域尚未清洁	

3. 三段式清扫技术

表 2-3-6　三段式清扫技术相关专利

公告号	US7636982 B2	附图
授权日	2009—12—29	
名称	自动地板清洁机器人	
法律状态	授权有效	
方案摘要	一种地板清洁机器人，包括：壳体，包括底盘，其中底盘的一部分被配置为甲板；动力差动轮驱动器，用于推动地板清洁机器人进行清洁操作；控制模块，用于控制地板清洁机器人以实现清洁操作；包括双级刷组件的清洁头，包括第一和第二不对称刷，其与甲板组合安装并由清洁电机驱动，以在清洁操作期间清除微粒，第二刷的外径大于第一刷，被配置为接触硬地板表面并将碎屑引向第一刷，还包括用于收集刷组件扫过的颗粒的集尘箱；第一刷被配置为不接触硬地板表面，而是将来自第二刷的碎屑重新定向到集尘箱中；工作时第一和第二不对称刷逆向旋转	
产品	Roomba® 6 以上系列机器人 Roomba 具有世界上独一无二的三段式清扫技术，它可以同一时间开展三个部位的工作，以获得最佳清洁效果：（1）边刷沿着边缘和角落清扫；（2）两个刷子不停地同步向内转动，将各种垃圾卷到垃圾盒中；（3）强有力的吸尘口将碎片、灰尘和毛发等细小垃圾吸入	

2.3.4 小结

机器人革命是英国皇家工程学院 2009 年 8 月 19 日发布的一份名为《自主系统》的科学报告中提出的,因人工智能机器人和计算机将越来越多地出现在生活的方方面面,2019 年将迎来机器人革命。近两年,随着全球人口红利下降,劳动力价格上升,机器人不仅在制造业正在替代工人,还将在服务、娱乐等各行各业超越人类。不论作为人类的我们是心怀憧憬,还是忧心忡忡,都无法阻止即将到来的 AI 未来,钢铁侠们不仅存在于科幻电影中,他们的机器人大军正迈着正步进入我们的生活。

2.4 智能门窗

引 言

随着《中共中央国务院关于进一步加强城市规划建设管理工作的若干意见》的发布,描述了"十三五"期间以及更长时间的中国城市发展的路线图,其中原则上不再建设封闭住宅小区,已建成的住宅小区和单位大院要逐步打开。小区的围墙取消以后,建筑门窗的定位必然有一个新的变化,会产生新的功能需求(比如必然会加强组团至单体门禁和门窗的安全防护等级,为我们控制安保带来新的需求),同时随着智能化市场发展的要求,关于小区建筑门窗的智能化发展和管理已经逐步进入大家的视野。

2.4.1 智能门窗的概述

随着 21 世纪信息化时代的到来,社会信息化和家居智能化呈现出了蓬勃发展的趋势,尤其是物联网、云计算和移动互联网的不

2 单品的智能化

断发展带来了消费需求的提升，越来越多的家庭开始追求高质量、高科技舒适安全的家居生活，充分享受信息时代生活上的便利。作为智能家居系统的单品子系统——智能门窗，其定义是在传统住宅的基础上，综合利用传感器技术、计算机技术、现代通信技术和自动控制技术等，实现了门窗各种信息的采集、传输、处理和控制。安全舒适的家居环境是实现家居智能化的基础和前提，而门窗作为家庭与外界互通的门户，起着尤为关键的作用，实现门窗的智能化是智能家居的第一步，也是非常重要的一步。

最早的智能门窗控制器为红外线遥控，遥控器距离短，且必须对准窗机才有反应。随着科技的进步，智能门窗已能逐步实现远程控制。现今的智能门窗不仅具有自动开关功能，还具有防盗、防风雨、防小孩坠落等多项复合功能，为用户的生命、财产安全提供可靠保障。

从结构上来看，智能门窗的核心部件为控制系统，智能门窗控制系统是一种以微电脑芯片为核心组成的智能控制中心，由可编程的无线接收主控制器、传感器、报警终端、无线遥控器以及机电一体化传动装置组成。从功能上来看，智能门窗包括防盗型、防风雨型、自动调节温度型、自动调节光线型等单一功能的智能门窗，以及具有上述多项功能的复合型智能门窗。

智能门窗的发展与我国建筑行业的发展有着密切的关系。近些年来，我国房地产行业的持续升温、基础设施建设投入力度的不断加大，使得我国建筑业每年以20%以上的速度递增，全行业进入了一个高速发展的黄金时期。我国每年约有21亿平方米的房屋建筑工程，相当于欧洲和美国的总和。通常在房屋总建筑面积中，门与窗的建设面积约占25%—30%，也就是说，我国每年约有5亿多平方米的门窗建设任务，是整个欧洲每年门窗建设面积的4倍多。现阶段,我国门窗需求量已达到每年 3000 万套,成为全球范围内最主要的门窗消费市场之一。

普通建筑门窗不能自动调整自身动作以适应风、雨、光等环境变化,给人们带来了诸多不便。当今世界能源危机、环境污染、全球变暖等问题日益严峻,人们在选择建筑门窗时,除了考虑其美学特性和外观特征外,更注重其热量控制、制冷成本和内部阳光投射的舒适平衡等问题。在新型建筑朝着智能化方向发展的趋势下,能动态调节光照强度和室内温度的智能门窗迅速成为行业内研究的热点。

2.4.2 智能门窗的具体印象

图 2-4-1 智能门窗家居示例

在日常生活中,我们总会遇到很多的突发因素,比如:
出门一段时间了,想起窗户好像没关,进了小偷可怎么办……
上班的时候,突然遇到下雨天气,衣服晾在外面没有人收……
暴风雨即将到来,赶不及回家,可是家里的窗户还没关……

2　单品的智能化

雾霾天气反复来袭，家里的天窗每次关闭都很麻烦……

每天睡觉前，手动把家里的窗帘逐个拉起……

智能门窗系统，可以给你一个轻松的生活体验，让你不再为琐事而烦恼。

近年来，智能家居市场火热，智能门窗控制系统远程控制窗户、定时控制窗帘等功能，实现智能化便捷生活，为家庭安全提供保障，受到市场欢迎。智能门窗控制系统与智能门锁、窗帘电机、窗帘控制器、门窗磁、无线红外探测器等组成一个具有安全、便捷、稳定等特点的智能家居子系统，营造安全舒适的生活环境。

1. 智能门窗控制，让你闲适自在

门窗是家庭安防的第一道屏障，检测门窗外的各种因素并作出及时响应是其首要功能。智能家居实现了门窗及窗帘的远程控制。以窗帘来说，家庭、办公室、会议室、房车等都会用到。传统窗帘手动开合，并不方便，尤其是别墅和复式窗的窗帘又长又重。智能窗帘开关的出现，躺在床上、沙发上想要开合窗帘时，在手机或者智能控制面板上轻轻一点就可以实现了，或者根据日常生活习惯，进行场景模式设置，在指定时间实现定时控制。如设置起床和睡觉模式，清晨，当你醒来，窗帘自动打开，迎接新的一天；晚上窗帘会自动闭合，营造一个静谧的休息环境。而智能门锁的远程控制给出门在外的朋友带来方便，即便不在家，想要让人进自己的家，通过手机发送指令就好了！门窗配合风雨传感器更具智能化，可以根据风力大小或是否下雨而自动开关窗户。

2. 智能窗帘为生活添彩加料，倡导节能环保

如果说远程控制给生活带来了生活方式的改变，那么智能家居节能环保的理念则是让你的生活品质有进一步的提高。智能门窗控制系统可以通过智能温湿度传感器来判断是否需要打开空调，或是

启动空气净化程序，倡导以自然调节环境，用最佳节能的方式带来舒适生活。

3. 智能门窗筑起家庭防护网

生活方式的改变与生活水平的提高是人们对高品质的追求，而这一切的基础是建立在安全之上的。智能窗帘开关与智能门锁、智能安防探测器等联合为安全筑起一道防护网。智能门锁是第一道防线，比如，可设置孩子回家指纹及密码，若孩子已经放学并安全到家，将有消息发送到手机上；智能安防探测器构筑第二道防线，在陌生人从门窗进入时，就会联动声光报警器发出警笛音吓退盗贼同时发送报警信息到你的手机。在平时，摄像头也会对家中老人、孩子的活动进行日常监测，以及时防止意外发生。

4. 持续发力的智能门窗，为您提供深度呵护

家居生活中，我们在屋里待得最久的其实是晚上，那么这个时间段智能门窗能做些什么呢？在美的空调与小米联合发布智能空调的发布会上，美的集团副总裁、家用空调事业部总裁吴文新表示，美的未来旗下空调产品将全面兼容小米智能家居系统，与小米手机、小米生态链产品互联互通。该空调可根据手环、手机定位实现快到家自动打开空调的功能，通过手环监测睡眠模式，监测到用户睡眠后自动将空调切换到睡眠模式。此外，它还创造了运动与环境温度的算法，根据运动量自动调整环境温度。

那么，问题来了，有的人不喜欢空调，更喜欢自然风，怎么办？莫慌，经过检索，我们发现小米公司在 2015 年 9 月申请了一项专利 CN105257140A，可通过控制智能门窗来呵护用户睡眠质量，其具体技术方案如下：获取用户当前所处的状态；当用户当前所处的状态为睡眠状态时，获取影响用户睡眠的当前睡眠质量影响参数；将当前睡眠质量影响参数与对应的睡眠质量影响参数门限进行

比较；可以根据比较结果准确地判断出是否需要关闭该智能门窗，以确保用户具有良好睡眠质量。通过该方案，智能门窗可与小米的智能手环进行联用，能够根据用户当前的睡眠质量来调整门窗，并且同时考虑噪声因素。如果外面噪声较大，则会进行关闭。

2.4.3 智能门窗的重要发明主体

1. 小米公司

小米智能门窗的实现需要依托一个重要部件，即小米门窗传感器。

小米公司通过智能家居套装来实现打通家中各种家居与设备的关联体系，小米的智能家庭套装包含网关、门窗传感器、人体传感器和无线开关，除了网关以外其他三个硬件体积很小，无须插电。

图 2-4-2 小米门窗传感器

表 2-4-1 门窗传感器技术指标

指标	数据	备注
工作温度	-5℃— +35℃	—
工作湿度	0—95%RH	无冷凝
电池型号	CR1632	寿命在标准环境下大于 2 年，可更换
响应速度	15ms	—
无线网络协议	ZigBee	通信有效范围 6—15m
组件的安装距离	22mm	—

小米门窗传感器的安装使用和原理为：将小米门窗传感器的二个组件分别安装于窗框与窗户上，通过窗户的开合，触发组件中的

磁敏元件发出开/关信号，触动小米智能网关的报警功能，并将信号发送于与小米智能网关相连的移动智能终端设备上。

通过检索，与小米门窗传感器直接对应的专利是一篇外观专利CN20161037999，而并没有相对应的具体发明专利。2016年9月公开了一篇关于如何具体使用该传感器的发明专利，申请号CN201610422828，其名称为控制智能家居设备的方法及装置，具体方案是：通过设置在出入区域内的至少两个目标传感器检测移动物体；响应于确定所述目标传感器均检测到移动物体，获取各所述目标传感器检测到移动物体的目标时间；根据各所述目标时间之间的先后关系，控制智能家居设备的工作状态（当用户回家时，门窗传感器首先响应，发现门的状态从关闭改为开启，或者从关闭改为开启然后再关闭；不久之后，人体传感器检测到有人经过，那么可以认为此刻用户回家了。当用户离家时，人体传感器首先检测到有人经过，之后门窗传感器发现门的状态变化，则可以认为有用户离家了）。

与门窗传感器相关的场景应用和信息传递的专利还有：CN201510042057、CN20141832852等，前者是判断窗户是否开启并将其信息传递至用户移动端，而后者则是判断窗户的状态并根据状态来触发空气净化器的开启。家庭套装产品的专利则是由深圳绿米联创科技有限公司申请，发明名称为一种建筑和家居设备状态绑定方法、装置及系统，其内容为如何绑定各设传感器和解除绑定等操作。

在这里，深圳绿米映入了我们的眼帘。为何小米公司没有以自己的名义来申请呢？再次进行检索，可以看到，小米公司不仅以自己的名义来申请专利，其还以多个申请人身份或与多个申请人共同申请，其主要申请人身份包括小米科技有限责任公司、北京小米移动软件有限公司、北京小米科技有限责任公司；重要关联申请人包括：佛山市云米电器科技有限公司、上海纯米电子科技有限公司、

2 单品的智能化

广州飞米电子科技有限公司、青米（北京）科技有限公司、安徽华米信息科技有限公司、深圳绿米联创科技有限公司、北京飞米科技有限公司、北京智米科技有限公司。

截至2015年年底，小米已经投资了50余家公司，这些公司与小米的关系并非母子公司关系，在小米生态链上的公司仍然是独立的。小米虽然深度参与，但是都让其自由成长，小米没有控股任何一家小米生态链公司。简而言之，这些公司都可以称为小米的兄弟公司，而这些公司又各有所长。见微知著，我们发现小米在智能家居的各个领域都有涉足，并分别进行联合运营，可见其有着通过若干年的迅猛投资入股来打造一个庞大的小米生态圈的雄心。

回到智能门窗领域，我们可以看到，小米的专利申请大都集中在近三年，那么它在这个领域的地位到底如何？

我们对智能门窗（主要是智能窗）领域的申请人做了一下排名。

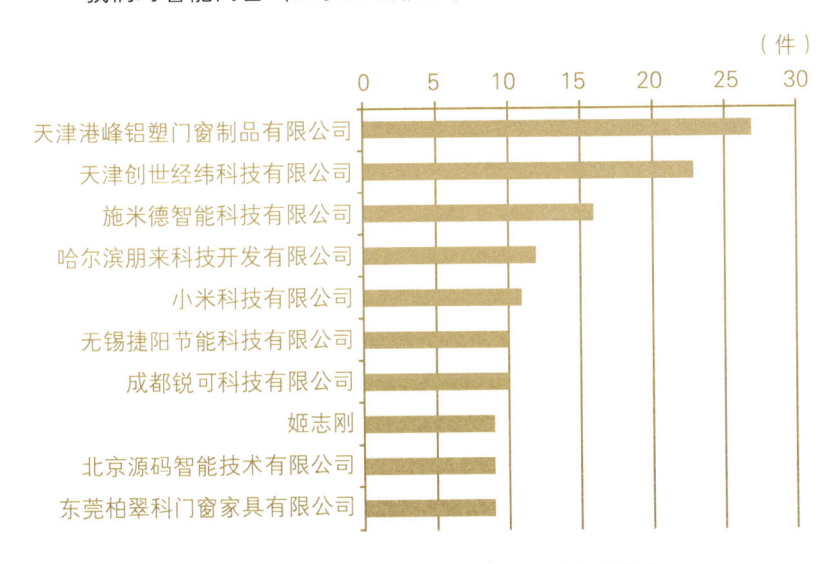

图 2-4-3　智能门窗国内申请人申请数量排名

我国智能门窗技术的专利申请人数量较多，但是申请人的申请规模都比较小，还未出现占据明显优势的研发机构或个人。虽然目前市场上多数传统门窗企业都打出了智能门窗的广告，但其实科技含量并不高。一方面，由于门窗属于一个传统的定制行业，门窗企业科技含量不高，如果需要转变为智能化产品，其技术队伍、研发队伍需要很大的调整，会耗费大量的人力、物力、财力，中小规模的门窗企业缺乏这样的转型条件；另一方面，由于智能门窗的行业标准尚未制定，大部分企业还处于观望阶段，并未在智能控制技术方面展开大规模的研发布局。

如图2-4-3所示，从排名前列的申请人的类型来看，主要包括三类申请人：

第一类是从事传统门窗或配件制造的企业，包括天津港峰铝塑门窗制品有限公司、无锡揭阳节能科技有限公司、苏州工业园区友建科技有限公司、山东国强五金科技有限公司和东莞柏翠科门窗家具有限公司，这些企业通常成立较早，在门窗行业经历了多年的市场竞争，只是伴随着多极化的发展，正在逐渐失去原有的优势，这种时候转型就成为一个必然需求。当然，它们的优势是从传统门窗转向智能门窗时有较好的门窗基础，但在"互联网+"的时代背景下，如何实现智能门窗的创新和应用成为这些企业的共同难题。

第二类是研发电子或者机电产品或者信息技术的企业，如天津创世经纬科技有限公司、施米德智能科技有限公司、哈尔滨朋来科技开发有限公司、小米科技有限公司、成都锐可科技有限公司和北京源码智能技术有限公司，这一类企业占了较大比重，属于电子信息行业，通常成立时间较晚，但技术发展迅猛，其缺点主要在于缺乏长期维持的客户群体和门窗硬件基础。而智能门窗要走向产业成熟，需要电子智能控制系统、机械传动系统以及门窗产业等多行业、多技术的完美配合。

第三类是个人申请人姬志刚，他是河北工程大学的老师，申请了 304 件专利，主要涉及智能家居领域，还发表了多篇知识产权利用的论文，河北工程大学非常重视鼓励学校师生申请专利，近三年申请量位居河北省高校十强，授权率也排名前列。河北工程大学制定《专利资助奖励办法》，对师生专利申报工作给予重点帮助和支持，激发了师生申请专利的热情。

2. 天津港峰铝塑门窗制品有限公司和天津创世经纬科技有限公司

主要申请人中值得一提的是天津港峰铝塑门窗制品有限公司和天津创世经纬科技有限公司，我们注意到，这两家公司通常都是作为同一专利的共同申请人，那么这两家公司之间是什么关系？

天津港峰门窗制品有限公司，坐落于天津市津南区咸水沽镇海河科技园区，公司成立于 1993 年，专业生产铝塑门窗、断桥铝门窗、铝木复合门窗、实木门窗及建筑外檐装饰。自 2013 年公司进军智能家居领域，现有发明专利 6 项、软件著作权 6 个、实用新型专利 80 余项。公司凭借智能门窗产品先后荣获国家高新企业、天津市科技小巨人、天津市科技型中小企业、区级认定企业技术中称号，同时获得国际质量管理体系 ISO9000 认证，2016 年又取得国家住房和城乡建设部颁布的"门窗四步节能"标识。

在传统门窗的基础上，港峰门窗一直寻求突破创新，大力重视人才的发展，鼓励大学生创业，并于 2015 年为大学生成立的"天津创世经纬科技有限公司"投资 70 万，该公司是一家从事互联网服务、网络运营、软硬件开发和应用管理的信息技术公司（仅 2016 年上半年第一代防盗报警系统就销售了 200 余套，价值在 8 万元左右。带动门窗销售 1500 余平方米，销售额约为 300 万元）。

目前主要是以智能门窗研发为主,为现代化智能家居的"互联网+"做配套服务,使天津港峰铝塑门窗制品有限公司的新三板上市工作更加信心满满。

由这些资料我们可以看到,港峰门窗较早地认识到了传统单一行业的局限性,跳出了这个框架,扶持了另一行业的公司,两家公司各擅胜场,实现了跨行业的协同合作,在新兴的智能门窗市场上自然能够事半功倍。

我们再来看看另外两个比较有特色的申请人,一个具有单一行业背景,一个是个人。

3. 东莞柏翠科门窗家具有限公司

东莞柏翠科门窗家具有限公司,前身是香港其昌门窗(成立于1980年),总部在香港,是一家从事新型高档门窗研发、设计、制造和销售为一体的全港资门窗家具公司。2001年在国内设立生产基地,现拥有德国、意大利、新西兰原产大型加工中心和数控机床近50台(套),形成了4条门窗家具生产线,并采用欧洲门窗系统和技术工艺软件(其认为欧式门窗的设计为了适应北欧寒冷干燥的气候条件,型材、样式较为笨拙。开启方式一般以内开为多,防水性差。美式门窗多追求原始趣味,设计较为粗犷。开启方式很多是上下提开,使用不太方便。而且铝包木门窗,为铝面墙外敷挂,强度显得不够,变形系数大。而新西兰式样,是形成于海洋性气候的地理环境,又兼顾了适应大陆性气候的复杂条件。门窗多为外开式,抗风防水性能好。特别是铝包木门窗以铝为主体,木材选用澳洲红木,质坚色美。所有产品的设计式样既轻巧美观又端庄大方,极具东方风韵,符合我国消费者的审美情趣),高档门窗年生产能力达30万平方米,其中高级铝门窗15万平方米,阳光房15万平方米。

对该公司申请的专利进行分析发现,其主要研究的为门(智能

2 单品的智能化

图中饼图标注：
- 智能系统，1
- 房屋，1
- 门，8
- 智能窗，7
- 普通窗，1

专利号列表：
CN201520026978.5
CN201520027172.8
CN201520027085.2
CN201520027271.6C
N201520027408.8
CN201520836479.2
CN201520836531.4

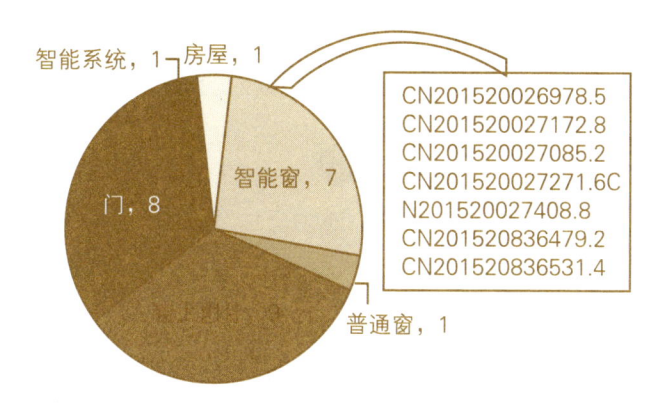

图 2-4-4　东莞柏翠科门窗家具有限公司专利申请分布

门、防盗门等)、智能窗、窗上附件（窗帘、纱网等）等技术，这与公司的主营业务相吻合。涉及智能窗技术的相关专利有 7 件（全为实用新型，均已获得授权）。前 5 件的申请日相同，均为 2015 年 1 月 15 日，保护的是智能控制器和传感器，后面 2 件的申请日也相同，均为 2015 年 10 月 27 日，保护的对象是传感器。可见该申请人在专利申请方面具备一定的规划能力，值得关注。

相较于发明专利，实用新型仅限于产品的形状构成或其组合所提出的新的技术方案（产品）。实用新型的创造性低于发明，从保护期限来看，发明是保护 20 年，实用新型只有 10 年。从审批过程来看，实用新型的审批过程比发明简单（发明有实质审查，而实用新型没有），获得授权的速度也更快。当然，实用新型的保护力度相对于发明而言比较弱一些。

该申请人主要侧重于传感器和智能控制器的应用，注重对风雨的防护和对人身安全的保障。经继续追踪，发现涉及智能窗技术的所有发明人均为同一人，马余康，而在该公司所有申请的 28 件中，其作为发明人也占据了 20 件。马余康是东莞柏翠科门窗家具有限公司

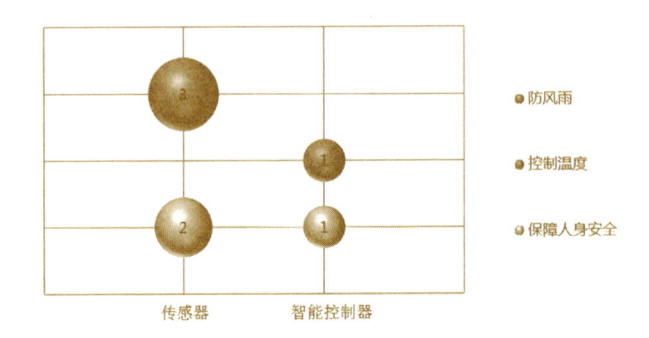

图 2-4-5　东莞柏翠科门窗家具有限公司专利申请分布

的董事长，也是香港其昌门窗的创始人，非常重视产品的质量。

重点专利解读一：

CN201520026978.5（基于物联网控制的电动滑动天窗），其请求保护的技术方案是：一种基于物联网控制的电动滑动天窗，包括电动滑动天窗、传感器模组、控制器、接入无线通信网络的服务器和移动终端；其中，该电动滑动天窗包括安装于屋顶的边框、设置于边框中的滑动窗扇、用于拖动该滑动窗扇的传动板、传动带和电机；该传感器模组包括室外风速传感器、室外雨量传感器、室外光线传感器、室内温湿度传感器、室内光线传感器；各传感器分别连接于控制器，且控制器与电动滑动天窗之间相连接继电器，从而可以依据传感器采集的数据自动开/闭天窗，保证室内环境温度和湿度的平衡，使室内环境适宜人体。

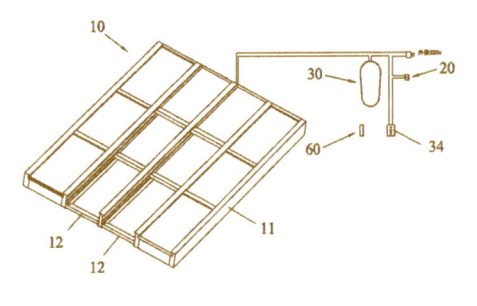

图 2-4-6　专利相关说明书附图

说明书附图为：

2 单品的智能化

对应产品为：PA1280，铝合金智能滑移阳光房。

重点专利解读二：

CN201520836479.2（基于物联网控制的智能平开窗户），其请求保护的技术方案是：本实用新型公开一种基于物联网控制的智能平开窗户，包括控制模块、窗框、窗体、驱动装置、电子锁、光线传感器、湿度传感器、温度传感器、烟雾传感器、灰尘传感器、雨量传感器、ZigBee通信模块、蓝牙模块、报警器、针孔摄像头、供电切换模块、蓄电池、稳压器、太阳能发电装置、风能发电装置、变压器以及电源插头；本产品可由太阳能、风能和市电进行供电，供电方式多样，并且，通过设置ZigBee通信模块和蓝牙模块，本产品可由手机、平板电脑、计算机等设备进行控制，可单独控制，亦可接入智能家居控制系统进行集中控制，控制方式多样，同时本产品配合报警器和针孔摄像头实现了很好的防盗性能。

说明书附图为：

对应产品为：PT6502，隔热节能外平开窗。

从掌握的资料来看，东莞柏翠科门窗家具有限公司自身定位较为准确，在智能门窗行业的技术含量并非特别高的情况下，其申请的专利以实用新型为主，保

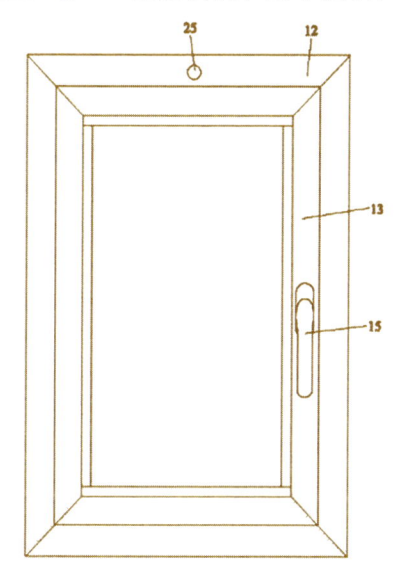

图2-4-7 专利相关说明书附图

护期限短，但授权快、费用低廉，适合成型快的组合式产品，比较接近市场，具有短平快的特点，可供借鉴。

· 101 ·

4. 姬志刚（个人申请人）

姬志刚，河北工程大学（2015 年被河北省知识产权局评为"河北省第二批知识产权培训基地"，成为河北省南部唯一的省级知识产权培训基地），信息与电气工程学院，其个人申请专利量达 304 件之多（目前整体来看获得授权比例为 21%），主要涉及各种家用器件的发明，2015 年在校负责"邯郸市科技型中小企业知识产权利用、影响及发展建议"的项目，曾发表多篇与知识产权保护相关的论文（《邯郸市科技型中小企业知识产权利用、影响及发展建议》《计算机、网络与信息社会》《农民信息需求状况的调查分析——以河北省邯郸市为例》《图书馆门禁管理自动化系统的研制》等），专利意识很强。

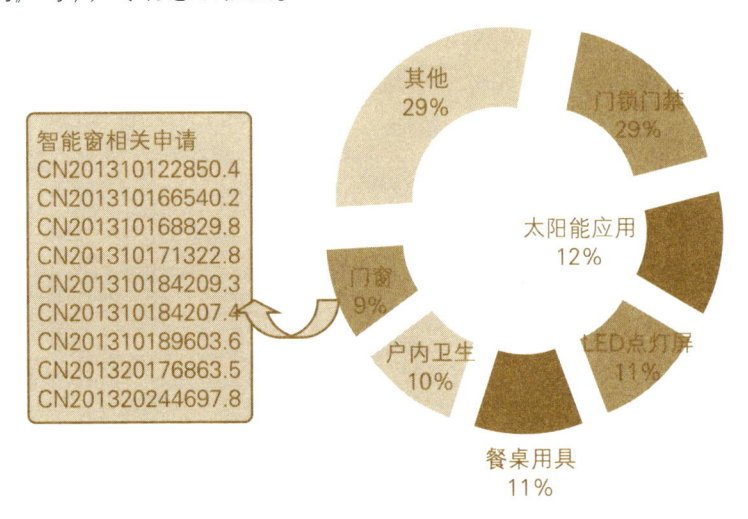

智能窗相关申请
CN201310122850.4
CN201310166540.2
CN201310168829.8
CN201310171322.8
CN201310184209.3
CN201310184207.4
CN201310189603.6
CN201320176863.5
CN201320244697.8

其他 29%
门锁门禁 29%
太阳能应用 12%
LED点灯屏 11%
餐桌用具 11%
户内卫生 10%
门窗 9%

图 2-4-8 姬志刚相应专利申请分布情况

经过统计，其申请专利分布主要包括门锁门禁、太阳能应用、LED 点灯屏等，而与门窗有关的特殊设备或措施占据比例为 9%，其中涉及智能窗户应用的一共有 9 件申请，均为报警器，用于保障

2 单品的智能化

人身安全。最后两个申请为实用新型,分别是结合了震动传感报警和触点传感报警的架构,已获授权。而 7 件发明申请中有 6 件公开待审,有 1 件已经撤回(CN201310184209.3,一种通过磁性开关发出警示信息的塑钢窗)。

随后,对发明人团队进行了研究,该团队成员包括:姬志刚、姬志强、贾海亮、王亚涛、王俊勇、杜志刚、郑巍、赵林、李军刚、赵强。

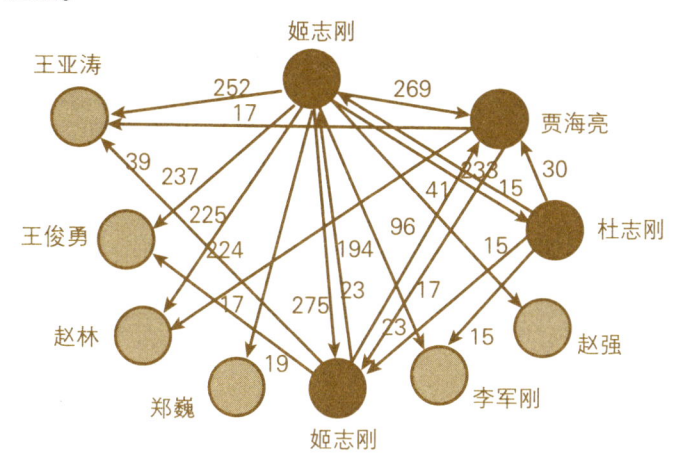

图 2-4-9 发明人团队关联关系

图 2-4-9 中所示的发明人团队中发明人之间的带动关系,箭头的起始端是起带动作用的发明人,箭头的末端为被带动的发明人。通过对发明人的分析,可以看到,姬志刚是核心研发人员,带动了整个团队。而团队中申请人专利数量排名第二的是姬志强,主要涉及太阳能热水器的发电装置、除尘风机、高铁相关电气技术等,其带动最多的发明人是贾海亮,为 41 件,但再度查看后发现,带动发明人为姬志强的专利中,第一发明人仍然是姬志刚,存在主体创新者仍然是姬志刚的可能性。团队的另外两个较为重要的人物

· 103 ·

是贾海亮和杜志刚，技术方向也跨度较大，从物流货物分拣到海上钻井平台的钻头平移装置，再到漏水管定位器，属于广而不精的类型。团队剩余人员很少有以自己名义申请的专利，此处就不一一列举了。

整体来看，姬志刚在智能门窗方面具有一定的专利实力，在民生领域的发明视野比较开阔。

2.4.4 智能门窗的专利概况

首先从全球范围和中国范围来看看这些年智能门窗相关专利的布局数量变化。

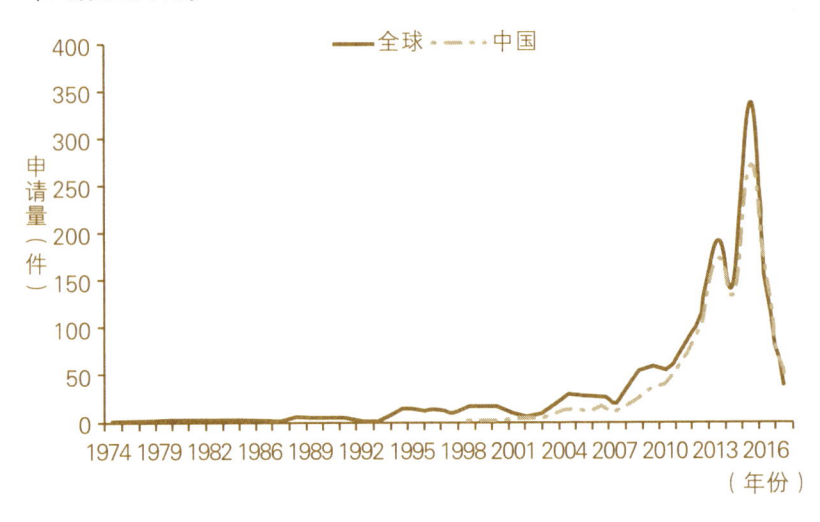

图 2 – 4 – 10 智能门窗国内外专利申请趋势

如图 2 – 4 – 10 所示，截至 2017 年 8 月，全球智能窗户的专利申请总计 1400 余件（在不同国家的相同专利申请称之为同族，在本章同族只统计一件），中国的专利申请有 1075 件。全球专利申请趋势始于 20 世纪 70 年代，发展比较缓慢，酝酿时间较长，进入 90 年代后申请量才有了一定增长。这种增长主要是依托于中国的

2 单品的智能化

申请,在 2013 年迎来了发展的高峰期(相信这与当时的雾霾天气存在一些微妙的关系)。

中国的智能门窗专利技术起步较晚,从 20 世纪末才开始出现相关的申请,绝大部分都来自国内申请人,增长速度高于全球申请,随着中国专利申请趋势的不断上扬,全球专利申请呈现较快增长趋势。在经历了 2013 年的第一个高峰期之后,市场上由于楼市调控、原材料涨价、通货膨胀、竞争升级等压力的影响,门窗产业一直处于停滞不前的状态,相应的专利申请数量也出现了下滑。然而,随着移动互联网的快速普及,越来越多的房企尝试推出基于云端的社区服务,智能门窗迎合了他们推广云服务的硬件需求。面对如此大好的前景,传统的门窗企业和新兴的电子信息相关企业纷纷杀入智能门窗进行专利布局,相应的专利申请数量也迎来了短期内的第二个高峰。

国外申请人更重视对窗户的智能玻璃的研究,对智能窗户的整体组装产品不太关注。由于本书仅分析具有感应控制功能的智能窗户,因此,可以看到,全球的专利申请量主要以中国申请为主。

接下来,再看看智能门窗涉及了哪些重要技术。

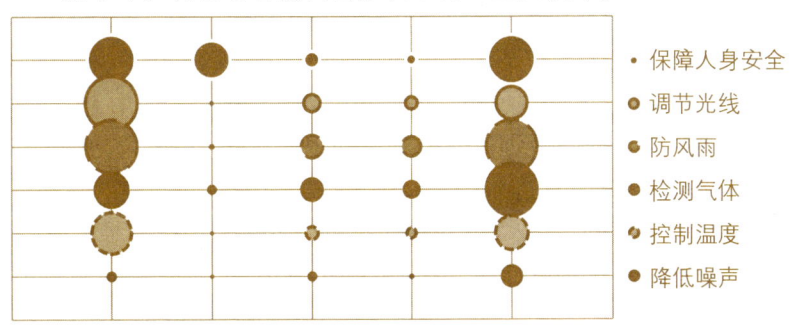

图 2-4-11 智能门窗相关专利的技术功效

从结构的角度,将智能门窗的相关专利划分为智能控制器、报警器、门窗驱动器、无线通信、传感器这五项。从功能的角度,将这些专利划分为保障人身安全、调节光线、防风雨、检测气体、温度控制这五项。

直接划分显得比较抽象,我们举两个例子来看。

(1) 2004年申请的专利CN1632275A(2008年3月获得授权,发明人为佘本成,而在2016年3月发生了专利权的转移,赣州家家乐实业有限公司成为新的专利权人,维持了十多年的专利年费,还存在转移的情况,从侧面也佐证了这个专利的价值较高),其技术方案为:一种用于大型的玻璃窗户装饰的高层建筑及其高档住宅中、可以方便地开启和关闭的安全节能自动窗,该窗的窗外框与窗内框相对应的一条边之间活动连接形成连接边。在窗内框上与连接边相邻的两条边框内分别设置有相互之间同步连接的升降机构,与升降机构对应的窗外框的两条边框与升降机构之间设有支撑件,支撑件的两端分别与窗外框的边框以及升降机构铰链连接,至少一个升降机构上连接有动力装置。该设置使得可以方便地开启和关闭窗户,做到及时通风换气,在紧急情况下还可以开启窗外框并利用隐蔽式逃生装置逃生,当加装烟感探头和湿敏传感器后,还可以实现遇烟火自动开窗、遇下雨等自动关窗的功能,适合于写字间及高档住宅中使用。

从结构的角度我们可以把这个专利归为利用了门窗驱动器和传感器,而从功能的角度可以将该专利归为防风雨和保障人身安全。

(2) 2010年申请的专利CN101787844A(2012年3月获得授权,发明人为张鹏,申请人是中国建筑设计院有限公司),其技术方案为:一种移动式保温隔热百叶窗及其自动控制方法,包括窗

2 单品的智能化

框和窗框内的百叶片，百叶片与包在其外周的百叶边框连接，百叶边框的两端连接有固定转轴，固定转轴的一端连接转动电机，另一端连接轴承，转动电机的外壳和轴承的外圈分别与滑动体固定连接，各转动电机和滑动电机分别与中央处理单元的转动指令输出端和滑动指令输出端连接，运算器的设定输入端用于输入温度阈值和动作阈值，运算器的信号输入端与温度传感器和辐射传感器连接，运算器的信号输出端连接控制器，控制器接收运算器的计算结果并控制百叶的开度、朝向、展开或收起工况。本发明能够在冬季增强外窗的保温性以及气密性，在夏季减少外窗的热，保证通风顺畅，提高住宅保温、隔热性能。

从结构的角度我们可以把这个专利归为利用了智能控制器和传感器，而从功能的角度可以将该专利归为调节光线和控制温度。

了解完分类方法和相应含义后，我们再来看这个技术功效图。

根据统计，从技术结构方面来看，智能控制器是以微电脑芯片为核心组成的智能控制中心，是智能门窗的核心部件，负责整体控制，因此布局最多。传感器是使门窗具有智能感知的重要手段，也是申请人关注的焦点。从国内传感器技术来看，其识别性能已经比较成熟。此外，报警器、门窗驱动器、无线通信布局则较少。从功能方面来看，我国多数智能门窗的性能主要体现在智能防盗、监控气体、防风雨等方面，为了实现多种感应功能，大部分企业将声光、风雨、红外等多种类型的传感器简单叠加以实现复合的功能，从而导致传感器的体积较大，无法满足节约智能窗户空间的要求，要达到适应家用智能门窗的微型化、智能化和低成本的效果，则其技术仍有待改进。各企业基本都具有实现上述功能的硬件设施，智能窗户的产品同质化现象严重，缺乏创新，在技术上无太大的差别。

在创新度略低的情况下，这些专利是不是都获得了授权呢？

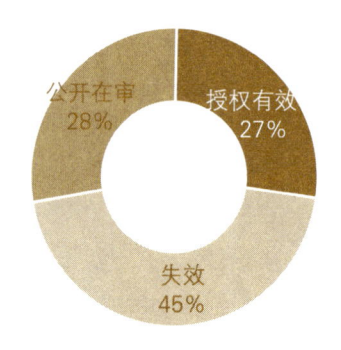

图 2-4-12 智能门窗相关专利的法律状态

（公开在审 28%，授权有效 27%，失效 45%）

我们注意到，全球专利授权有效专利比例仅为27%，该领域授权率整体来看并不高（其中实用新型还占据了相当的比重），这主要与中国专利申请量多且质量不高有关，这些授权有效专利是研发需要重点关注的重点技术。失效专利比例远超授权有效专利，包括被驳回、主动撤回、未缴纳专利年费等原因失效的专利，这些专利文献披露了大量可以自由利用的公知技术，研发机构在实际的研发过程中，要积极利用这些自由公知技术提供的技术信息，以提高研发起点，避免重复研发。公开的专利还处于待审或审查状态，需要追踪这些专利法律状态，避免日后出现专利风险。

在国内，我们还可以关注一下地域分布特点。从地域分布整体来看，东部沿海省市申请量高于中西部内陆省份。广东省和江苏省的申请量遥遥领先其他省市，都在180件以上。浙江（140件）、天津（96件）、山东（88件）、北京（87件）、四川（76件）申请量超过70件，属于第二梯队。上海（69件）、安徽（64件）、福建（56件）的申请量超过30件，属于第三梯队。

智能窗户受门窗行业和电子产业的影响，也具有地域特点，生

2 单品的智能化

产厂家主要集中在华东和华南地区（从专利申请在国内的地域分布可明显看出）。智能窗户是人们对现代化生活理想的体现，要实现窗户的智能开关、智能防盗需要有较强的信息技术支持，也需依托传统门窗产业的技术配合和改进。华东地区经济发达，有实力的门窗产业生产厂家较多，机械传动等装置也比较成熟，因此，产业上下游产业配套条件优越，是国内生产智能产业配套比较完善的地区。另外，华东和华南地区经济活跃，整体消费水平高，是智能门窗最大的潜在市场。智能门窗产业依托这两个地区良好的技术基础和配套产业，靠近消费市场，因此，专利布局数量最多。

2.4.5 小结

就门窗行业而言，其并不算是一种舶来品，在中国早就有了几代人的基础。当我们从国外引入智能的因素，跟门窗结合的时候，并不是简单的一加一等于二，这其中还出现了很多新的问题。

普遍性的问题比如智能门窗的高价格，众所周知，除了高端市场上的智能门窗产品销售量较为可观之外，在中低端市场上消费者基本上选购普通门窗产品。如果消费者手中没有足够的资金，又怎么能够去购买高价格的门窗产品；又比如创新高度不够，原创设计不足，是中国创造最大的障碍，这一点从整个行业专利的授权率（27%的授权率，其中这27%的授权专利中有很大部分比例是实用新型专利，而非发明专利）也能看出。作为目前门窗行业的通病，原创能力已经成为企业和行业发展的瓶颈；再比如相关的知识产权保护不足，有业内人士深有体会地表示，在中国门窗业，一旦某些企业有了知名度，其产品会很快被很多的同行模仿、抄袭，对知识产权的轻视已经对整个门窗行业的发展产生了阻力，门窗业目前急需一种行之有效的管理理念和规范。

此外，还存在一些其他的问题，比如有的智能门窗玩的是概念，甚至过分夸大宣传，以此来打动消费者，结果给消费者造成了不好的印象；有的智能门窗的售后服务不到位，尤其是安装交付使用后，业主使用时发现系统有很多问题，但后期的厂家服务没有及时跟上，无法有效解决这些问题；智能门窗行业目前缺乏行业规范，其本身是一个行业交叉覆盖的工程，各设备上的接口标准与协议并未取得一致，使得不同设备之间互连、互通变得困难。虽然这是个新兴行业，随着生活消费水平的不断提高，我们也可以预期智能门窗的前景很广阔，但这应该是建立在智能门窗的智能化在各个方面都能满足消费者实际需求的基础上。

看了这么多负面评价，那么智能门窗的前景到底如何？随着时代的发展，人们越来越依赖科技，产品智能化已经成了门窗等家居行业未来的一大发展趋势。从2012年开始，国内智能家居就处于一个快速发展的时期（尤其是2013年和2015年，专利申请量两次达到高峰），对比之前的少人知晓，到现在普通消费阶层普遍了解，可见，智能门窗如今的市场认知度在大幅度提高，市场容量也变得更加广阔。

门窗是一个低频消费却高频使用的工具。人的一生可能只有装修房子的时候才会去消费门窗，但是人的每一天却一直在高频率地使用门窗。门窗与人类的生活息息相关。对于智能家居，门窗可以变成人的眼睛、肢体、头脑。它可以运用的功能是极其多，"智能+门窗"，拥有无限大的想象空间。

据统计，智能门窗市场潜力巨大，甚至大有超越其他类家居之势。目前，各大商业巨头纷纷踏入智能家居领域，比如传统门窗行业的天津港峰铝塑门窗制品有限公司，通过扶持电子信息实力强的天津创世经纬科技有限公司来实现从传统门窗到智能门窗的华丽转身，比如新晋的电商小米，投资了 50 余家公司，一心准备打造一个庞大的小米生态圈。一时间，使得人们纷纷把目光对准了智能家居市场，对于智能家居的概念，也因为各界的加盟而发生了一系列连锁反应，市场风向纷纷转换，智能家居顿时也变得"钱"途无量，而对于门窗行业来说，这一系列"大动作"的背后，无不显示出智能门窗的前景，门窗企业把握住了，下一个市场"高地"便能轻松夺得。

在技术方面，从有关智能门窗申请的专利来看，目前的主流大都是现有技术的叠加联动，比如，监控人体晚间睡眠状态，调整门窗开合，或者监控外面风雨，调整门窗开合，又或者监控空气质量，调整门窗上的新风系统等，这种简单的叠加确实技术含量不高。企业重视的方向不应停留在各种花哨的功能，而应是往深度走，从基础的角度进行改进，比如门窗开合的具体控制架构，传感器的敏感度与容错性，还有功能叠加时传感器的体积大小、接口兼容等方面，从细微处着眼，这样后期才能够不断提升用户体验，盘活市场。

整体而言，智能门窗成长仍需一个过程，虽然现在智能门窗发展遇到一些问题，但企业不应该就此裹足不前，而是应找准适合自身的方向，坚持下去，争取在该领域有所作为，抢占市场。

2.5 智能照明

2.5.1 智能照明的发展过程

1. 概述

在生活、工作中，人们从外界获得的信息大部分是通过视觉来实现，无论白天还是夜晚，光线都对人们的生活工作产生了极大的影响，舒适的光环境对人们来说至关重要。"大力发展智能科技，坚持节能优先、绿色低碳"已经成为现今科技发展的主流理念，智能科技已经被提升到关乎国家科学技术发展和运用的战略级层面。而对于普通消费者来说，能够远程控制家中照明设备，无须手动即可享受到人性化、智能化的居室内照明体验，提高生活质量坐拥舒适的家居生活，是消费者日益关注的并感兴趣的内容。在这种多方面的需求下，家庭智能照明系统应运而生。在传统住宅的基础上，随着计算机通信技术、传感器技术、物联网技术、综合布线技术以及微电子技术的交叉融合、互相渗透，实现了家庭中智能照明设备的信息采集、数据传输、处理和控制。照明新光源和智能控制技术将在未来的低碳生活中起到决定性的作用。

智能照明的发展主要分为六大阶段：第一阶段，1990年发布的DMX-512协议，具有快速、简单、实用的特点，但其功能具有局限性，不具有真正意义上的互换性；第二阶段，1996年的IEC60929标准，这是真正意义上的智能照明的开始，但仅可应用于荧光灯；第三阶段，电力载波控制阶段，但其易受干扰、速度慢、功能低，无公认统一的照明专用功能指令集，互换性无法兼顾；第四阶段，将其他智能家居智能融合到智能照明中，但仍然没有统一的照明专用指令集，互换性无法兼顾；第五阶段，无线控制阶段，通过WiFi、ZigBee、蓝牙等无线通信技术；第六阶段，国内联盟标准，国家半导体照明工程研发及产业联盟、半导体技术评价联盟等都在积极组织和推进智能照明研究和标准化。

如图2-5-1所示，最早期的智能照明只能通过遥控装置在室内进行照明装置的开关控制，随着技术的发展、物联网技术的普及，现有的智能照明系统已经可以实现电话远程控制、无线遥控、定时控制、网络控制、集中控制、电脑控制等多种控制方式，甚至可以根据人体的生理状况自动对智能灯进行调节。即可以通过对现场环境的采集，比如，光照度、温度，人体感应，无线遥控等方式实现"网络化、智能化、节能化"的智能照明控制，不论房间面积大小，智能照明可以使人生活在最舒适的状态，满足现代人的家庭生活与品质需求。

图 2-5-1 控制方式的变化

从系统结构上来看，智能照明一般包括控制终端、服务器（包括中继器、路由器等）、智能照明节点、传感器（如红外传感器、光纤传感器等）四大部分。控制终端发送指令控制智能照明节点，接收反馈信息；服务器为整个系统提供无线连接以及节点控制服务；传感器感测并传送环境数据；智能照明节点根据控制终端、服务器的指令，完成开关灯、灯光调节等功能，并可通过各种不同的"预设置"控制元件和控制方式，对不同环境、不同时间的光亮度进行精确设置和合理管理。

2. 发展现状

目前多数的家居环境中，仍然使用传统照明控制模式，通过机械开关单个控制照明节点。随着人们消费观念的转变、生活品质要求的提高，对于生活中的照明方式，已经不再满足于普通的灯具开关，更加关注于灯具控制的人性化和智能化，加上各种智能设备的层出不穷，智能照明得到了越来越多消费者的关注。顺应市场需求，越来越多的商家也开始关注智能照明领域技术的开发与研究，通过便捷、简单的安装、连接方式力争给消费者带来更好的生活体验。

随着 LED 灯产业近年来的蓬勃发展，以及智能手机操作系统的不断升级、功能强大，室内智能照明系统开始具有更多、更完善的功能，提供给用户更简单、便捷、人性化的操作以及使用体验。随着"互联网+"时代的到来，智能照明取代普通照明将成为必然的趋势，未来智能照明市场会飞速的扩大，具有广阔的发展前景。

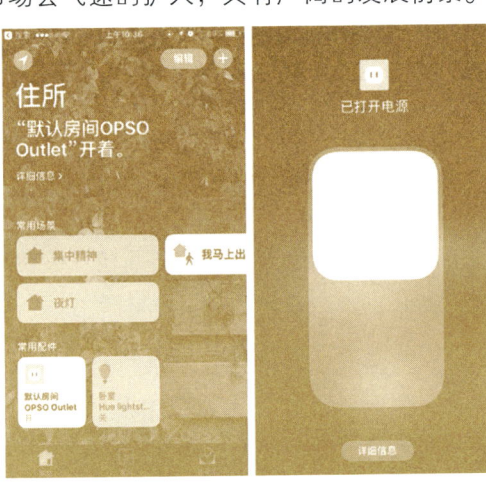

为了实现对照明设备的远程控制，必须依托一定的平台以及通信协议，很多科技公司都推出了智能控制平台。苹果公司于 2015 年 6 月 3 日发布了首批 HomeKit 智能家居产品，其中一项功能即是可以通过 iPhone、iPad 或 iPod Touch 控制灯光，自

图 2-5-2　控制界面

iOS10 发布后，人们可以使用其中增加的"Home"应用，以管理控制支持 HomeKit 框架的智能家居设备（如图 2-5-2 所示）。将配件与 iOS 设备配对后，用户可以通过 Siri 命令控制配件，比如，"开灯"或"关灯"，"把灯光调暗"或"把电灯亮度设到 50%"。甚至连家居零售业巨头宜家都加入到了智能照明的潮流中，2017 年 5 月，宜家的 Tradfri 系统的智能灯泡将兼容苹果 HomeKit 平台。

通过使用手机或平板电脑上的"TRDFRI 特鲁菲"应用程序,人们就可自行设计喜欢的照明效果。这款应用程序是智能照明系列的一部分,提供针对调光、冷暖光切换、远程控制和灯光个性化等各种解决方案,让照明更加"通情达理"。用户可使用 Siri 命令对设备进行语音控制并在家庭应用中操作使用宜家灯泡。通过以太网与互联网相连的网关控制器,用户可通过 iOS 应用程序控制相连接的 Tradfri 智能灯泡。

在网络连接方面,现有多种通信方式可以实现智能照明设备的网络连接,比如,ZigBee、WiFi、蓝牙以及自有协议。由于 ZigBee 具有数据传输速率低、协议简单的特性,所以在使用 ZigBee 时可大大降低成本,相比于 WiFi 和 UWB(Ultra – Wideband)等这些适用于无线局域网和多媒体应用的高速率无线标准而言,价格非常低廉,且 ZigBee 的响应速度较快,目前有多家企业都加入了无线数据传输 ZigBee 联盟。

对于很多传统灯具企业,原有的照明产品已无法满足科技发展的需要,因此,纷纷加入智能照明的行列。

随着各个生产企业、科技公司对智能照明技术的重视,智能照明技术的进步,必然会使得相关的专利申请逐渐增多。

如图 2-5-3 所示,全球专利申请趋势始于 20 世纪 80 年代,发展比较缓慢,直到 2000 年开始,才有了小幅提高,直到 2010 年后,申请量出现两倍、三倍的增长。而中国的智能照明专利技术起步较晚,从 20 世纪 90 年代才开始出现相关的申请,但其增长速度及增长量均高于全球申请,从 2010 年开始,增长量呈现飞速上涨趋势,远远高于全球专利申请。由于 2016 年的专利申请很多处于未公开状态,因此,目前 2016—2017 年的专利申请量从图 2-5-3 中显示低于 2015 年。

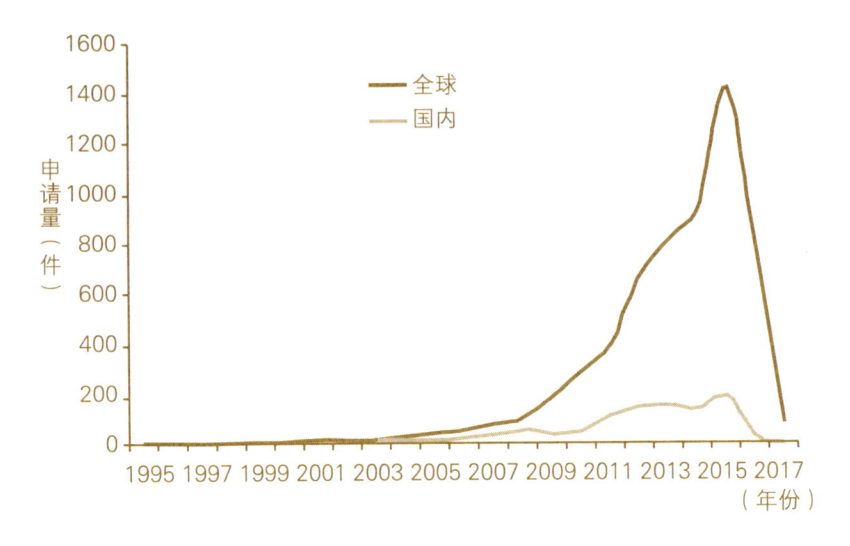

图 2-5-3 专利申请趋势

而具体到专利申请人：

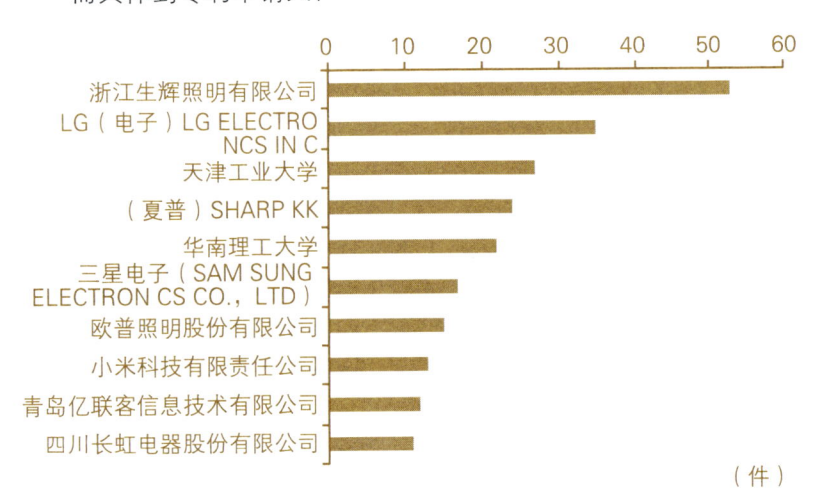

图 2-5-4 专利申请人申请量排名

从图 2-5-4 中可以看出，排名前 10 位的申请人包括三类。第一类是从事传统照明或家电制造的企业，包括浙江生辉照明有限公司、欧普照明股份有限公司、四川长虹电器股份有限公司。第二类是注重自主研发的科技公司以及家电产品企业，如小米科技有限责任公司、青岛亿联客信息技术有限公司、LG 电子（LG ELECTRONICS INC）、夏普（SHARP KK）、三星电子（SAMSUNG ELECTRONICS CO.，LTD）。第三类是高校申请，包括天津工业大学、华南理工大学。其中欧普照明股份有限公司以及浙江生辉照明有限公司即上文所说的传统照明产业行业，现已逐渐发展为智能照明的生产企业。

欧普照明股份有限公司不断扩大在智慧照明方面的产品布局，先是联合小米签署联合声明，在智能灯泡中广泛应用小米的智能模块，共同推进智能照明在家庭中的落地；随后携手阿里云，通过与阿里小智的互通互联，借助于阿里智能云强大的数据资源，打造智能家居的超级入口；同时欧普将在智能家居照明平台上深入集成华为 HiLink 协议，双方强强联手，打造物联网下的家居立体化生活体验，跨界合作打造智能家居照明生态圈。总体来说，欧普照明股份有限公司频频进行跨界合作，主攻方面还是家居照明，通过与小米、阿里云、华为等公司的合作，欧普照明股份有限公司构筑起一个从云端到控制软件、控制协议以及灯具的智能照明生态圈，在这个生态圈中，欧普照明股份有限公司的产品能够与家电等其他家居设备跨界联动，为消费者带来立体智能家居场景体验。

美国通用电气公司（General Electnc Company，以下简称 GE）的方案则是收缩战线、主攻美国高端市场。2016 年年底，GE 照明关停了在布里奇维尔的灯泡厂，并打算在 2017 年 8 月底关闭位于美国的列克星敦和萨默塞特的灯具厂，这两家工厂主要业务就是传统照明产品。通过收缩战线，出售消费照明，GE 照明方面表示，GE 计划把重点放在推动 LED 技术的创新和增长，未来美国市场的灯泡一半将是 LED，到 2020 年超过 80% 的全球照明收入将来自 LED 业务。此外，GE 也与苹果、高通合作，推出了支持苹果 HomeKit 的智能灯光系统，能够辅助睡眠。

雷士照明在 2015 年已成立了智能项目研发部门，在家居智能照明上建立了与小米等互联网企业的合作。而在 2016 年年底的雷士照明智慧照明战略发布会上，雷士集团与中科院云计算的中科智城软件有限公司签署了战略合作协议。雷士照明具有强大的灯饰制造技术、系统的硬件解决方案、终端设计开发能力以及物联网后台的运营维护基础。中科智城有限公司则在软件开发能力、云端服务体系以及智慧总体解决方案等方面有优势。双方的强强联合将推动雷士照明在智慧商业照明及智慧城市照明领域的发展。

随着物联网和信息技术的发展，智能照明市场已经和多个领域有着千丝万缕的关系，智能照明市场成了不仅是单个领域能够发力的市场。近日，飞利浦照明和华为签署合作协议，旨在保障飞利浦 Hue 家居智能照明系统和华为 Ocean Connect 物联网平台之间的无缝对接。此前，华为与欧普照明就曾签署智能家居战略合作框架协议。近年来海尔、中兴、京东、百度、阿里、魅族等在各个领域的巨头都开始涌入智能照明市场，因为时下智能照明不再是照明行业的事情，而是融合了通信技术、控制技术、IT 技术等多种技术的新兴领域，多个领域合作助力智能照明是大势所趋。

众多知名企业能够跨界联合，进入智能照明市场，究其原因，主要是由于智能照明的本质是基于照明系统的电子化和网络化，不仅可以实现照明系统的智能控制，实现自动调节和情景照明的基本功能，同时也是互联网的一个入口，从而衍生更多高附加值的服务。不难看出，智能照明的发展空间远大于传统照明产品，市场前景十分广阔，可以认为智能照明黄金时期即将到来。

3. 目前智能照明的功能

（1）本地开关：这是智能照明刚刚发展时的基本功能，可以按照平常的习惯直接控制本地的灯光；根据需求，可以任意设置开关能够控制的对象，比如，通过玄关的按钮可以用来打开或关闭家中所有的灯光。

（2）红外、无线遥控功能：这也是智能照明兴起时的基本功能，在任意一个房间，使用手持遥控器控制所有处于网络连接中的照明设备（无论灯具是否与使用者处于同一个房间）的开关状态和明暗调节；不需要进入房间后再手动开灯，在进入任一间居室前就可以用遥控器打开灯光。

（3）灯光明暗调节功能：如果人们在进行不同的活动时，能够有不同的灯光明暗效果配合，往往会达到事半功倍或令人更加愉悦的效果。通过简便地按住本地开关来进行光的调亮和调暗，或是利用集中控制器或者是遥控器，只需要按下按键，就可以调节光的明暗亮度。当你在与朋友聊天、听音乐、看电视、与小朋友进行亲子活动、家人团聚或独自一个人读书学习时，对灯光的亮度进行不同的设置，创造或愉悦、或宁静、或和谐、或舒适、或温馨的气氛，在不同的灯光配合下，体会不同的生活内容。柔和却不失明亮的光线能够保护儿童的眼睛，在略微昏暗但不会使人昏昏欲睡的灯光下进行沉思，通过明亮、欢快的灯光来烘托聚会的气氛，这些都是灯光明暗调节所能达到的效果。

（4）整体开关控制和记忆功能：当人们准备离开家或准备入睡时，一个个去打开或关闭开关就显得极为不方便了，整个照明系统的灯可以通过一个按键全部打开或者全部关闭，无须用户走到每一盏灯的开关跟前去进行操作。使用记忆功能，可以在某个预定时间对于家中的所有灯执行全开或全关功能。

(5) 任意地点的集中控制功能：用户可以在家中任何一个地方使用终端来控制不同地方的灯；甚至可以通过在不同地方的多个终端控制同一盏灯。使用各类灯光控制平台（比如苹果 Homekit、小米米家、海尔 U+）、智能电话、PDA，甚至冰箱上的触摸屏都可以让用户通过最简便的方法在任意时刻、任意地点对家中的各种照明装置进行控制。

(6) 智能启动功能：传统的灯泡在打开或关闭时，没有明暗的缓冲变化，容易对人眼造成刺激，并且当电流过大或温度突变时，会对灯丝产生冲击，降低灯泡的使用寿命。而智能启动功能，在开灯时灯光会由暗渐渐变亮，在关灯时，灯光由亮渐渐变暗，不会因骤亮或骤暗而刺激人眼甚至产生紧张情绪，能够起到保护眼睛的作用。

(7) 场景设置功能：通过事先设置不同的场景模式，每一种场景对应不同的灯具打开数量、位置以及明暗程度，能够实现在某一个场景下，无须逐一地开关灯和调光，只需要在智能控制装置上或者特定的开关选择一种场景，就可以实现特定场景的选择，这就是场景设置功能；也可以通过控制装置对场景进行转换，改变灯光的各种效果；还可以得到想要的灯光和相配合的电器的组合场景，场景包括聚会模式、观影模式、回家模式、离家模式、就餐模式、夜间模式等。比如，当用户打开电脑，并选择了观看一部电影，即可认为开启观影模式，系统可自动对灯光以及音响进行调节，达到一个舒适的观影效果。

(8) 定时控制功能：通过相应的设置模块设置灯光开启或关闭的时间。比如，在每天早晨 7：00，将卧室的灯光缓缓打开到一个合适亮度，使人们能够在一种轻松地氛围下醒来，缓解因闹钟响起而带来的紧张感；在深夜，根据平时的作息习惯，自动关闭全部的灯光照明，不仅可以省去手动关灯的麻烦，还可以督促用户在适当的时间开始睡眠。

（9）人体自动感应功能：通过各类感应装置（比如红外传感器、距离传感器），使得消费者在进入房间时，无须自己去摸索墙上的开关，直接判断出有人进入房间，打开房间中的照明装置，在消费者离开房间时，自动关闭房屋中的照明设备。

（10）远程控制功能：可以通过任何一部普通电话或智能手机，实现对灯光或场景的远程控制。当主人需要晚归或长期不在家时，可以通过对灯光的控制制造出家中有人的假象，避免因家中无人导致的失窃。

（11）停电自锁的功能：若家里停电了，来电以后使所有的灯具保持在熄灭状态一段时间，避免因电流突然的增大造成的灯具损坏。智能照明系统还可以连接安防系统，在别墅区或高档小区中，当有紧急情况发生的时候，可通过家中阳台上不同颜色灯光闪烁等方式进行报警，提示巡逻的保安。

2.5.2 智能照明的关键技术

2.5.2.1 LED

在智能照明的功能中，调节光线的明暗、色彩是一个基本组成部分，由于 LED 的光电特性，很容易在 LED 上实现对光线的调节，因此 LED 更加适合应用于智能照明领域。可以说，LED 是智能照明的基础。虽然目前智能照明市场并不成熟，仍未体现出规模化效应，但在不远的将来，智能照明的市场发展空间是巨大的。未来智能照明需要满足更多环境、情景的需求，因此，对于 LED 在成本和体积上都提出了更高的要求。由于照明系统体积的限制，LED 驱动芯片与封装厂商已将整合驱动电路及光源的光电一体化 LED 设计作为布局重点，持续不断地开发新的 LED 驱动芯片，以及 DOB

和 COB 等封装方案，对于 LED 驱动电路设计将成为推进智能照明发展的重心。各个企业均致力于研发低功耗、小尺寸及更高功能整合度的 LED 驱动芯片。

CN201510115705.2 涉及一种 LED 驱动电路封装，其请求保护的方案是：LED 驱动电路封装可被实现为包括硅基板和印刷电路板（PCB）的多芯片封装（MCP），将整流单元，结合到 PCB 的上部或硅基板的上部；形成多个电极焊盘与整流单元之间的电连接。通过该方案，可以解决电路封装改善功率因数和总谐波失真的问题，有效处置总谐波失真和商用 AC 电压及其大小变化，减少闪烁现象并增加光的量，同时使 LED 截止的间隔最小。

即该专利是通过 DOB（Driver on Board）的封装方式对 LED 进行封装，DOB 即通常所说的"去"电源化，其区别于传统的开关电源，是基于 LED 特性派生出来的一种新型的驱动方式。如果没有智能驱动，很难称得上智能照明。从市场前景看，DOB 正在逐渐被市场接受，通过 DOB 可以有效降低全系统的成本，提高灯具的灵活性。无论从稳定性、安全性以及成本来看，DOB 都是一种高性价比的 LED 驱动方式。由于 DOB 具有简洁性的特性，其可便捷地集成到智能照明系统中，未来 DOB 在智能照明领域必将占领一席之地。

随着 LED 市场的扩大，围绕 LED 产生的专利侵权诉讼也逐渐成为知识产权领域的一个关注点。2015 年 7 月，美国 Feit Electric 公司在北卡罗莱州中区联邦地院（U. S. District Court for the Middle District of North Carolina）控告 CREE 公司侵犯其两项关于 LED 灯泡的专利权，Feit Electric 公司声称 CREE 公司的 4FLOW LED 灯泡侵犯其 US8408748 和 US9016901 两项专利的专利权，并请求法院发出禁令，阻止 CREE 公司继续销售 4 FLOW LED 灯泡。而 CREE 公司则于 2016 年发出反击，控告 Feit Electric 公司侵犯

CREE 的关于 LED 照明产品中的颜色混合技术以及聚焦在高颜色性的 LED 灯具技术。

2015 年 8 月 4 日，CREE 宣布与台湾晶元光电签署全球 LED 芯片专利交叉许可协议，旨在进一步推动 LED 照明和 LED 灯泡市场的增长。根据协议条款，双方将获得对方的氮化物 LED 芯片专利许可，并授予对方部分非氮化物 LED 芯片专利权。晶元光电为世界上最大的芯片供应厂商，深知知识产权价值的重要性，因此，也积极地与 CREE 达成交叉授权。

2.5.2.2 语音控制

CN201210314201.X 涉及一种基于情绪识别的智能照明交互方法，其请求保护的方案是：在智能照明控制系统上部署摄像头及语音采集装置，用以采集用户面部特征及语音特征；用户通过摄像头及语音采集装置分别录入各种情绪对应的面部图像及语音波形，每种情绪采集多个对应样本，每个样本包括一个面部图像及一个语音波形；智能照明控制系统对采集到的面部图像及语音波形进行处理形成面部图像特征及语音波形特征；每种情绪对应一个的面部图像特征及一个语音波形特征；智能照明控制系统设定每种情绪所对应的照明光环境模式；智能照明控制系统进入情绪控制模式后，通过摄像头及语音采集装置获取用户面部图像及语音波形，并分析出用户当前面部图像特征及语音波形特征，与之前保存的各种情绪对应的特征进行比对，判断出最接近的面部图像特征及语音波形特征所对应的情绪，根据判断出的情绪选取对应的照明光环境模式进行照明。为了保证模式设置的准确度，在进行系统设置的时候，用户需要对每个面部图像以及语音波形进行匹配程度的确认。通过这种方式，可以无须依赖遥控器或者开关，给用户更好的交互体验。

2.5.3 智能照明的重点企业

我国智能照明技术的专利申请人数量较多,但是申请人的申请规模都比较小,还未出现占据明显优势的研发机构或个人。其中也包括不少大学申请,但大学的申请大部分还停留在理论研究、设计阶段,没有与实际的生产、销售相结合,无法呈献给消费者可实际应用的智能照明系统。随着国家半导体照明工程研发及产业联盟、半导体技术评价联盟等组织和推进的智能照明研究和标准化的逐步完善,相信会有越来越多的企业将资金和精力投入到智能照明系统相关的研发中来。

2.5.3.1 智能照明的重点企业——小米科技有限公司

小米科技有限公司(以下简称小米公司)是一家专注于智能手机自主研发的移动互联网公司,定位于高性能发烧手机。小米手机、MIUI、米聊是小米公司旗下三大核心业务。小米公司首创了用互联网模式开发手机操作系统、发烧友参与开发改进的模式。早在2015年,小米公司就已经与亚明、阳光、鸿雁、欧普、飞利浦、木林森、科瑞、锐高、莹辉、柏年、鼎晖、顿格等13家照明企业签订了联合声明,宣布共同推进智能照明产业发展,这些企业会在其智能灯泡中采用小米公司的智能家居无线模块,经过改装后,这些设备将支持与小米手机等硬件产品互联互通,从而建立智能照明系统。图2-5-5示出了小米智能家居系统所包括的一部分功能。

图2-5-5 小米控制界面

2 单品的智能化

小米公司涉及智能照明方面的专利大致包括以下几个方面：通过手势的灯光控制、对于环境感测的灯光控制、基于人体状态的灯光控制、对场景设置的灯光控制等，绝大部分为发明专利申请，仅有很少量的实用新型专利申请。这是因为相较于发明专利，实用新型的保护力度相对于发明而言比较弱一些。

在已公开的申请中，小米公司在智能照明方面的专利申请集中于2014—2016年，这也是智能照明受到重视开始飞速发展的三年，与整体数据统计吻合。

重点专利解读：

CN201410510075.4（灯具控制方法及装置），其请求保护的技术方案是：检测用户的人体状态特征是否满足预设条件，所述人体状态特征包括运动状态特征或睡眠状态特征；如果检测到用户的人体状态特征满足所述预设条件，向终端发送触发信号，所述触发信号用于所述终端向灯具发送开关控制信号。当检测到用户的运动状态特征是第一类预设动作时，向所述终端发送第一触发信号；当检测到用户的运动状态特征是第二类预设动作时，向所述终端发送第二触发信号；或者，当检测到用户的睡眠状态特征是深度睡眠状态时，向所述终端发送所述第二触发信号；所述第一触发信号用于使所述终端向所述灯具发送控制所述灯具开启的开启控制信号，所述第二触发信号用于使所述终端向所述灯具发送控制所述灯具关闭的关闭控制信号；当检测到用户由睡眠状态进入清醒状态时，向所述终端发送所述第一触发信号。该方案通过手环获取人体状态信息，不仅能够根据用户的手势对灯具进行开关控制，更可以根据用户的睡眠状态控制灯具的开关，从而避免了用户因睡着而忘记关灯，并且可在用户醒来的时候提供照明服务。除了给用户提供更加智能化、人性化的生活体验，更可以节约电能，延长灯具的使用寿命。

说明书附图为:

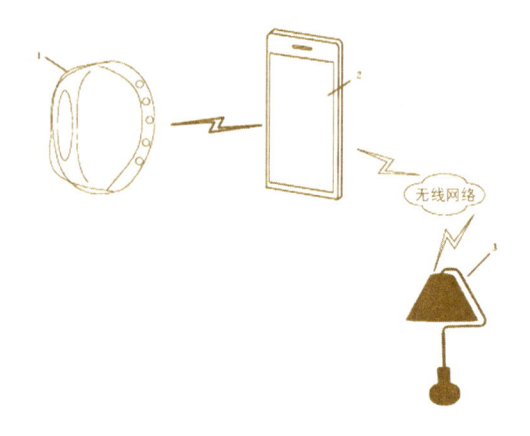

图 2-5-6 相关说明书附图

2.5.3.2 智能照明的重点企业——青岛亿联客信息技术有限公司

青岛亿联客信息技术有限公司（以下简称亿联客）是一家从美国 SOSventures 孵化器走出来的创业创新企业，2014 年加入小米生态链。根据亿联客与小米公司达成的协议，小米公司正在推广智能家居，而亿联客生产的智能灯将作为其中一款产品被同步推广。亿联客致力于成为国内智能硬件照明的领军者，是一家集设计、研发、生产和销售为一体的企业。亿联客主要生产智能硬件照明产品，由于传统照明产品功能过于单一，无法提供比如提醒、明亮变化、智能开关等需求。亿联客做的事情，就是让光和照明具有一种全新、高质量、舒适的体验，更加智能地为人所用，个性化的、优质的提供人所需要的照明服务。没有生产厂房，产品却远销美国和澳大利亚，亿联客已经为全世界的消费者提供了数以万计的智能灯泡，并且在不断地刷新和提高这个数字。未来亿联客将持续专注于家庭光环境的开发和颠覆，将更多的革新体验和新技术应用带入传统照明产品，降低智能照明的门槛，并期待未来的某一天，所有的家庭中都会拥有充满乐趣和极致体验的亿联客照明产品。

亿联客生产的手机软件可以控制智能灯变换出各种不同的颜色，此外用手敲击、播放音乐，智能灯还可以根据音乐律动变色、跟着敲打的节奏闪烁。通过设置程序，可以让灯光慢慢变暗，对于睡眠不好的人有好处；具有定时功能，到起床时灯光会越来越亮，适合人体的感知节奏。另外，灯光还可以模拟从日出到日落、从日落到日出的过程。

重点专利解读一：

CN201510810495.9（智能照明设备的控制方法和装置），其请求保护的技术方案是：在智能照明设备的运行过程中，实时获取所述智能照明设备的温度数据；根据所述温度数据与温度临界值之间的数值关系以及所述智能照明设备当前所处的电流输出模式的不同，进行电流输出模式切换；其中，不同数值关系对应于不同的电流输出模式。在智能照明装置的实际应用过程中，智能芯片的工作温度范围有限，又由于智能照明设备是一种高温的热源，因此，在智能照明设备工作时间较长的情况下，可能由于受热而导致智能芯片损坏。并且不同于现有技术的是，当智能芯片的环境温度过高时，对其控制方式为：当检测到智能照明设备温度高于预设阀值时，立即自动切断电源，智能照明设备不再工作。若用户想要智能照明设备重新开始工作，只能在一段时间后，手动开启智能照明设备。本方案会对温度持续进行监测，当温度数据持续小于温度临界值，说明智能照明设备的温度可能在持续下降，或者智能照明设备的温度维持在当前的温度值，此时，智能照明设备可以切换至正常模式。

说明书附图为：

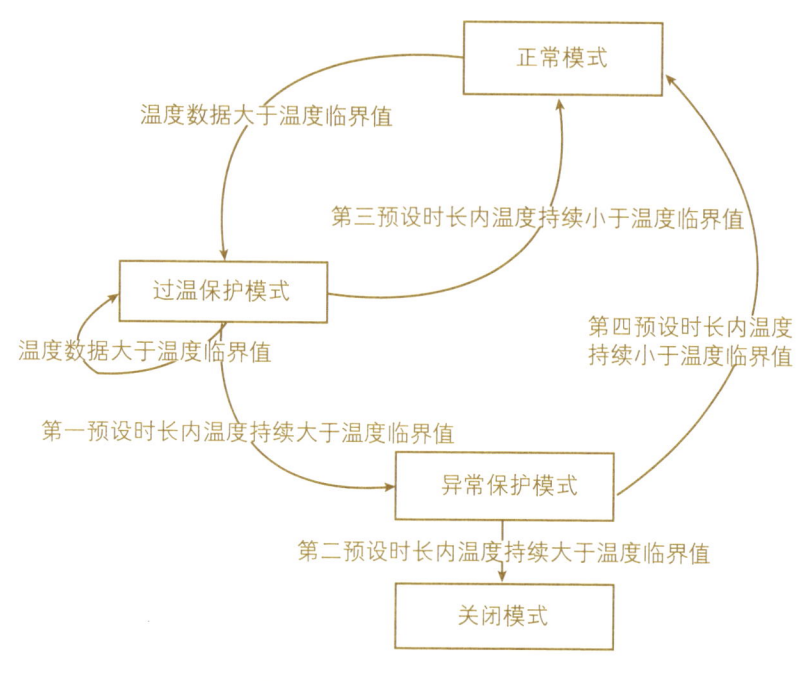

```
                    ┌─────────┐
                    │ 正常模式 │
                    └─────────┘
      温度数据大于温度临界值
                    第三预设时长内温度持续小于温度临界值

    ┌───────────┐
    │ 过温保护模式 │                第四预设时长内温度
    └───────────┘                持续小于温度临界值
  温度数据大于温度临界值

      第一预设时长内温度持续大于温度临界值
                                 ┌───────────┐
                                 │ 异常保护模式 │
                                 └───────────┘
                    第二预设时长内温度持续大于温度临界值
                                 ┌─────────┐
                                 │ 关闭模式 │
                                 └─────────┘
```

图 2-5-7 相关说明书附图

重点专利解读二：

CN201510867387.5（灯光调节方法和装置），起请求保护的方案是：通过感光成像元件获取用户所处环境的颜色；根据所述环境的颜色，生成控制信号，所述控制信号用于控制所述智能照明装置的灯光颜色与所述环境的颜色保持一致。实现灯光与环境光的协调设置，极大地方便了用户对灯光的调节，提升用户感知。

说明书附图为：

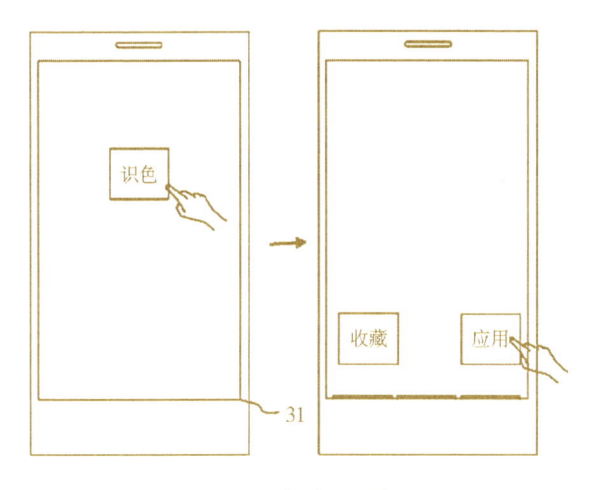

图 2-5-8 相关说明书附图

2.5.4 小结

智能照明已经成为家居照明发展的必然趋势，但目前仍然存在技术不够成熟、消费成本较高的问题，随着行业技术的成熟，智能照明的实用性、便捷性都会得到更大的提高，使用成本会逐步下降，真正成为能够让消费者都会用、用得起的智能家居产品。

2.6 智能防盗

近年来，热门的 IP 影视作品越来越多地进入观众的视线，其中不乏改编自热门网络小说《盗墓笔记》《鬼吹灯》这类题材的探险小说。在这类故事中，主人公们总是要历经千难万险和种种生死攸关的场面，更少不了一重又一重的守护陵墓的机关、陷阱。这样的寻找财宝的探险故事源远流长，比如，早期的经典电影《印第安纳琼斯》讲述了琼斯博士破解重重机关陷阱寻宝的故事。话说回来，冒险小说是虚构的文艺作品，盗墓更是严重的违反法律的犯罪行为，但从中不难映射出一种现象——保护自己的财产的思想，自古有之，哪怕财产的拥有者已经从这个世界离开，仍然要构建保护自己遗体和墓葬的重重堡垒。这就要说到本章的主题——防盗。

防盗的手段、方式和技术，可以说是层出不穷。除了汇集民间智慧的种种防盗小妙招以外，更有发明家们根据一定的科学原理，将他们的奇思妙想一一转化为具体的、可操作的防盗技术构思，进而制作出有效的防盗用具。

在中国古代，已经出现了实用性极强的防盗器具：簧片锁。锁内装有片状弹簧约为三片。因此也称之为：三簧锁。簧片锁利用钥匙与弹簧片之间的几何关系，与簧片自身的弹力发生作用以此达到上锁和开锁的目的。古埃及文明的发源地——古埃及，在 4000 年前就已经发明和应用了机械门锁：埃及木锁。

古代人有着如此巧妙的防盗构思，让我们这些现代人觉得神奇不已。然而，随着时代的发展和科技的进步，很显然，一把独立的锁已经不足以起到完善的防盗作用，"夜不闭户，路不拾遗"也只是一种美好的愿望，防盗门锁和盗窃技术几乎可以用"道高一尺，魔高一丈"来形容。为了保护千家万户的财产和安全，厂商和技术人员努力地创造出难以被破解的安全防线，更多的发明也就随之出现，保险柜、安全报警器、电子密码锁等防盗产品相继问世，越来越多的走向千家万户，成为家庭安全必不可少的保护神。

我国的发明家们也不甘落后，20 世纪 80 年代就有不少防盗设备的专利申请。比如，这个公告号为 CN85203132U 的实用新型——"室内器具防盗报警器"，它公开了一种室内器具防盗报警器，是针对入室盗窃行为中的窃取家电行为而作出的发明。在人造大理石的制造过程中，将报警器电路主体和控制用的永久磁铁，分别埋设隐蔽在人造大理石小块和人造大理石台面板内,当电视机放置在大理石面板上的时候,报警装置不工作,当犯罪分子企图将贵重物品搬走时,线路状况就会发生变化,磁场作用消失,报警器就会发出警报声,从而起到震慑犯罪分子和防盗的作用。

这是一个能够很好地体现出时代特性的专利,该实用新型的申请日是1985年7月25日,在其申请和公告的20世纪80年代,家家户户可能只有一两件比较昂贵的家电,这些家电的价值在当时是很高的,一旦被窃取,失窃家庭将会遭受巨大的经济损失。申请人可能敏锐地捕捉到了这样的需求,作出了对应的技术方案。可见,各种技术都是随着时代发展随时随地"进化"着的,用户的需求在变化,厂商和技术人员也会抓住这些需求,思考需要解决的技术问题,然后创造出新的产品。

现如今,我们已经来到了网络时代,以智能手机为首的智能设备逐渐普及,很多与日常的工作和生活相关的事项,通过手机就可以简单又轻松地完成。物联网也不再只是纸上谈兵的空想,"5G"技术一旦普及,物联网落地也许就成了现实。伴随着这样的趋势,智能家居也从一种概念,变成了家庭装修时可考虑的内容,为家庭成员带来更多的便利和舒适。智能防盗设备与其他智能单品一样,能够很好地融合到智能家居平台中,为用户提供更加安全、更加方便的家庭安防保护。本章接下来就围绕智能防盗系统这个主题,进行一个综合性的论述,让读者对智能防盗有一定的了解。

2.6.1 智能防盗的概述

2.6.1.1 智能防盗系统的概念

当前市面上已经有很多"智能概念"的安防产品问世,并且消费者可以通过各种销售渠道购买到这些产品并使用，比如，智能防盗门、智能门锁、高清云台摄像机等。这些产品可以说能够帮助家庭实现一定程度的自动化，在其单独使用的应用领域起到效果不错的安全防护作用，有效地保障了人民群众的财产安全。

但这些产品并不完全属于本章要讨论的智能防盗系统的概念范畴。

那么，一个智能防盗系统包括哪些特征呢？应当至少包括以下几个特征：

（1）探测器或者传感器，比如，门窗磁、红外探头、煤气探测器、烟感探测器等可根据实际的需要扩充的各类型传感器。这些探测器或传感器分散布置在家庭内外需要防卫的地方，能够获取对应的各类型参数，用于判断在当前监测的区域内是否有异常的状况发生。比如，当门窗被暴力破坏时，门窗磁就能够识别出这种异常状态。

（2）报警系统，能够对家庭安防的数据进行处理和判断，根据一定的流程规则、智能算法或者专家决策数据，由中枢控制系统进一步采取措施，比如，判断当前的情况是否需要通知用户、是否自动报警。报警系统可以为智能家居的平台或者主机中的软件系统。

（3）监控摄像头，能够捕捉室内、室外的实时画面，记录用户需要的场景视频片段或者图像并且传输给用户的终端（如智能手机上的APP）。这些视频和图像有助于报警系统判断是否有异常的状况，还能结合图像识别算法进行处理，比如，通过画面中的人物面部图像判断是否为家庭成员等。

（4）设备之间相互通信的网络和通信协议，让这些设备可以作为一个整体协同工作。

这些基础特征相辅相成的构建出一个完整的智能防盗系统。

经过上面的解释，读者们应当已经对本章节所述的一个智能防盗系统有了一个大概理解，其不仅是在一个现有的单件安防设备上增加一些电子化或者自动化的功能，而是能够通过设备之间整体的联动和中枢控制系统的处理，有效地判断当前的情况，找出适当的安保应对措施的智能产品，就如图 2-6-1 所示的 Vivint 公司提供的入侵检测产品的功能。它应当能够提高使用的便利性，降低警报误报的概率，更好地为用户提供智能化、人性化的服务，让用户即放心又省心。同时，一个智能化的系统能够有效的减少用户的操作，不过多的依赖人力。

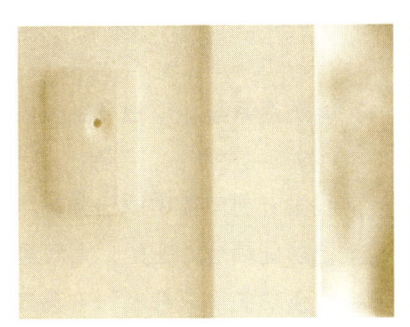

图 2-6-1　Vivint 公司的入侵检测（Burglary Detection）产品示意图

2.6.1.2　智能防盗系统的应用场景

智能防盗系统能提供保护的一些主要应用场景如下。

（1）当门窗被破坏时，传感器能够感应到破坏的信号，并及时地在触摸屏、发声设备或者智能手机软件终端上告知用户，还可以配合监控摄像头启动监控摄像拍摄。

（2）当贵重物品被移动时，通过传感器发出的信号，能够警示用户该物品已经被移动或者被其他物品干扰，对于贵重财物的安全保护非常有效。

（3）监控摄像头捕捉实时画面并判断是否属于入侵人员。通过高清监控摄像头捕捉到的人脸画面,结合智能家居的平台或主机中的人脸识别功能,判断该用户是否属于家庭成员,如果不是则能够通过主机报警或者通知家庭成员。

(4) 防灾报警。虽然防灾与防盗不具有直接的必然关联关系,但也属于安防中的重要环节。在家庭中设置煤气探测器、烟感探测器等传感器,一旦接收到对应的灾情数据时,能够通过主机报警或者通知家庭成员。

(5) 老年人/儿童看护功能,通过监控摄像头能够查看家中的儿童或者宠物是否安全,针对身体欠佳的老年人也能够提供紧急救护。

以上的场景只是部分功能,相信智能防盗系统能够提供更多便利、实用的功能。

从我国专利申请的情况来看,目前我国专利申请中的部分智能防盗系统,其功能是与智能家居中的其他功能耦合存在的,大致可分为两种情况。第一种耦合情况是,将防盗功能集成在专利申请方案的智能家居系统中,成为其中的一个组成部分,这样的智能家居系统同时还支持智能家居中的其他功能,如智能家电、智能影音等设备的整体控制;第二种耦合情况是,将看护、火灾、一氧化碳检测等与安防有关的内容集成为一个整体的安防系统。笔者认为,这是与智能防盗系统自身具备的特性有关的,探测器或者传感器以及监控摄像头,能够获取到家庭中的各项数据,这些数据不仅能够用于防盗,也能够用于控制,因此,能够与智能家居中的其他功能通用。另外,智能防盗系统应当能够通过智能家居的主机中预先设计的算法或者情景分析等处理方式,智能地将家庭成员和入侵者区分开,针对家庭成员的不同,有针对性地提供一些其他功能,如老人看护、儿童安全保护。

2.6.1.3 智能防盗系统的现状

从我国目前的市场状况来看，单一功能的安防设备已经较为普及。读者们最了解的，可能也是最熟悉的，大概是铺天盖地的摄像头，或者是汽车上的防盗报警器等。但在住宅中安装智能防盗系统这一完整的系统的家庭可能还相对较少，可以作为综合的、整体的家庭防盗系统的产品在国内的普及度尚不算太高，产品落地还未完成。而国外的厂商已经能够提供较完整的家庭应用方案并且应用率较高，这大概与我国的家庭安防市场开启较晚以及我国目前主要以社区整体保安为主的国情有关，导致我国消费者的消费观念还没有倾向于安装智能防盗设备。

经过上述内容的讨论，读者应当已经对智能防盗系统有了一定的认识，也明确了本章节要讨论的内容。接下来，将从数据方面介绍智能防盗系统的相关的发展。

2.6.2 智能防盗的发展过程

本节主要从专利检索数据的角度来介绍智能防盗系统的发展过程。数据能够相对客观地体现出事物的历史变化和发展趋势，有助于了解事物的本质。接下来就看看智能防盗系统的专利数据讲述了哪些背后的内容。需要特别指出的是，本节的数据主要关注第2.6.1节中定义的智能防盗系统，而单一功能的智能防盗相关的设备则并未包含在数据之内。

智能家居的概念最早被提出是在20世纪80年代，到如今已经发展了几十年，近年来逐渐走进人们的视线。智能防盗作为智能家居中的一员，在发明专利申请量上也有着类似的发展轨迹。下面将检索到的专利数据分为中国申请和国际申请两个部分，并据此作出折线图如下。其中,横轴表示时间,纵轴表示申请量。

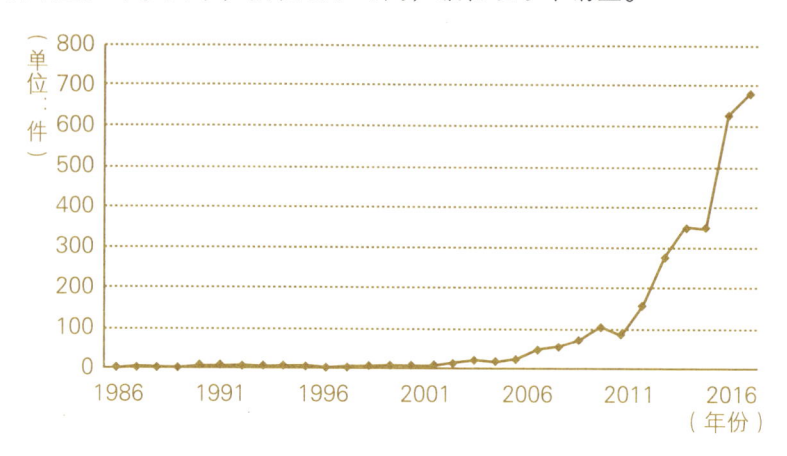

图2-6-2 中国智能防盗系统历年申请量趋势变化

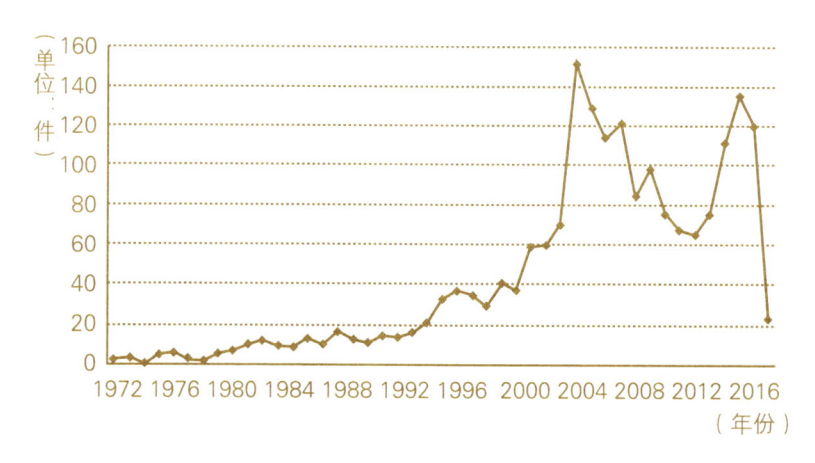

图2-6-3 国际智能防盗系统历年申请量趋势变化

图2-6-2体现了国内智能防盗系统的历年申请量趋势变化,图2-6-3体现了国际智能防盗系统的历年申请量趋势变化。

到2016年为止,从上述两个图表能够看出趋势变化的走向有

2 单品的智能化

很大的不同。从纵轴的数量能够看出,在智能防盗系统的专利申请数量上,我国的申请量总体大于国外的申请量,并且在时间排布上整体呈现逐年稳步上升的趋势。这大概也与智能家居整体的发展有关系,在智能家居概念提出和发展的初期,我国的普通居民大多还未接触、了解智能家居,同时智能安防设备厂商也并没有把大门向民用市场打开,而是专注于传统的公安、金融、教育、司法等特殊的领域,所以早期的智能防盗单品申请量相对较少。而现如今智能手机和智能家居配件的普及,让智能家居的概念逐年深入消费者的心,智能安防企业也看准时机开启了民用市场,家庭安防成为安防企业寻找市场潜力的着眼点。近几年我国的安防市场,行业产值稳健增长,产品更新换代和应用落地的速度加快。安防行业协会、厂商也非常积极的组织各类安防技术交流的会议,这种积极地交流既促进了市场化,也促进了技术的更新和申请量的增长。

从图 2-6-2 和图 2-6-3 中能够发现,国际的专利申请虽然在数量上整体低于我国的专利申请量,但 2008 年之前,国际申请人的智能防盗系统相关的专利技术申请和专利布局是走在我国的安防厂商的前面的,数量也是我国申请量的几倍。这说明国际的企业和发明人在安防技术上起步更早,技术实力过硬并且具有较强的创新能力,虽然申请量折线波动较大呈现不稳定的态势,但一旦出现能够应用的新技术、新理念,还是能够积极地应用到实际产品中。目前,消费者在市面上见到的新技术,大部分还是来自国外的厂商,而且这些厂商之间还会进行激烈的竞争,比如,亚马逊公司首先推出了内置智能助手的 Echo 音响,谷歌公司就紧接着推出了 Google Home,这都推动了新技术的发展。

智能防盗技术在各个国家和地区的发展也有所不同,接下来就让我们看看具体在各个国家和地区的差异。首先将国际申请的数据作为条状图，其中横轴表示申请数量，纵轴表示国家或地区。

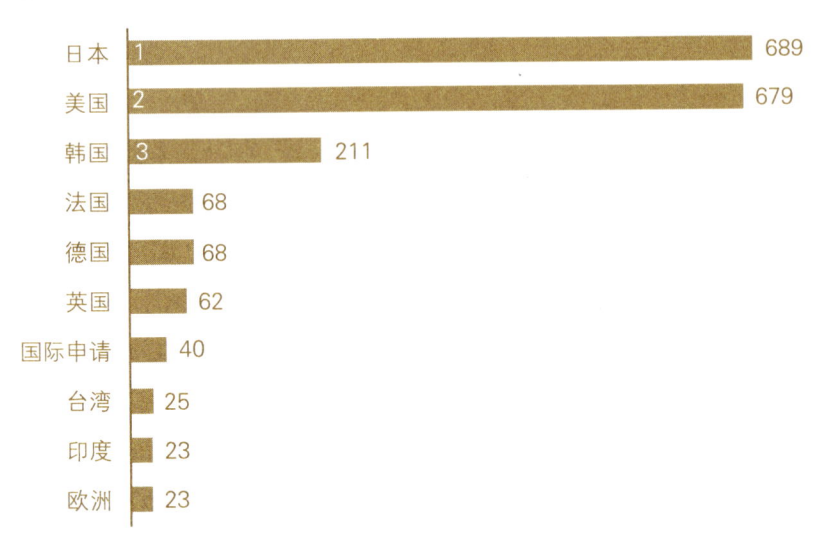

国家/地区	数量
日本	689
美国	679
韩国	211
法国	68
德国	68
英国	62
国际申请	40
台湾	25
印度	23
欧洲	23

图2-6-4 国际申请量技术原创国家和地区排序前十名

从图2-6-4中能够看出，申请量的数量排名前三的国家和地区是日本、美国和韩国。从图中能够看出，第一名与第二名数量上相差不多，但与前三名几乎是三倍的关系，第三名和第四名到第六名之间的数量，也几乎为三倍的关系，差距很大，而韩国正在迎头追赶。这个排名结果似乎并不出乎意料，在消费者眼中，日本和美国一直体现出很高的科技水平和研发能力，日本和美国的高新技术公司也能够最早应用新技术，制造出引领科技潮流的产品。日本和美国在智能防盗系统的研发领域，技术水平相对较高、发展较早。安防技术和产品的世界一流品牌基本上都来自日系厂商，而由日系镜头厂商提供的核心元器件也使得日系厂商成为产业链的上游。美国的智能安防与日系厂商不同，在新兴安防领域存在竞争力，总是有颠覆性的创意和新技术，提出新的解决方案，更适应现代社会智

2 单品的智能化

能家居的概念。韩国的申请量排在第三，这应该与韩国的高科技公司近年来主打智能手机、家电产品有关。比如，三星公司就是一家集智能手机、智能家电等产品于一体的公司，三星公司目前也在积极推动自己的智能家居平台。

接下来是我国的发展情况：

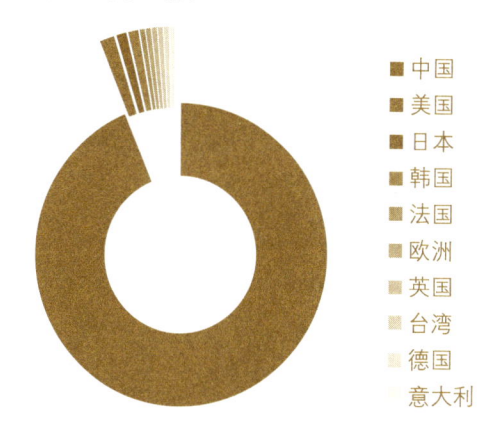

图2-6-5 中国申请量技术原创国家和地区排序前十名

在图2-6-5中，我国的专利申请量为2910项，占据了总量中的绝对地位，而第二位的美国申请量仅有49件，三到十名则更少。我国申请的数量较多，说明我国的安防厂商和科研人员也认识到了拥有自主核心技术对于产品研发和专利布局的重要意义，在开拓市场的同时也专注于提高自身的技术实力。但也应当注意，不应该盲目追求专利的申请量而忽略了专利本身的质量，造成智能防盗产品的同质化，导致大量的智能防盗产品仅在结构、功能或者流程上存在微小的不同而没有创新突破的闪光点，这对于企业的技术创新没有益处。

外国专利申请人在我国的申请量则只占很小的比例，这可能是因为我国的市场没有被外国厂商重视。由于我国的智能家居技术的推广和应用还不够普及，那么依托于智能家居的智能防盗系统也就更加难以普及。我国的住宅大多是密集的小区，一些较好的社区已经配备了社区门禁、单元门禁、监控摄像头、保安工作人员，形成比较完善的保安方案，在这种情况下，很多消费者会认为家庭中设置智能防盗是不必要的。那么在目前这种观念之下，斥资安装智能防盗就不是一种大众化的选择，其在民用市场虽然已经开启了大门但还没有走出宽敞的大路，也就造成了外国厂商的防盗整体解决方案不够重视中国市场。但这给了我国厂商一个很大的契机，如果能够生产出适应我国国情的、价位适中的产品，则能够进一步的扩大市场，并且避免可能的商业竞争。

这些安防厂商申请专利以后，他们准备投向的目标国家和地区都有哪些呢？首先将国际申请的数据作为条状图，其中横轴表示申请数量，纵轴表示国家或区域。

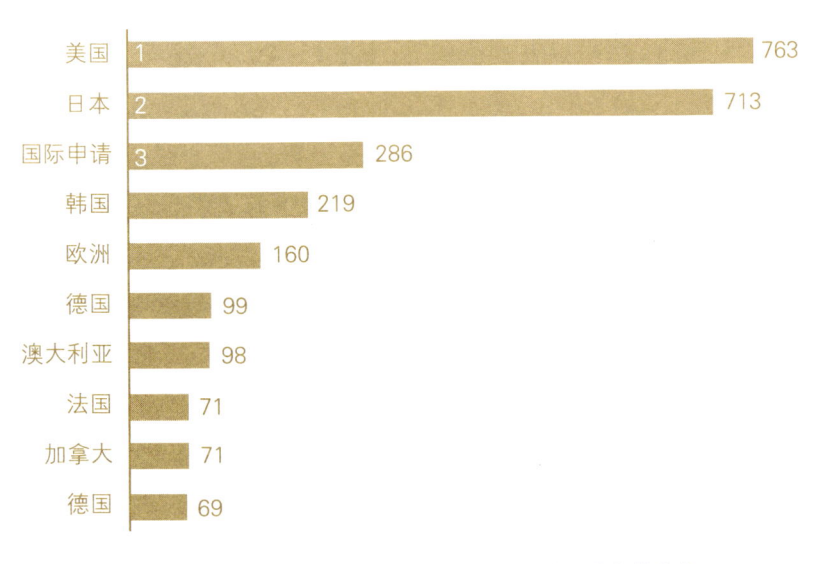

国家/地区	申请数量
美国	763
日本	713
国际申请	286
韩国	219
欧洲	160
德国	99
澳大利亚	98
法国	71
加拿大	71
德国	69

图 2-6-6　国际申请量目标投放国家和地区排序前十名

2 单品的智能化

由图 2-6-6 能够看出，与专利原创国的排名相似的是，冠军和亚军仍然被美国和日本占据，虽然调换了位置但数量仍然差距不大，这说明技术大厂之间的竞争还是非常激烈的，侧面反映了国外的智能安防系统已经比较普及，需要用专利来保障商业利益。而排名第三的国际申请能够让读者们了解到，在国外有大量的专利申请是准备投向其他国家的，也就是说，国外厂商有很大一部分技术和产品在未来可能会有选择性的进入海外市场，进行专利布局，抢占市场。

接下来是我国申请量的投放目标的情况。

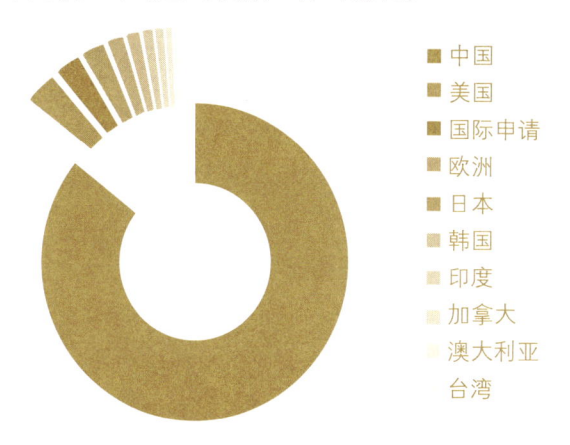

图 2-6-7　中国申请量目标投放国家和地区排序前十名

由图 2-6-7 能够看出，在我国的申请量中，主流的目标国家和地区仍然是我国本土，其数量为 2875 件，第二名为投放至美国的数量，共 109 件，第三名为国际申请，未来有可能投放至更多目标国家，数量为 85 件。从上图中能够看出我国的智能防盗系统相关的专利申请量是很大的，但目标市场为其他国家和地区的申请的却只占很小的一部分，笔者推测其中的原因可能有二：第一，其他国家和地区的安防市场比我国开发得早，我国的家庭安防市场还未

· 141 ·

开发,因此,我国的安防厂商目前着力于我国本土的家庭安防市场,制造适应我国国情和市场的产品;第二,高精尖厂商数量少,广大厂商目前自身的技术研发实力还不足以向国际市场进发,还没有提出有创新性和突破性的产品。

接下来看一下有哪些公司在智能防盗领域的专利申请数量上可以成为领军人物。首先将国际申请的前十名数据做成条状图,其中横轴表示专利申请数量,纵轴表示申请人名称。

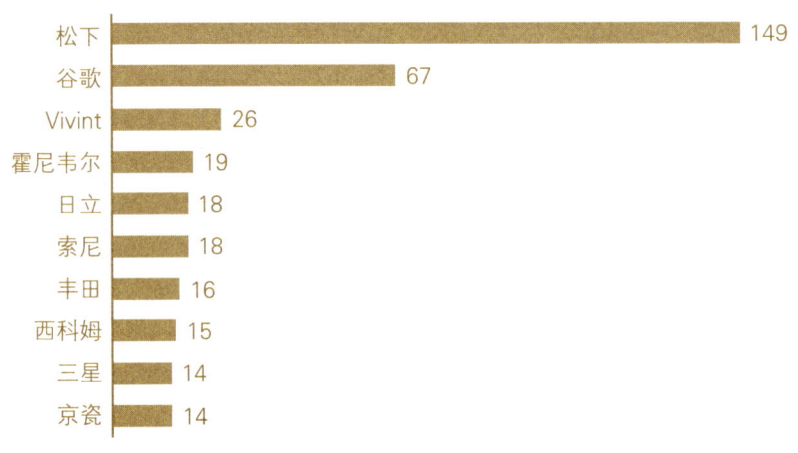

申请人	数量
松下	149
谷歌	67
Vivint	26
霍尼韦尔	19
日立	18
索尼	18
丰田	16
西科姆	15
三星	14
京瓷	14

图 2-6-8 国际申请中的申请人排序前十名

先根据图 2-6-8 来看一下国际专利申请人统计的数量排名,从中可以看到,排名前十位的专利申请人大多是消费者耳熟能详的高科技企业。

排名第一的松下公司早在 1957 年就开始研发安防监控摄像机,2015 年还收购了美国综合安防管理平台 Video Insight,硬件和软件上都进一步丰富,从而能够提供整体解决方案。与企业实力和商业行为相对应的是,松下公司在安防领域的专利申请量相对较多,在数量上远远领先。排名第二的是大家都比较熟悉的谷歌公司,谷

2 单品的智能化

歌公司涉猎广泛，除了主打的搜索引擎之外，在操作系统、人工智能、智能外设等技术领域也都有着先进的技术，他们在智能家居领域也有着扎实的技术储备，拥有大量的家居配件专利。谷歌公司收购了 NEST 公司，在 2016 年推出了内置扬声器的 Google Home，成为亚马逊 Echo 的竞争对手，想在智能家居领域有所作为的野心可见一斑。排名第三位的 Vivint，我国消费者可能对于这家公司不是非常熟悉，但 Vivint 应该是最符合本章节的智能防盗概念的一家公司，因为 Vivint 销售的并不是常规的智能家居配件，而是完整的安全和自动化解决方案，提供每周 7 天，每天 24 小时的客户服务热线，将家庭自动化统一协作的理念转化为实际的方案。尽管 Vivint 销售的是体验和服务，但其专利申请数量也能够上榜，说明该公司对于技术也相当重视。

读者们大概已经注意到，排名前十的公司中，来自日本的公司就占据了大量席位，包括松下、索尼、日立、丰田、西科姆、京瓷，几乎占据了半壁江山，可见日本企业在智能防盗领域科研能力很强。值得注意的是，丰田公司的家庭防盗产品的专利申请的数量和内容，比如，特许番号为"特许第 5315123 号"的发明名称为"用于房屋的防止犯罪的装置"的专利，公开了一种对住宅的出入口、厨房、窗户等进行整体防护的技术方案，申请国家为日本，目标国家也为日本本土。虽然在广大消费者的认知里，丰田是一家汽车公司，似乎家庭安防与汽车工业没有什么交集，但丰田在智能防盗领域的专利申请量却不少。笔者认为，也许是因为汽车防盗与家庭防盗之间存在一定的技术领域交叉，丰田公司也看到了家庭防盗的市场潜力。实际上，像丰田、松下、索尼这样的公司，安防只是这些公司的一个产品线，消费者通常更熟悉的是这些公司的其他产品，但是这些公司对其主产品线的应用领域拓展，继而发展出安防的产品线。

接下来是智能防盗领域中我国专利申请人的申请量排名。截取前 20 名做成条状图，横轴为专利申请数量，纵轴为申请人。

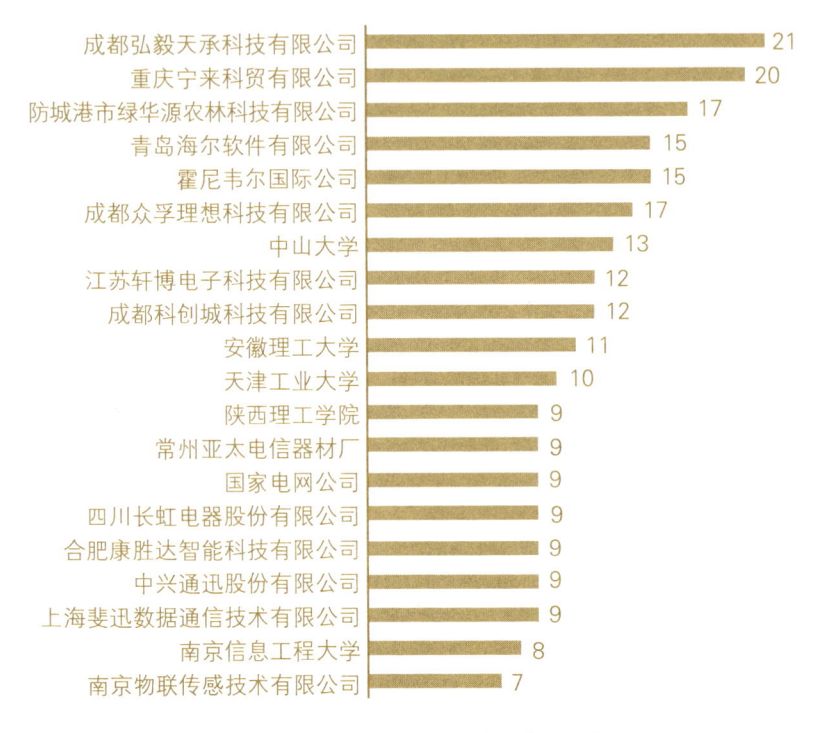

申请人	申请量
成都弘毅天承科技有限公司	21
重庆宁来科贸有限公司	20
防城港市绿华源农林科技有限公司	17
青岛海尔软件有限公司	15
霍尼韦尔国际公司	15
成都众孚理想科技有限公司	17
中山大学	13
江苏轩博电子科技有限公司	12
成都科创城科技有限公司	12
安徽理工大学	11
天津工业大学	10
陕西理工学院	9
常州亚太电信器材厂	9
国家电网公司	9
四川长虹电器股份有限公司	9
合肥康胜达智能科技有限公司	9
中兴通讯股份有限公司	9
上海斐迅数据通信技术有限公司	9
南京信息工程大学	8
南京物联传感技术有限公司	7

图 2 -6 -9　我国申请中的申请人排序

从图 2 -6 -9 中能够看出，我国申请人前 20 名的申请量都不是很多，也没有拉开明显的差距。截至撰文日 2017 年 8 月 31 日之时，智能防盗领域中我国的专利申请量是 2976 项，统计得出的申请人数量是 2263 位，每个专利申请人的平均申请量是 1.3 项。从中可以看出我国的智能防盗专利的申请人的数量很多，而单个专利申请人的申请量并不多，仅从专利申请的数量上不能看出哪家公司在智能防盗系统的专利申请量上具有寡头的地位。

2 单品的智能化

申请量排名前十的专利申请人中，只有部分是消费者可能相对熟悉的公司，比如，国际知名安防企业霍尼韦尔公司、国产老牌家电企业青岛海尔公司等。另外，排名第六的是中山大学，排名第十的是安徽理工大学，排名第十一的是天津工业大学。中山大学位于广东省，安徽理工大学位于安徽省，天津工业大学位于天津市，分别对应了我国安防产业集群中的珠三角、长三角和环渤海三个地区，这说明在产业集群的企业衬托下，当地的高校也会在该方向加大科研的力度。

读者们看着这里可能会有些疑问，似乎专利申请人对应的专利申请量数据不应该这么少，因为我国知名的安防大厂的产销能力非常优秀，近年来创造出巨大的商业价值。而统计得出的数据结果似乎与我国的安防企业数量以及目前安防企业的蓬勃发展不相符合。笔者分析了数据的情况，认为其原因可能在于：本章节限定的技术方案是一个完整的智能防盗系统而并非单独的智能安防配件，而我国的安防企业以及国际的安防企业提出的产品和技术方案还包括了大量的特定配件的产品结构和外观，或者针对特定的领域提出的装置或方法，比如，高清监控摄像头、云监控等专注于监控摄像应用的安防设备以及对应的视频监控方法，这些特定的配件数据并没有统计在本章节的数据中。这也许从侧面反映了我国的智能防盗系统与智能家居平台在统一整合的方向和提供用户体验的方向上还有一定的挖掘潜力，尤其在安防产品类别较多的情况下，如何设计统一协作的整体解决方案，将各种类型的设备进行有效的整合，为用户创建功能完善、操作简单的家庭安防体系，还值得厂商和科研人员进一步研究。

接下来，对我国各省的安防生产分布进行分析，了解在我国具体有哪些省份在专利投入上较大。

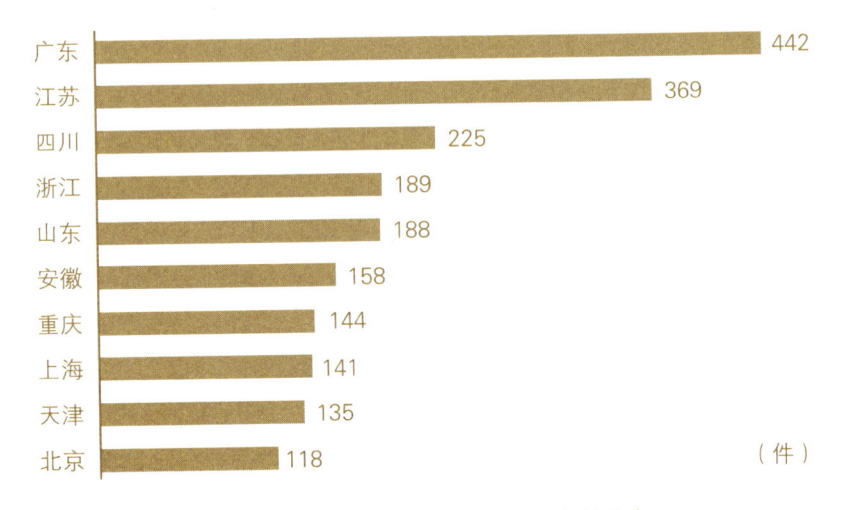

省市	数量
广东	442
江苏	369
四川	225
浙江	189
山东	188
安徽	158
重庆	144
上海	141
天津	135
北京	118

（件）

图 2-6-10　我国省市申请量前十名的分布

图 2-6-10 给出了统计的结果，其中广东省排在第一位，江苏省排在第二位。广东省是专利申请数量的大省，很多高新技术企业都来自广东省，这些企业每年提交了大量的专利申请，因此，在很多高新技术领域，广东省的专利申请量均是榜上有名，特别是IT、电子信息领域。而具体到安防领域，珠三角地区有大量电子安防产品生产企业聚集，又有着像深圳市安全防范行业协会这样的组织牵头，申请量居于首位似乎并不出乎意料。

我国的安防企业主要集中在珠三角、长三角、环渤海、闽东南四个地区，已经形成了四大各具特色的安防产业集群，上图的省市数量统计与产业集群具有一致性，排名在先的省/直辖市基本属于这四个区域。这说明我国的四大产业集群的安防企业在拓展市场的同时，也在寻求技术上的突破，制造更有特点的产品。除了企业自身的科研能力，还有属于这几个地区的高校的创新支持，依托成熟的产业链和技术人才，在未来应该有希望生产出更具有创新性的产品。

2.6.3 智能防盗的关键技术

2.6.3.1 传输与联通

1. 网络通信协议

既然在前文中已经提到，智能防盗系统应当为一个完整的系统，由作为中枢的主机和各种配件协作完成家庭防盗的工作。那么配件之间互相连接所需要的通信协议就非常重要了，这不仅是智能防盗系统的关键技术，几乎也可以视为智能家居领域的关键技术。目前的智能家居领域面临着多种无线通信协议共存的局面。技术人员甚至于消费者都比较耳熟能详的协议有：WiFi、ZigBee、蓝牙、Z-wave等，但还没有一种协议可以真正做到"一统江湖"。每一种协议都有着自身的优势、擅长的场景和由自身不足所导致的劣势。不仅如此，各个厂商也加剧了通信协议的混乱局面，比如，谷歌旗下的 Nest Labs 于 2014 年提出的家庭物联网通信协定技术 Thread，这是一种基于 IP 的无线网络协议，支持 IPv6，由三星、NEST、ARM 等公司联手推出。我国的企业也不甘落后，银河风云针对 WiFi 功耗高的问题开发了 MacBee 通信协议和芯片，还发起了 MacBee 联盟，共享资源。各个协议都有支持者和积极推动者，对于目前协议混战的现状，还不能断言哪种协议是最佳的，这一点大概最终只能由市场来决定。

对协议的选择也体现在专利申请中，比如，公开号为 CN106896784A 的名称为"一种基于 ZigBee 及 WiFi 技术的智能家居控制系统"的发明专利申请就将 ZigBee 技术和 WiFi 技术共同应用在智能家居控制中。在专利申请中，协议的选择也许并不是一个技术方案的核心，在撰写中可能会通过"网络通信模块""网络通信协议"等上位的概念一笔带过,在实施中采用所属领域惯用的技术手段来实现。厂商面临的挑战是,产品的实施过程中,如何打破协议的隔阂解决客户需求,生产出满足客户需求的产品,而不是被各种协议左右,无谓的追求适应性而提高产品的成本。

2. 数据压缩与传输

在前文中提到,本章所述的智能防盗系统也包含监控摄像头。监控摄像头可以说是当前应用最为广泛的安防设备之一,它本身在金融、公安、保安等特殊应用行业有极大的普及率,很多案件的侦破都是从监控摄像头中找到了线索或证据。在智能防盗系统中,监控摄像头能够起到很多作用,出门在外的用户可以实时查看在家里的老人、儿童或宠物的情况,还能够查看室外是否有可疑的人员出没等。如果能够配合特定的算法,摄像头还能协助实现其他的功能:人脸识别、灾情识别、运动检测及跟踪等。出于安防的目的,用户希望看到的视频当然是清晰又流畅的,而不是模糊不清、时断时续的。而高清摄像头采集的视频数据较大,数据的压缩和传输技术就对视频的实时播放质量有着至关重要的作用。目前,市面上已经有较多厂商提供的监控摄像头产品使用了 H.265 标准,这种标准能够克服 H.264 因为数字视频发展的趋势而出现的局限性和瓶颈,因此,被越来越多的使用。

在不久的未来,"5G"技术成熟并且推广之后,应该会对数据的传输和网络通信协议都产生巨大的影响,厂商也应当密切关注于此,让自己的产品能够更好地应对未来的新技术潮流。

2.6.3.2 真正的智能化和人性化

智能家居是不是真的智能?这可能是一个比较困扰消费者的问题,也是阻碍智能家居系列产品入户、落地的一个问题。如果用户的每一项工作都需要手动的去设置、调整，每次事件发生都要提示、确认，而且还使用两三个不同的终端来控制家里的各个产品，那对于用户来说可能是新的负担。具体到智能防盗领域，如果只是因为一个小小的设置不当，警报就错误的响起，既打扰邻居，又会增加用户的烦恼。所以为了实现防盗的智能化、去人力化，智能家居以及智能防盗系统的智能分析和人性化就变得越来越重要。很多厂商都已经注意到了这些问题，并且尝试利用各种方法来解决这些问题，降低误报的概率。

在安防厂商霍尼韦尔的官方网站上公开了一种对宠物友好的传感器，这种动作传感器能够检测入侵者和宠物之间的区别，能够让宠物自由的在家中玩耍而不会误触碰报警系统。类似的智能化数据分析和处理对于智能防盗系统而言是非常必要的，因为用户绝对不希望报警系统经常性的"谎报军情"，一而再再而三的去确认是否为真的警报，对接收到的外界数据进行准确的分析和判断能够显著的提高用户体验。

一般来说，红外探测器降低分析错误的概率能通过两种方式实现：其一为物理方式，通过菲涅尔透镜的分割方式降低由小动物引起误报的概率，其二为探测信号处理分析的方式，探测器和传感器检测到的信号具有周期、幅度、极性等特征，对这些数据进行分析比较就能够判断移动的生物是人类还是其他动物。美国的一项授权公告号为 US8829439B2 的名称为"尺寸检测的目标检测"的发明专利，提出了一种根据尺寸检测目标的设备和方法，能够避免由动物引起的误报警，检测真正的入侵者，并且不使用图像识别的方式，而是根据多个传感器获取的信号曲线的范围和高度特征来判断是人类还是动物。

智能防盗系统是一个协同合作的整体系统，那么对多种数据的协作进行考虑也是一个智能化的思路方向。比如，当传感器感应到数据时，同时启动智能监控摄像头进行辅助判断，利用图像识别技术和机器学习技术来分析和处理采集到的图像，从而判断房间中的情况。在图像识别技术中，人和动物具有不同的特征因此能够被软件系统区分，人和人之间也有很大的生理上的区别，这些生物特征都可以用来进行智能化的识别。如果有人出现，那么可以通过人脸检测和人脸识别技术判断该人是否为家庭成员，然后可以利用中枢系统中预先设置的专家数据库或者安防厂商提供的云端数据库来进行决策，最终给出相对智能化的处理方式。

根据笔者对专利文献的浏览，目前国内的很多智能防盗系统的专利申请说明书公开的技术方案中，仅是将各种报警的机制糅合在一起，没有深入的讨论下一步的智能化区分或者智能分析，这也就给出了一个可以深入研究的方向。以下就是一个将智能化处理与智能防盗系统结合的我国的专利申请案例。

上海斐讯数据通信技术公司的一项公开号 CN105844746A 的名称为"一种通过步态信息识别身份的门禁控制装置、系统及方法"的发明专利申请就是一个结合视频和图像识别进行智能化安防的例子。不同的人行走姿态各不相同，根据这一特点来识别人的身份。提取视频流中的人体的步态特征，并且将数据库中的所有人体步态特征与视频流中的步态特征进行比较，判断来访者是否为允许开启门禁的人员。该发明专利申请将图像识别相关的智能化分析的内容加入了智能防盗系统，这就能够提高系统的智能化和自动化程度。虽然有一些厂商可能倾向于直接使用国外成熟的配件和技术，组装或者应用在自己的产品中，但笔者认为自主研发的关键技术更有利于打造适应我国市场的特色产品。

另外，规则的设置和改变也是智能安防中的一个降低误报的概率的方法。谷歌公司的一项公开号为 US2017/0193809A1 的名称为"安全系统中的适应性额外处理"的发明专利申请提出了安防系统中的适应性例外处理方法，在安防系统中进行了例外设置，尽管安防系统自身已经设计了若干安防的模式（该发明专利申请中提出的是"AWAY"模式和"STAY"模式），但是当一些例外情况存在时，也能够妥善的作出对应的调整而不是绝对的按照设定的模式触发警报，提高了智能安防系统的适应性和便利性，减少了假警报。这说明根据人类的行为适应性调整安防规则的设计也有助于提高防盗系统智能化的程度。

这些人性化的规则从人类认知角度给出解决方案，可以通过对历史经验数据的分析得出，也可以通过科研人员的思考得出。我们常说，如果自己一个人在家时，可以把电视打开，让房间里吵吵闹闹的好像家里有很多人，那么当用户不在家时，可以通过对灯具、家电的智能控制制造出用户在家的假象，这也能从一定程度上提高家庭的安全程度。

综上所述，既然智能防盗系统是智能家居中的一个部分，那么厂商和研发人员可以从硬件和软件两个方面结合思考，尤其是在大数据大行其道的今天，怎样能够基于历史经验数据、规则和算法开发出有特色的软件系统。也许这些系统并不需要有多么的智能，只是可以比如说讲个笑话、下个围棋，在智能家居方面能够巧妙的设计出用户真正需要的产品，让智能防盗系统真的实现人性化，提高安全性，让用户能够放心地把家庭财产的守护工作完全交给智能防盗系统。

2.6.4 智能防盗的重点企业

智能安防领域的知名企业非常得多，受篇幅和能力所限，不能一一向读者尽述。本章仅向读者简要介绍两家智能防盗行业的知名企业。

2.6.4.1 智能防盗的重点企业——霍尼韦尔安防集团

霍尼韦尔安防集团（Honeywell Security Group）是一家多元化高科技和制造企业，在全球其涉及的领域包括航空与航天，化学品、特性材料和化肥，消防与应急救援，生命安全与安防等。霍尼韦尔安防集团属于霍尼韦尔国际公司自动化控制集团，是世界最大及最富经验的电子保护系列产品制造商之一。

霍尼韦尔安防集团的官方网站内容十分翔实，介绍了该公司所能提供的一系列家庭安防产品以及应用的场景，比如：

（1）TUXEDO TOUCH™，一种触碰式的控制器，具有简洁的界面和方便操作的特性，能够控制室内的安防和家庭控制功能，浏览和记录视频，使用声音命令。

（2）LYNX TOUCH，生活方式增强的LYNX TOUCH让用户控制安全系统、光照、锁、自动调温器、观察视频等，都是来自一个智能的全彩触摸屏，或者家庭中的移动设备。

（3）对宠物友好的传感器，霍尼韦尔安防集团的动作传感器能够检测入侵者和宠物之间的区别，能够让宠物自由的在家中玩耍而不会误触碰报警系统。

（4）室内/室外传感器，能够检测室内和室外的运动、打碎玻璃的声音，起到保护家庭财产安全的作用，也能够在智能手机上接收报警。

（5）环境传感器，保护厨房、浴室、洗衣房和地下室，检测是否存在漏水和极端温度的现象，帮助降低家庭的风险。

（6）盗窃防护，无线的盗窃防护传感器能够附着于有价值的物品，当物品被移动或者干扰时警示用户。

（7）数字视频监控，能够观看实时的流式视频，或者在重要的事件发生时接收剪辑和图片。

(8) 紧急救援，为老年人提供的救援协助。

(9) 家庭安防灯光，远程开启家庭室内外的灯光，当用户不在家时模拟有人在家的场景。

(10) 移动锁，利用网络连接可以随时随地的实现解锁和上锁。

由此可见，霍尼韦尔安防集团的产品线十分丰富，几乎可以提供所有智能防盗的保护功能组件，以及简洁方便的用户操作界面设备，还耦合其他功能，全面的为家庭安防提供保护。另外，霍尼韦尔还提供 24 小时监控中心站，训练有素的家庭安防专家能够为突发的状况提供帮助。

在专利申请方面，霍尼韦尔安防集团也几乎涵盖了智能防盗的各个方面。由几个该公司在华申请的技术方案就能够看出端倪。

公布号为 CN103676837A 的名称为"在入侵系统中撤销计划的任务以减少误报警的系统和方法"的发明专利申请，公开了一种入侵系统减少误报警的系统和方法，解决了用户需要手动撤销计划带来不便的技术问题，在智能防盗系统中，提高了用户的智能自动化体验。

公告号为 CN101261758A 的名称为"检测人类入侵者的传感器和安全系统"的发明专利申请，公开了一种检测安全装置中是否存在人类入侵者的双模态传感器，针对动物运动/入侵的造成的错误警报问题对传感器进行的技术改进，进而带来了提升智能化程度的技术效果。

公告号为 CN103384321B 的名称为"CCTV 和综合安全系统中的后事件/警报分析的系统和方法"的发明专利申请，公开了一种闭路电视的电视摄像机的录像处理方式，能够实时监测和显示安全告警，还能够分析事件之间的关联以及排序，完成了智能化的数据分析。

由上述三个发明专利能够看出，霍尼韦尔安防集团在智能防盗领域的配件或者整体协作的方法均能够提出技术上的改进，从不同的角度上提高自身产品的质量和效果，在国际市场也具有很强的竞争力。

2.6.4.2 智能防盗的重点企业——杭州海康威视数字技术股份有限公司

杭州海康威视数字技术股份有限公司（以下简称海康威视）是一家以视频为核心的物联网解决方案提供商，为全球提供安防、可视化管理和大数据服务，在海康威视的官方网页的产品中心中，能够看到该公司的主打产品为摄像机，也涵盖其他类型的产品，并且在公安、交通、金融等行业也有对应的特殊产品。虽然在第3节的专利申请人排名中没有提及海康威视，但作为我国一家千亿市值的安防巨头企业，还是有必要对其进行介绍的。

尽管海康威视没有在智能防盗系统领域上榜，但海康威视旗下的萤石却已经提供了多种可以购买和安装的家用产品，其中包括店铺、家庭用的防盗设备产品和应用场景。

（1）客厅安全套装，使用红外人体感应，采用红外PIR智能检测技术，分辨人体移动信号，防止小型宠物的误报，将闯入信号推送至萤石客户端，进行声光报警。

（2）多种型号的互联网摄像机、云台摄像机，能够与报警系统联动。

（3）门磁传感器、紧急按钮、声光报警器、红外探测器等能够与报警系统协作联动的配件。

总体而言，海康威视萤石在家庭安防领域的产品能够满足店铺、家用的基本需求，在价格方面也相对亲民，一般消费者都能够负担得起，软件终端采用专用的手机客户端，也非常方便。

2 单品的智能化

截至撰文日 2017 年 8 月 31 日，海康威视在我国的专利申请量有 1765 项，涵盖了发明、实用新型和外观设计，涉及了智能安防领域的多种类型产品，从数据量上看是一个非常注重自主研发、知识产权的公司，不仅具有市场竞争力，也具有创新能力。

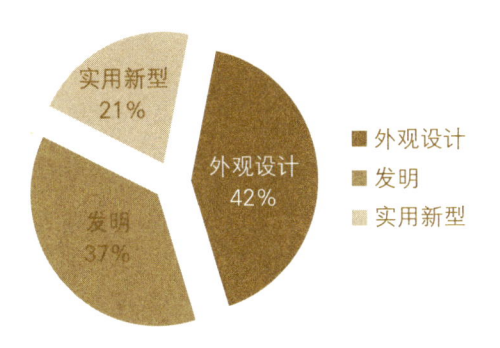

图 2-6-11　海康威视的专利类型分布

图 2-6-11 是对海康威视的总计 1765 项专利申请进行的类型分析，能够直观地看到海康威视提出的专利申请中，发明、实用新型和外观设计的占比。不难看出，外观设计和实用新型总共占约 2/3 的数量。经浏览发现，这些外观设计和实用新型很多是与摄像机以及摄像机的周边设备有关的技术方案。这应该与海康威视的企业核心——视频监控有关。相应的，发明专利申请的技术方案也有很多是与视频传输、视频数据分析处理等视频相关技术的技术方案。大致了解过海康威视的专利申请之后，能够感觉到海康威视在技术研发中是一个非常注重自身核心技术提升的企业，在视频监控上狠下力度进行研发。他们在技术改良中，不断改进摄像机的结构、系统和外形，来达到更好的技术效果，以保持公司自身的核心强壮而有竞争力。

回归本章的主题，目前看来，家庭安防只是海康威视这艘安防旗舰下的一个小分支，因此在智能防盗的整体解决方案的技术方案专利申请数量不多。但既然海康威视已经生产出面向一般用户、家庭的安防产品线，也希望在未来能提出更多智能化的综合家庭防盗解决方案，制造出适合我国本土国情的优秀的智能安防系统。

2.6.5 小结

智能防盗技术目前对于我国居民来说，可能还不是一个必要的选择，但智能防盗技术能够带来的安全性和便捷性是毋庸置疑的。相信不远的将来，智能防盗系统能够很好地整合到智能家居系统中，为消费者带来更好的家庭安防体验。

2.7 智能冰箱

2.7.1 智能冰箱的发展过程

随着信息化的发展以及智能家居概念的引入，传统家电产业迎来了"智能化"的机遇与挑战。冰箱作为传统家电的代表，成为众多家电企业激烈竞争的主战场。

早在 2000 年，韩国 LG 推出了全球第一台通过互联网连接的"互联网冰箱"，开启了智能冰箱的新时代。

随后，国外家电企业争相推出自己的智能冰箱产品，比如，西门子公司曾经推出一款嵌入 LCD 电视的智能冰箱，可以通过电缆远程控制，使得消费者可以在厨房的任何位置都能收看电视节目。伊莱克斯推出的一款智能冰箱嵌入了触摸屏，并通过无线网络连接，具备上网、电子邮件、电话、MP3 等功能，同时消费者还可以了解天气情况和交通情况。

2 单品的智能化

在早期的智能冰箱产品中，各家电企业纷纷引入互联网和多媒体技术，目的是将冰箱打造成一个厨房多媒体网络平台。然而，这更像是将互联网和多媒体技术生硬地强加于冰箱产品中，而没有将这些技术与冰箱本身的食物存储功能有机地结合。而且，这种智能冰箱也没有考虑到人们的生活习惯，因为在有电脑、手机、网络电视等多种上网和娱乐方式的基础上，在厨房中利用冰箱实现以上功能并不是很好的选择。

在这之后，智能冰箱的发展遇到了瓶颈，究竟如何将冰箱与其他新技术相结合，走出一条适合冰箱的"智能化"道路成为摆在所有家电企业面前的一道难题。

直到 2007 年，韩国三星公司提出了一种采用 RFID 技术的智能冰箱，可以通过为每份食品贴上一枚电子标签作为识别信息，冰箱通过电子标签管理冰箱中的食品，并通过发送信息的方式告诉

图 2-7-1 三星智能冰箱

用户冰箱中的食品信息，比如食品的有效期以及使用冰箱里的食品可以组成的菜谱等。这款智能冰箱的推出可以说具有划时代的意义，为此后智能冰箱的发展指明了方向。随后，三星在此基础上推出了一系列智能冰箱产品。

此后，其他家电企业也纷纷效仿，推出新一代智能冰箱产品。2010 年，西门子公司在上海世博会上展示了一款融合了物联网、3G 互联网和智能管理等技术的智能冰箱。海信也推出了一款智能冰箱，用户可以使用智能手机对冰箱进行远程控制，获取食品管理

信息。此外，还可自动编辑购物清单，生成购物清单，发送到手机客户端，方便用户购买食品。2013年，海尔集团推出的Smart Window智慧窗，具有感应作用，当用户走近时，冷藏室的门便可以变成透明状，可以直观地看到饮品和食品，方便用户的取用，同时减少寻找食品的时间，节约能耗，同时该款智能冰箱还可以通过APP进行控制，用户可以在客户端远程查看食物的存储状态，并远程开启一键速冷速冻、假日模式等功能。2014年，美菱发布一款整合了云图像识别、物联网、大数据等多种技术的智能冰箱，这款冰箱通过多个内置摄像头对冰箱内物品进行图像识别，进而实现食品监控、远程查看等功能。2015年海尔集团又发布一款智能冰箱，可以通过冰箱外置摄像头完成头像扫描采集，获得身高、体重等信息，并根据用户的健康状况提供更健康的饮食方案。

可以看出，新一代智能冰箱产品充分吸取了之前的经验和教训，立足于冰箱自身的基本属性，将最新的图像识别、物联网、大数据等技术与其基本属性进行有机地融合，从食品管理和健康饮食的方向出发，走出了一条属于智能冰箱自己的道路。

在了解智能冰箱的发展路线之后，我们对智能冰箱的特点有了一个更为深入的认识。与传统冰箱相比，智能冰箱具有以下基本特点：①能够通过网络对冰箱进行远程控制；②能够通过智能冰箱内部的传感器或电子标签等方式识别食品，并对食品的种类、数量、保质期等信息进行管理；③能够根据用户的个人情况提供科学的食谱和健康饮食建议；④能够与物联网、购物平台相连接，方便用户购买食品。

然而，智能冰箱是一个随时代发展而不断进化的产品，当今的智能冰箱与早期的智能冰箱相比已经有了天壤之别。十年前对智能冰箱的定义方式已经无法适用于当今的智能冰箱，而当今对智能冰箱的定义方式同样也很难适用于十年后的智能冰箱。因此，智能冰箱是随着技术的发展与时俱进的，而非一成不变的。

在智能冰箱技术不断发展的背后，我们也看到了冰箱市场竞争的残酷性。据统计，中国2016年的冰箱市场销量为3462万台，同比下滑0.7个百分点，零售额为964亿元，同比下滑1.8个百分点。而且，根据预测，2017年的销量和零售额有进一步下行的压力。正是在这种残酷的形势下，各大冰箱企业对智能冰箱寄予厚望，纷纷开展智能冰箱技术的研发活动。

正是基于智能冰箱技术的不断发展，近些年与智能冰箱相关的专利申请量也在快速增长。图2-7-2中展示了2005年至今国内、全球的智能冰箱专利申请趋势。

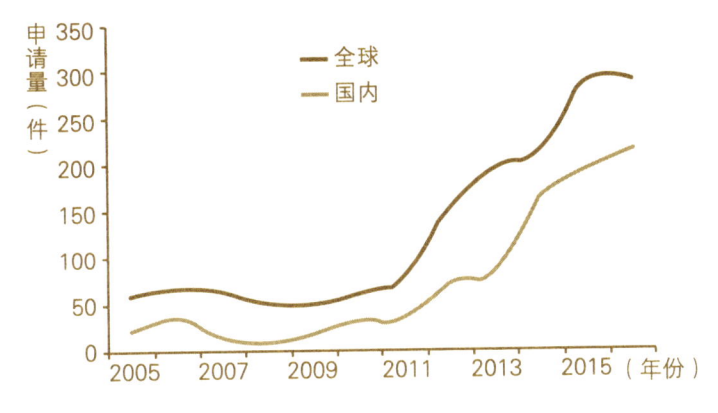

图2-7-2 国内、全球智能冰箱专利申请趋势

就全球而言，早在2005年以前，LG等国外企业已经开始在智能冰箱领域进行专利布局，不过数量相对较小，尚处于起步阶段。直到2010年以后，随着食品管理、健康饮食、物联网等开始应用于智能冰箱中，智能冰箱突破了原来的瓶颈，专利申请量随之快速增长。

然而，国内智能冰箱企业起步较晚，在国外企业已经开始专利布局并推出智能冰箱产品时，国内企业还没有开始相关工作，图2-7-2正好体现了这一点。在2010年以前，国内智能冰箱专利申请很少，直到2010年以后，国内企业开始逐渐重视智能冰箱产业，随之而来的专利申请量则呈爆发式增长，而且在全球专利申请的比重也越来越大。

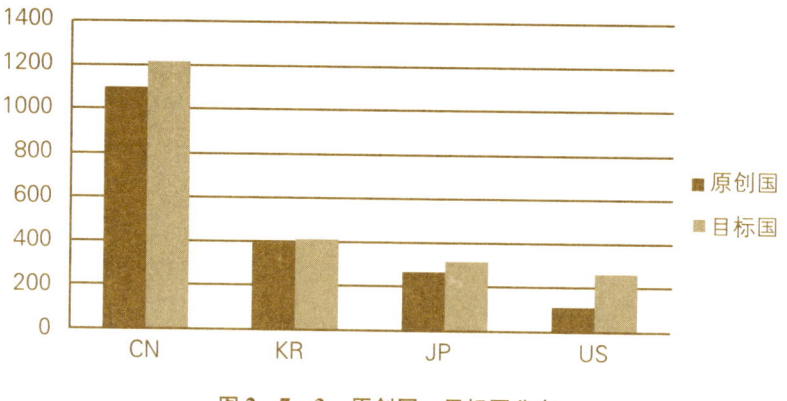

图2-7-3　原创国、目标国分布

传统家电制造强国在智能冰箱创新中依然扮演着重要角色，如图2-7-3所示，中国成为智能冰箱专利的第一原创国和目标国，且遥遥领先韩国、日本等其他国家。在对专利申请进行简单分析之后，我们发现各个国家的情况大相径庭。以中国为例，在原创国为中国的1000余件专利申请中，除部分专利申请来自规模型家电制造企业之外，更大部分专利申请来自小企业或个人。这些专利申请的普遍特点是技术价值较低、分布零散，缺乏合理的布局。而韩国、日本的专利申请则主要来自规模型家电制造企业，技术价值较高，专利布局较为合理。

我们再从申请人的角度对智能冰箱的专利申请进行统计、分析。图2-7-4中展示了智能冰箱前五位重要专利申请人排名。可以看出，智能冰箱的重要申请人依然是我们熟悉的传统家电制造业中的领军企业。其中，韩国的LG、三星在专利申请量上处于领先地位，紧随其后的是日本的松下，之后是中国的海尔和美的。此外，还有日本的东芝、三菱，以及中国的长虹、美菱、海信等企业，他们也有很多专利申请量。正是这些企业上演的"群雄逐鹿"，构成了智能冰箱领域中日韩"三足鼎立"的态势。

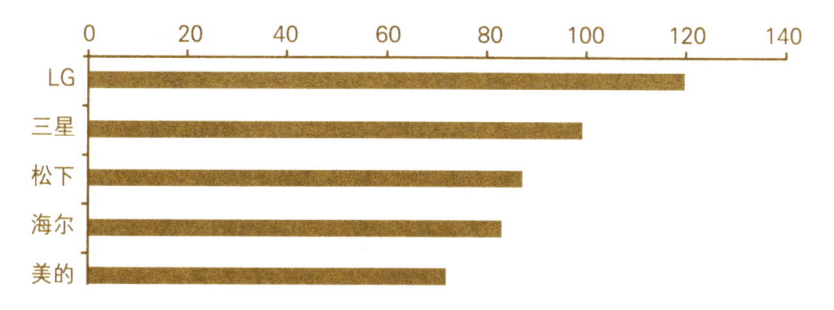

图2-7-4 智能冰箱重要专利申请人排名

与专利竞争的激烈程度相比，各家电制造企业在产品上的竞争更可谓"有过之而无不及"。在近几年全球博览会上，智能冰箱一直是多方关注的焦点。谈到博览会，我们不得不谈到三大展会：中国家电及消费电子博览会（Appliance & Electronics World Expo，AWE）、美国国际消费类电子产品展览会（International Consumer Electronics Show，CES）和德国柏林国际消费电子展会（International Funkausstellung Berlin，IFA），这三大展会可以说是家电制造企业展示其家电产品的重要平台，而且每届展会都有不同亮点。

2016年AWE的主题为"互联网+我的家"，在此次展会上，三星发布的Family Hub智能冰箱，配备了21.5英寸超大屏幕，采用的是Tizen操作系统，用户可以制定食物清单、阅读新闻、听音乐、查看日历和天气、写电子备忘录以及语音对话，并且能够在冰箱上进行下单购买食品。作为西门子家电在"家居互联"领域的最新力作，西门子推出了搭载内置摄像头的西门子智拍冰箱。西门子智拍冰箱通过内置摄像头可以让用户能够随时随地了解冰箱内储存食物的种类和状态。冰箱门关闭过程中，两只摄像头将同步拍摄照片，及时捕捉冷藏室中的食品储存情况。随后，拍摄的图像将自动上传到服务器，用户可通过"家居互联"应用程序轻松查看，掌握第一手"新鲜资讯"。

2017年AWE的智能冰箱更强调产品间的互联互通和人机交互。语音交互、智能感知、数据采集、智能推送、智能检测等成为冰箱企业重点关注方向，也催生了多家企业的跨界组合。海尔发布了首创人工智能冰箱——海尔馨厨互联网冰箱。此款冰箱通过引入百度的人工智能技术，实现人机语音交互，即冰箱能够主动感知、理解用户需求并合理回应，试图为用户提供出一种完全智慧的生活体验。美的冰箱同样引入百度的DuerOS人工智能操作系统。在AWE2017的展台现场，美的智能冰箱可以实时连接到互联网，并实现语音搜索和语音控制。美的冰箱智能厨房生态、Realsens健康扫描、智能手势操控、中文厨房语音助理、食品智能图像识别、专利感应透明显示技术引得广泛关注。海信智能冰箱新品则可实现语音识别、食品自动识别、智能控制、雷达距离感知等功能。这款产品不再是简单的单词识别而是语义识别，是一台真正能够交流的冰箱。格兰仕也展出一款颇具人气的互联网生态冰箱。该产品具有强大的社交功能，让冰箱成为家庭新中心。利用冰箱上的超大高清显示屏，用户可通过视频、语音等形式与亲朋好友分享烹饪快乐。

CES是世界最大的家电及消费电子博览会，而2017年也正是CES诞生50周年。在CES2017，人工智能成为重要主题之一，各

智能冰箱品牌围绕"显示屏"展开了一场激烈较量。早在 CES2016 上,三星曾推出一款搭载 21.5 英寸显示屏的智能冰箱,将食物的保鲜、娱乐、家居互联融为一体。在 CES2017 上,三星推出了 Family Hub 2.0 产品,可以说是上一代产品的升级款,在易用性和食品管理方面得到了显著增强,用户不仅可以通过内部的 View Inside 摄像头来查看决定需要补充哪种食品,还可以通过 21.5 英寸 LED 触摸屏进行语音人机交互,这无疑让冰箱使用更加便捷。而 LG 在显示屏上显得更加霸气,其推出的新款旗舰产

图 2-7-5 三星在 CES2017 上推出的智能冰箱

品配备了惊人的 29 英寸触摸屏。而在国产品牌中,美的联合阿里推出了一款双屏冰箱,通过搭载 YunOS Home 智能家居操作系统和英特尔芯片,可测出用户的身体健康指数、推荐食品。

在 2016 年德国柏林 IFA 展会上,中国家电企业的创新成果同样受到了全球消费市场的认可。美菱推出的 CHiQ2 代空间智变冰箱,不仅斩获了"年度技术创新大奖",更一举拿下了 IFA 组委会颁发的"年度最佳互联创新智能冰箱奖",且成为中国家电品牌中唯一获此殊荣的品牌。美菱之所以能够斩获两项大奖,主要在于其冰箱所采用的"空间智变"技术,即根据食品的需求,主动调整冰箱的温度设定,让冰箱再也没有冷藏室和冷冻室的严格区分,冷藏冷冻模式自由转换,打破结构壁垒。美菱 CHiQ2 代空间智变冰箱

搭载了美菱领先行业的 ETC 智能识别技术和智能冷量分配技术，让"空间随需而换，温度随时而变，生活随心而享"。不仅能够立即识别冷藏室的食物，而且能够迅速识别冷冻室的食品，正是 ETC 智能识别技术的创新之处。而智能冷量分配技术，更是将创新落实到消费者的实处。面对冰箱空间利用率不高的痛点，美菱 CHiQ2 代空间智变冰箱，采用全变温智能冷量分配技术，通过中央制冷、分离式多风道输送，实现了智能冷量合理分配，让空间可定制化，满足消费者个性化需求。

然而，相比于电视的智能化，冰箱的智能化进程更加复杂，需要打通诸多环节，更好地整合社会资源。可以说，冰箱的智能化不仅是冰箱自身的智能化，而是整个系统的智能化。以往传统冰箱只是作为食品冷藏、保鲜的工具，独立存在，缺少与其他电子设备的交互能力。而智能冰箱由于其具有网络连接能力，因而能够实现智能冰箱、智能手机终端以及服务器、云平台之间的互联。加之近些年物流业的迅猛发展，使得以智能冰箱为终端的食品供应系统成为可能。

总体来说，生态系统总体结构由智能冰箱终端、智能手机端、运营平台、超市及物流服务商组成。其中，智能冰箱终端通过识别技术获取智能冰箱内部的食品状态信息，并通过无线网络发送到运营平台；智能手机端通过 APP 应用软件与智能冰箱终端进行通信，实现对智能冰箱内部食品状态的监控提醒，还可通过网络远程访问运营平台获取信息；运营平台，利用云服务器，对智能冰箱终端的食品信息进行大数据管理和分析，对食品的实时数据进行分析，为智能冰箱终端用户、超市及物流服务商提供完整高效的调度信息；超市及物流服务商，从运营平台获取信息，获得智能冰箱终端的食品状态和食品订单信息，实现食品的配送。

2 单品的智能化

正是由于智能冰箱与智能手机端、运营平台、超市及物流服务商之间存在的联系，使得以往从事互联网、物流服务的公司能够有机会进入智能冰箱领域，形成跨界组合。尤其是 2017 年，智能冰箱领域出现了一系列冰箱制造企业与互联网公司合作的案例。2017年 1 月，美的集团联合互联网巨头腾讯公司联合推出一款智能冰箱，其搭载了美的与腾讯共同研发的智能生态管理系统，可以在冰箱云屏上进行体验互动，用户可以通过手机 QQ 绑定冰箱，从而进行实时控制。之后，海尔在 2017 年 3 月举行的 AWE 展会上也宣布与百度人工智能达成战略合作，未来百度的人工智能语音技术将应用于海尔智能冰箱中。

作为智能冰箱领域的里程碑事件，京东和美的历时三年联合研发，于 2017 年 5 月推出了首款京东智能冰箱。这款冰箱拥有内置摄像头和图像识别技术，具有食物识别、管理和过期提醒的功能。此外，冰箱还具有缺货提醒功能，一旦发现食品短缺，则可通过冰箱内置的京东购物服务快捷购买食品，享受京东特别优惠。而 2017 年 6 月在上海举行的亚洲消费电子展（CES Asia 2017）上，京东发布了实现多场景、多终端智能商业战略的核心平台——京东 Alpha 智能服务平台，并在京东展区首度亮相了 Alpha 赋能的最新两款智能冰箱产品。这两款冰箱是由京东与格力强强联手，将京东 Alpha 上的"智能识别"能力与格力创新的"瞬冷冻"保鲜技术相结合，共同研发的国内领先智能冰箱产品。这两款冰箱分别配有 21.5 英寸和 10.1 英寸高亮超清大屏，并引入 Alpha 人工智能语音技术和图像识别技术。基于 Alpha 语音技术，用户可以通过自然对话方式去获取智能冰箱的信息和服务。Alpha 的购物服务还让冰箱拥有一键购物、免密码支付、周期送货等功能。

此外，京东还联合格力、海尔、美的、三星、LG、惠而浦、美菱、松下等 18 家家电企业共同发起"京东智能冰箱联盟"。京东智能冰箱联盟是基于京东多年来的技术积累，通过用终端＋平台形式，将电商服务延伸到用户中去，让用户可以在任何需要购物的场景下随心所欲地购买，享受更自然和流畅的电商服务和购物体验。京东表示：冰箱属于一个传统的行业，对于制造、工艺，包括智能化——压缩机、温度控制和感应等，实际上都是非常专业，这部分一定是冰箱的强势强项，并不会涉足这么专业的。京东所做的是跟冰箱企业一起合作探讨如何实现智能化，更多的是发挥双方的优势，然后来共建一个智能冰箱的联盟，达到一个双赢，更多的是帮助冰箱厂商，然后实现产业升级。除了为联盟成员提供强大的技术支撑外，京东还针对厨房、生鲜等独有的场景特点完善了后台运营管理服务，能够更精准地将食品推送给目标客户，打通了生鲜食品的供应链。京东通过打造智能服务平台，为冰箱不断赋能，从而切实解决合作伙伴的各种难题。

与此同时，苏宁也联合海尔、美的、海信、TCL 等 10 家企业建立了互联网智能冰箱联盟。苏宁联合这 10 家企业推出了搭载苏宁智能 APP 的冰箱产品。目前，苏宁的智能 APP 已接入了千余款产品，包括海尔、美的在内的众多品牌产品都接入了苏宁智能 APP。家电品牌在互联网时代，都在试图建立自己的智能产品生态圈，但是不同品牌之前鲜有兼容，基本是各自为政。但苏宁智能 APP 可以实现不同品牌产品之间的互联互通，实现智能家电产品的双平台控制。苏宁依托自身 O2O 平台优势和上亿会员为支撑，消费者可以通过苏宁易购 APP 在线下单一键购买粮油、牛奶、生鲜、水果、酒水饮料等关联产品；可以通过 PPTV 影音娱乐，在厨房随时收看精彩赛事和集锦；可以预约家电清洗、延保增值服务。

可以说，冰箱制造企业与互联网、物联网的合作是一种取长补短：冰箱制造企业在产品设计和制造等"硬实力"上有着得天独厚的优势，但是在网络平台等"软实力"上面有所欠缺，而互联网、物联网公司却恰好相反。正是基于这种优势互补、互利共赢，使得冰箱制造企业与互联网公司的合作成为大势所趋。

苏宁易购总裁侯恩龙认为，未来智能冰箱至少具备四大功能点。首先是存储保鲜功能升级。冰箱不仅要在保鲜功能上下足功夫，更要在健康功能上给用户全新的感知体验。其次是购物平台。智能冰箱能够基于食物大数据库做到精准分析，不仅可以告诉用户该买什么，更可以告诉消费者在哪买。再次是广告功能。多屏营销已进入白热化竞争时代，智能大屏冰箱作为家庭的屏幕新入口，是未来营销媒介内容输出的新途径。冰箱作为家庭家电组合的标配，未来智能大屏冰箱需求量将达到千万级。最后就是内容盈利平台。智能大屏作为内容服务载体，已从食品储存器件升级成为智能化厨房中心。

可以预见，未来几年智能冰箱的发展方向主要在人机交互和物联网环境的构建，这也决定了一台好的智能冰箱不仅取决于冰箱本身，更在于冰箱背后来自软件公司、互联网公司、物联网公司等所构建的合作联盟，他们将成为智能冰箱成功与否的关键。

2.7.2 智能冰箱的关键技术

当今智能冰箱发展的最大难点在于食品识别，主要体现在以下几个方面：一是食品种类繁多，没有相对规则的形态，不像汽车车牌或者人脸拥有明显特征。二是食品经过加工后形态通常会发生巨大的变化，给食品的自动识别造成巨大干扰。三是对食物进行定量分析，比如，原本有一公斤生菜，用一部分后还剩多少。四是对食品的定性分析，比如，如何确定某种食品的营养价值，维生素含量和卡路里等。五是食品保质期判定，不同食品有不同的保质期，即使同一种食品由于不同的初始状态和不同的加工方法也会导致不同的保质期。食品识别是食品管理的基础，否则食品管理将无从谈起。目前，家电企业广泛使用的方法主要有射频识别、图像识别、二维码识别、气味识别等。其中，射频识别和图像识别是目前 LG、三星、松下、海尔、长虹、美的、海信等智能冰箱企业普遍采用的食品识别方式。

1. 射频识别

射频识别（Radio Frequency Identification，RFID）技术是一种非接触式的自动识别技术，这项技术早在 2007 年就已经被三星应用在其推出的智能冰箱产品上。射频识别技术通过射频信号自动识别目标对象并获取相关数据。最基本的 RFID 系统由三部分组成：电子标签，附着在食品上，其内部保存有食品信息数据，比如，食品名称、保质期；微型天线，设置在冰箱上，在电子标签和阅读器间传递射频信号；阅读器，设置在冰箱上，通过微型天线读取电子标签内的信息数据。

根据工作方式不同，电子标签具体分为两种类型：一种是无源电子标签或被动电子标签，即电子标签进入磁场后，接收阅读器发出的射频信号，凭借感应电流所获得的能量发送出存储在电子标签中的产品信息；另一种是有源电子标签或主动电子标签，即由电子标签主动发送某一频率的信号，阅读器读取信息并解码后，送至处理器进行有关数据处理。

具体到智能冰箱，在将带有电子标签的食品放入冰箱后，阅读器通过微型天线周期性扫描电子标签，从电子标签收集食品信息，并通过无线信号传送给智能冰箱内嵌处理器，在处理器运行的应用程序可以对冰箱内的食品进行识别、管理。此外，也可以通过检测冰箱门体被开启的时间内电子标签的信号强度，来判断用户是否从冰箱内部拿出食品，从外部将食品放入冰箱，以及在冰箱内部移动食品，其工作原理如图2-7-6所示。

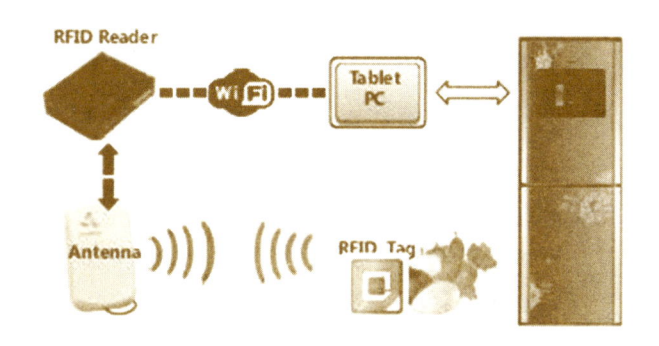

图2-7-6 射频识别框图

射频识别技术最主要的优点是非接触识别，无须识别系统与特定目标之间建立机械或光学接触，而且数据读取方便快捷、识别速度快、使用寿命长。此外，电子标签还有防油、防水、不易碎、可回收利用的优势。

早在2007年，三星推出的采用射频识别技术的智能冰箱可以管理冰箱中的食品，并告诉用户食品的相关信息。每份食品上都贴有一枚射频识别单品标签，手机会把冰箱的相关信息传送给主人，比如，食品的种类、数量、有效期。之后，射频识别技术因其自身的优势被广泛应用于智能冰箱产品中。在2012年AWE上，海信展出的一款智能冰箱可以通过条码扫描输入每件食物的信息，条码中记录了食物的种类、生产日期和保质期等详细信息；同时内置软件会管理冰箱内所有食物的信息，比如，提醒冰箱中哪些食物即将过期，以免造成浪费。2016年AWE展会上，美的展示了一款射频识别管理智能冰箱，这款冰箱也是通过射频识别阅读器与待储食品的关联读写和识别，用户只需将储存食品贴上射频识别电子标签后，就可实时自动识别储存食品的类别、时间、位置以及食品的营养信息，比如，维生素、蛋白质、脂肪、热量。因此，采用射频识别技术的智能冰箱不但可以追踪食品的产地、安全信息、供货商信息等，还可以帮助用户科学饮食。

射频识别的缺点在于国内超市还未全面使用射频识别电子标签，这就需要用户购买对应的电子标签，并且贴到每个对应的食物上面，使用较为烦琐，同时电子标签的价格不菲，成本较高。此外，射频识别发出的射频信号容易受到冰箱内部的电磁干扰，影响识别率。但是，随着射频识别技术的发展与普及，电子标签价格的逐步下降，射频识别技术有望成为智能冰箱应用中的主角。射频识别技术的推广不能只是一个简单的智能冰箱终端的问题，而必须要有完整的产业链和生态链的配合，比如，在上游的生鲜、水果、蔬菜等产品的智能化、安全化供应方面，必须要跨界打通之后构建一个立体化的生态链，这也是未来整个智能冰箱产业致力发展的方向之一。

2. 图像识别

图像识别是指利用冰箱内置的 CCD 或 CMOS 摄像头对冰箱内部的食品进行拍摄，并将图像数据上传到处理器或服务器，处理器或服务器通过图像处理算法对食品的种类进行识别的过程，目前已被广泛应用于智能冰箱中。

图像采集作为冰箱图像识别技术的重要环节，摄像头安装数量和位置非常重要，直接影响食品识别的效果。早期的智能冰箱采取单摄像头方式，通常设置在冰箱的顶部。但是采用这种设置方式时，位于冰箱下层的食品通常会因为上层的遮挡而不能被拍摄到。

目前，主流的智能冰箱均采用多摄像头的设置方式，而摄像头

2 单品的智能化

的位置通常在冰箱的顶部、左右两侧、底角或冰箱门内侧等。比如，京东与美的联合推出的"京东智能冰箱"采用了"门箱对拍"技术，即在冰箱的箱体和箱门分别设置一个摄像头，可以自动捕捉冷藏室实时画面，快速识别冰箱内的食品，并可通过手机 APP 随时查看。图 2-7-7 为京东智能冰箱所采用的摄像头设置方案，两个摄像头分别位于箱体和箱

图 2-7-7 京东智能冰箱的摄像头设置方式

门上。无独有偶，在西门子推出的一款智能冰箱中也采用了双摄像头的配置方式，两个摄像头同样设置在箱体和箱门上。

图 2-7-8 西门子智能冰箱的摄像头设置方式

在 2017 年 AWE 上，美的推出的一款智能冰箱内置三个高清防雾摄像头，摄像头位于箱体，开关冰箱门并不会对摄像头造成影响。冰箱内部的摄像头可以智能识别食品，用户放入食品后，系统会根据摄像头拍摄的图片进行图像识别，自动显示食品的类别、时间，完成食品信息的录入。据悉，这款智能冰箱的图像识别技术是由计算机视觉算法提供商 ArcSoft 研发的。据称该图像识别技术采

用深度神经网络框架，具有非常精准而强大的食物识别能力（可以识别500多种），并且采用了GPU对算法进行了加速，识别速度可以达到毫秒级的"瞬时"速度。当用户把所有的食品录入进去之后，系统就会对食品进行实时监控，自动对食品新鲜度进行提示"预警""正常"或"过期提醒"，即时推送给用户，方便用户掌握食品的最佳食用时间。用户还可远程通过手机APP实时查看冰箱内食品存储情况，高清图片一目了然。此外，海尔、海信、三星等企业在展会上推出的智能冰箱产品中也均采用了三摄像头的设置方案。图2-7-9所示为三星推出的智能冰箱所采用的摄像头设置方案，其中三个摄像头位于左侧冰箱门上。

图2-7-9 三星智能冰箱的摄像头设置方式

摄像头的拍照时机可以选择在适当条件下触发拍摄图片，通过网络上传到云端，云端使用图像识别算法，将图像信息（容积率、具体食品、食物变化情况）分析出来，以供其他业务模块使用，比如根据识别的食品信息来更新用户的食品清单、菜谱。常见的摄像头拍照触发条件有很多种，比如，可以基于冰箱的开启或关闭，因为食品的放入或取出都是在冰箱的开启或关闭时发生的。

然而，在一些专利技术中，则充分考虑到关门后拍照存在的一些问题，比如，在冰箱门关闭时，储藏室内没有光线，而拍照所形成的图像质量的好坏很大程度上取决于拍摄环境的亮度，虽然可以通过开启储藏室内的照明灯泡进行照明，但是设置于储藏室内的照明设备大多情况下功率较低，无法获得高质量的图片；另外，可以

2 单品的智能化

在摄像头上配备闪光灯，但是给摄像头配备闪光灯需要增加储藏室内的能耗，而且纯粹靠闪光灯拍摄的图片质量也较差，图片容易失真。因此，有人提出在冰箱门被打开时，摄像头至少采集一次储藏物品的图片，由于在门被打开时，外部环境中的光进入储藏室，使得储藏室内的亮度明显得到提高。另外，对于绝大部分冰箱来说，储藏室的门被打开时，储藏室内的照明灯会自动开启，便于用户拿取或者放置储藏物品，因此，在这种情况下，摄像头采集储藏物品的图片，所获得的图片质量要远远好于仅使用储藏室内的照明灯时的图片质量，并且并未额外浪费冰箱的电能。较好质量的图片有利于后期的图片分析，从中可以获取更多的有用信息。

当然，拍照也可以通过其他方式触发，比如，基于接收到移动终端发送的启动触发拍摄指令，当智能冰箱检测到有人体靠近冰箱时启动触发拍摄指令，或者当智能冰箱检测到冰箱内的食品的重量变化时启动触发拍摄指令。

图像识别的优点在于不用像使用射频标签那样付出烦琐的劳动和额外的成本。但其缺点也很明显：由于食品种类繁多，没有相对规则的形状，造成识别困难；难以对食物进行定量识别；食物之间的摆放和重叠会影响其识别率。

为了克服以上困难，各冰箱企业都在寻求自己的解决方案，比如，通过摄像头来监控冰箱内的食品，当监控画面内的食品移动后又归于静止时，拍照并上传云端。食品移动是指摄像头能够识别到的监控画面内食品的移动，包括食品的位置变化，用户伸入冰箱内的手的移动等。食品归于静止是指摄像头的监控画面在某一预设时间段内保持不变。食品移动后又归于静止表示用户完成了一次放入或取出操作过程。用户连续多次向冰箱内放入食品或者拿出食品时，每当触发拍照的条件满足，摄像头都进行拍照，从而对用户放入或者取出的整个过程进行监控，防止因为遮挡而使得某些食品不能被拍摄到，从而提高冰箱对其内部食品监控的准确性。

3. 二维码识别

二维码识别是在传统条码识别基础上的升级，从外形上看更加复杂，并且其中包含的内容也更多。二维码识别的基本流程主要有图像采集、图像预处理、解码等过程。二维码识别食品具有其显著的优点：一是二维码包含更多的信息量，二维码采用了高密度编码，信息容量是普通条码信息容量的几十倍。如此大的信息量能够把更多形式的内容转换成二维码，通过扫描传播更大信息量；二是编码范围广，可以对图片、声音、文字、签字、指纹等数字化的信息进行编码，用条码表示出来。同时，还可以表示多种语言文字及图像数据；三是二维码译码准确，二维码的译码误码率为千万分之一，而普通条形码的译码误码率则有百分之二；四是能够引入加密措施，与条形码相比，二维码的保密性更好；五是成本低、易制作，二维码成本并不高，并且能够长久使用。

但是目前购买的物品很多是不带二维码的，而且二维码本身在污损后无法识别，因此，二维码识别在智能冰箱中的应用具有一定的局限性。

4. 气味识别

冰箱主要用于存放各类食品，存放于冰箱中的每种食品都会散发自身特定的气味。目前，气味识别主要用于检测食品的新鲜度，防止食品变质，比如，海尔在IFA2013上推出的智能嗅觉冰箱。然而，气味识别应用于识别食品种类尚有一定难度。一是有很多食物本身气味非常淡，识别起来比较困难；二是食物气味变化性太大，食物在不同状态下所发出的气味会随之改变；三是同一种食品可能会散发出多种气味，不同的食品可能会散发出相同的气味，导致气味之间会有交叉，这大大增加识别的难度；四是冰箱内会同时存放多种食品，多种食品存放在冰箱的密闭空间内，气味也会互相掺和，食物之间的气味一旦混合或发生化学反应，会大大增加识别的难度。正是由于这些原因，使得气味识别技术并没有被智能冰箱所采用。

2.7.3　智能冰箱的重点企业

2.7.3.1　智能冰箱的重点企业——LG 集团

LG 集团于 1947 年成立于韩国首尔，是领导世界产业发展的国际性企业集团。LG 电子是最早一批从事智能冰箱技术研发的冰箱制造企业，而且一直重视智能冰箱技术的专利保护，有 100 余件专利申请，其专利申请量处于全球领先地位。LG 电子的专利布局相对比较均衡，其重点主要在人机交互和食品管理方面。其中人机交互方面主要涉及图形化人机交互界面、语音控制等，食品管理方面主要涉及食品种类识别、食品过期提醒、食品营养管理等方面。

谈到 LG 电子的家电产品，我们不得不提到其顶级家电产品"LG SIGNATURE 玺印"系列。2016 年年初，曾在 CES、AWE 展会上高调亮相的 LG 顶级家电产品线"LG SIGNATURE 玺印"正式登陆中国市场，包含冰箱、OLED 电视、洗衣机以及空气净化器四款产品。据称，"玺印"系列家电和 LG 目前已上市的任何一款高端家电都不相同，每一款都堪称不计成本的产物，生产中均使用最好的原材料以及所有最好的技术，它们既不会和现有高端产品线产

图 2-7-10　LG 的"玺印"智能冰箱

生冲突，和市面上其他品牌的高端产品线相比也属于完全不同维度的产物。其中，"玺印"冰箱保留了经典的中门设计，用户只要轻敲中门区域，内部的感应灯就会自动点亮，在透明的玻璃面板外就能看到冰箱内部的食品，不仅减少冷气流失、节约能耗，又能保存食品原本的味道。此外，"玺印"冰箱还提供了智能控制方式：用户只要将脚放在底部的传感器前，冰箱的门就会自动打开，对于平时存放食物显得格外方便；此外，冷藏室中还有可以自动打开的抽屉，不仅解放了双手，还提高了烹饪效率。而这款高端智能冰箱也因其将科技与艺术完美地融合为一体，因此，获得多项国际大奖。当然，其价格也是让一般消费者望而却步，在京东商城、苏宁易购上的销售价格均在 6 万元以上。

如果说"玺印"冰箱注重的是科技与艺术的融合，那么 LG 电子在 2016 年德国柏林 IFA 上推出的世界上首款 Windows 10 智能冰箱更体现出智能冰箱的本色。这款智能冰箱拥有 21.5 英寸超大触摸屏，触摸屏背光点亮时，看上去就像是一块普通的液晶屏幕；而当用户轻敲屏幕时，则会变成一个透明的橱窗，可以看到里面的食品。预装了 Windows 10 系统的冰箱也变得更加智能，通过 Cortana 助手可以实施语音控制，可以播放 Groove 音乐，甚至是网购。而且 LG 也为这款冰箱开发了独有的应用程序，能够帮助用户设置食谱提醒，或者标注每一格中所储藏的食品类型。冰箱内部配备了一颗广角摄像头，用户可以通过触控屏来观察到冰箱内部的食品新鲜程度和数量，允许用户在不开启冰箱门、不破坏温度的情况下了解食品情况。如果食品新鲜度很低，冰箱会提醒用户不要食用。如果发现哪样食品不够，可以直接触摸屏幕登录购物网站下单，直接配送到家。

时隔不久，LG 电子在 2017 年美国 CES 上再次重磅推出 InstaView 智能冰箱。冰箱采用 29 英寸触摸屏，预装了 WebOS 操作系统并整合了亚马逊的 Alexa 语音助手，操作起来十分智能。有了 WebOS 的冰箱不再需要纸质便签，用户只需要在系统中输入内容，"新鲜追踪器"就能实时追踪食品的保质期，而对于 Alexa 的整合则意味着用户可以通过语音展开操控。这款冰箱还能查找食谱、播放音乐、查看天气、在线购物等。此外，InstaView 智能冰箱深度集成了亚马逊服务，除了 Alexa 语音助手之外，另外还包括亚马逊的生鲜配送服务。

LG 电子作为最早一批智能冰箱行业的开拓者，始终将高端产品作为重点，其时尚化元素、艺术元素一方面提高了产品的品质，另一方面导致产品价格很难被国内大多数消费者所接受。

2.7.3.2 智能冰箱的重点企业——海尔集团

海尔集团于 1984 年成立于青岛，是全球大型家电第一品牌。1985 年，海尔创业刚起步时，从德国利勃海尔公司引进先进冰箱生产技术和设备，生产出亚洲第一代"四星级"电冰箱。可以说，海尔冰箱成为海尔创业的基石。

海尔一直致力于智能冰箱产业，推出多款智能冰箱产品，成为国内智能冰箱的领跑者。与 LG、三星等国外品牌定位高端不同，海尔智能冰箱具有高、中、低档全面覆盖的产品线，能够更好地满足不同消费群体对冰箱的使用需求。以海尔馨厨智能冰箱系列中的一款产品（型号 BCD-251WDCPU1）为例，如图 2-7-11 所示，其售价不足 4000 元，与传统冰箱价格接近，但功能方面却完胜传统冰箱：冰箱整体采用三开门布局方式，

图 2-7-11 海尔高性价比智能冰箱

与通常的十字对开门的智能冰箱相比,实用性更强、性价比更高;冰箱上门配备10英寸高清显示屏,内置海量互联网、多媒体内容;语音录入食品,食品保鲜期自动提醒;海量在线菜谱,可以轻松烹饪美食;人体感应系统,当人体靠近时屏幕自动亮起;支持手机APP远程遥控,可以一键连接冰箱,随时随地调节冰箱模式,实现远程操控;一键下单,食品送货到家。海尔推出的高性价比智能冰箱可谓"麻雀虽小,五脏俱全"。

海尔的高端智能冰箱同样精彩,其推出的一款馨厨互联网冰箱,以创新的5大人机交互技术及"屏+生态"的商业模式,开启了智能冰箱的新时代。针对目前行业中的智能冰箱仍处于普通智能时代,即在WiFi环境中,用户可以运用手机APP控制冰箱,实现简单的远程控制。海尔发布的超智能馨厨互联网冰箱,是行业从"普通智能"步入"超级智能"的划时代产品。在交互方面,海尔馨厨互联网冰箱具备人脸识别、全语音交互、食物识别、QQ物联、杀菌可视化等创新人机交互技术。通过启动冰箱外置摄像头完成头像扫描采集,然后输入昵称、身高、体重,这样就可以在馨厨冰箱里就有了一份个人档案,系统会综合各项信息判断用户的个人喜好与基本健康状况,随后通过记录分析用户的饮食动态,为用户建议更健康的饮食方案。全语音交互、手势识别技术使得用户无须触碰冰箱即可对冰箱控制、操作,对于厨房中经常双手沾满水、油渍的用户来说非常实用。冰箱内置摄像头会在食品初次放入时进行扫描识别,记录下品名、数量、储藏时间等,而且还会随着再次购入或取出自动更新数据库。QQ物联在冰箱上自动生成一个QQ号,可以与外界互联,相当于厨房里可一键操控的对外通信设备,可以一边做饭一边聊天。杀菌可视化让用户真切感受到冰箱在执行杀菌任务,可将杀菌过程、杀灭的细菌种类和数量、当前冰箱内的空气质量等通过屏幕直播显示，而且还可以为用户制定杀菌日志，定期杀菌。此外，馨厨冰箱还整合了苏宁易购、中粮、蒙牛等30家高品质资源方组建厨房联盟，为用户提供便捷的购物流程。

海尔智能冰箱产品层出不穷，其根源来自对技术的不断创新。虽然海尔相对LG、三星等国外企业起步较晚，但是2005年至今海尔智能冰箱专利申请量呈增长态势，尤其是2013年以后，增长速度更加明显。海尔的专利布局主要集中在食品管理方面，申请量占据总申请量的一半以上，主要涉及食品种类识别、食品过期提醒、食品营养管理等方面。

海尔的智能冰箱不仅在国内颇有声望，在历次国际展会上也是威名远播。早在2013年德国柏林IFA上，海尔就展出了一款名为智慧窗Smart Window对开门冰箱，采用感应式设计，从外观看上去和普通的对开门冰箱并无区别，而当用户接近时冰箱门会变成透明状，用户无须开门即可看到内部存储的食品。

在2013年德国柏林IFA上，海尔还全球首发一款智能嗅觉冰箱，同样引起巨大轰动。食品在一定条件下储存后，气味会发生变化，与新鲜食品的气味存在明显不同。而智能嗅觉冰箱，能够随时监控食物储存状况，提醒用户提早处理，避免造成损失。这款冰箱之所以能嗅出食物是否变质，是因为冰箱里面安装了"电子鼻"，又称人工嗅觉系统，可以通过气体传感器和模式识别技术的结合模拟生物嗅觉系统，从而实现气体检测和识别等功能。将"电子鼻"与电脑相连接，并通过冰箱上面的PAD屏幕，就可以随时向用户汇报食物的储存情况。

2015年美国CES上，海尔推出的一款智能冰箱新品中，采用"智能管理"模块，拥有智能食品管理功能，可以智能控制食品适宜存放温区及温度范围，确保食品新鲜营养，同时还可以智能定制养生食谱，根据用户家中成员体质来推荐菜谱。在连接 WiFi 的情况下，不仅用户可以通过手机、Pad 等智能端口对冰箱进行远程控制，冰箱也会实时将运行数据发送到海尔云后台，售后人员可在第一时间进行维修检测上门服务，给用户创造最方便的生活体验。

在 2016 年德国柏林 IFA 展会上，海尔推出的智能冰箱更加智能化，能够做到与用户进行简单交流。当用户从冰箱拿食物时，该冰箱还能够和用户进行互动，准确告诉用户冰箱内还有多少食物，还有多久过保质期，该食物有多少能量等。

海尔作为智能冰箱行业的引领者具有全面的产品线，涵盖了经济实用型产品和高端智能产品，能够满足市场的多样化需求。而且，海尔也能够敏锐地捕捉到新形势下智能冰箱的发展趋势，积极与京东、苏宁、百度等企业合作，打造开放化的合作平台，在人工智能、人机交互、物联网方面寻求更大的突破。

2.7.4 小结

智能冰箱从其诞生之日起，经历了多次革命性的突破：从远程控制，到食品管理，再到网上购物、物流配送，每一次突破都是以人们对食品健康、安全、快捷的需求为出发点。随着智能冰箱与人机交互、互联网、物联网技术的融合，跨界合作和联盟成为未来的发展趋势。

2.8 智能马桶

2.8.1 智能马桶的发展过程

2.8.1.1 智能马桶概述

智能马桶，又称电子坐便器、坐便洁身器、智能坐便器，是与智能科技相结合,利用微电脑控制的马桶,一般具有温水洗净、暖风烘干、坐圈加热等功能。智能化已成为卫浴产品设计与发展的趋势,智能坐便器就是智能控制技术运用于卫浴产品而设计出的智能产品。

当前,市场上常见的智能马桶分为两种类型:一体式智能马桶和分体式智能马桶,如图2-8-1和图2-8-2所示。一体式智能马桶是把智能马桶专用陶瓷底座和相应的智能马桶盖进行组合,将马桶和智能控制系统结合为一个整体出厂的智能马桶,整体性强,价格也更为昂贵;分体式智能马桶,即智能马桶盖,依照马桶的结构或马桶的安装位置进行设计,将智能马桶的主要功能设计在智能马桶盖内部,结构体内零部件体积小巧结构紧凑,然后将这种智能马桶盖安装在普通马桶上使用,智能控制系统组成的坐圈和盖单独生产销售,需要与传统马桶座配套使用。

图2-8-1　一体式智能马桶 　　　图2-8-2　分体式智能马桶

智能马桶的优点主要包括:首先,智能马桶设有的温水洗净功能,可以代替手纸进行清洁,兼有灭菌和消毒的功能,避免细菌的交叉感染,还能起到按摩的作用。可移动式的喷头能够满足男性和女性不同的清洗需求。同时,温水洗净和暖风烘干功能能促进身体

内血液的循环，长期使用还可预防便秘、痔疮等疾病。其次，智能马桶的坐圈加热功能，即使在寒冷的冬天，也能够使坐圈加热至适宜的温度。此外，智能马桶的除臭杀菌等功能能够消除如厕环境中的异味，也使如厕环境更加健康舒适。

2.8.1.2 智能马桶的发展情况

智能马桶起源于美国，最早用于医疗和老年保健，由于医疗的需要以及老年产业的兴起，美国制造出具有温水洗净功能的坐便器，是以智能马桶盖和普通马桶陶瓷底座结合的形式出现，这是智能马桶的雏形。后来，日本和韩国的卫浴公司逐渐将技术引进并开始制造。

智能马桶从 20 世纪 90 年代初引进中国，最早的时候从日本、韩国进口，以原装产品为主，主要在北京、上海、广州等一线大城市销售。20 世纪 90 年代初，浙江维卫集团成功研发国内第一台智能马桶，2003 年成功研发国内第一台一体化多功能智能马桶。2004 年后，越来越多的国内企业进入智能马桶领域，开始进行产品的研发生产，诸如九牧卫浴、恒洁卫浴、箭牌卫浴和惠达卫浴等。目前，我国自主生产智能马桶的企业主要分布在浙江、广东、福建、江苏四大产业聚集地。我国智能马桶生产企业主要可以划分为三种类型：一是由专业生产电子电器产品发展起来的企业，主要集中在浙江台州、杭州、深圳、上海以及广东等地；二是由建材卫浴企业衍生智能马桶产品从而发展起来的企业，主要分布在广东佛山、福建南安、河北唐山、江苏苏州以及重庆和四川成都等地；三是家电企业。自从 2015 年年初国人在日本抢购智能马桶产品，使智能马桶的社会关注度骤然升温，市场销售量也应声上涨。然而，与国外企业特别是日本企业相比，由于智能马桶在我国尚处在初级发展阶段，我国智能马桶企业在技术上与国外企业还存在相当的差距，人才储备相对缺乏，行业整体技术力量薄弱，自身缺乏核心技术、产品创新能力，在核心技术和关键零部件上对外依赖度较高。因此，在当前的市场环境下，国内智能马桶企业也迎来了新的机遇和挑战。

2.8.1.3 智能马桶的市场情况

目前，智能马桶的主要生产国包括日本、美国、中国等国家地区。其中，日本生产智能马桶的企业主要包括：东陶机器株式会社（TOTO）（以下简称TOTO）、LIXIL株式会社（骊住）（以下简称骊住）、爱信精机Aisin精密机械株式会社（以下简称爱信）、Asahi卫陶株式会社（以下简称爱真）、三洋科技株式会社（SANKYO）（以下简称三洋）、松下电器株式会社（MATSUSHITA）（以下简称松下）、东芝家用电器株式会社（以下简称东芝）等。其中，TOTO和骊住旗下的高端品牌伊奈（INAX）（以下简称INAX）开发的产品处于世界的领先水平，但是这些产品价格昂贵。美国生产智能马桶的企业主要包括美国科勒卫浴（Kohler）（以下简称科勒）、美国美标卫浴（American Standard）（以下简称美标）。中国生产智能马桶的企业主要包括：箭牌、维卫、便洁宝、惠达、恒洁、法恩莎、东鹏、九牧、良治洗之朗、海尔等。

据统计，智能马桶普及率最高、市场发展最成熟的是日本，其次依次是韩国、中国台湾地区。欧美地区因消费人群的生活习惯、饮食结构等与亚洲国家不同，因此，智能坐便器在欧美市场的普及率相对较低。而智能马桶在中国大陆地区的普及率不到5%。2015年年初，由于国人在日本抢购智能马桶事件的持续发酵，国内对智能马桶的社会关注度大幅提高，使得行业规模一改数年来缓慢增长的态势，智能马桶的销量在2015年呈现爆炸式增长。中国智能马桶市场目前的品牌格局，从专业的卫浴领域来看，有以TOTO、科勒为代表的外资品牌，和以恒洁、箭牌、惠达等为代表的国内品牌。经过几十年的发展，智能马桶在国外，如日本、韩国等国家已成为发展非常成熟的产业，拥有完善的产业链和成熟的专业人才，因此，外资品牌在我国占据了相当的销售市场，生产企业主要有TOTO、INAX、松下、科勒等，TOTO、INAX、松下、美标等外资品牌也成为中国消费者的首选。

从目前国内的消费水平来看，智能马桶的价格较为昂贵，国外进口的价格更高，对于不少消费者来说，还属于奢侈品。根据中国家用电器协会智能卫浴电器专业委员会2016年发布的《2016年中国智能坐便器行业发展报告》，截至2016年，中国的智能马桶保有量约为300万至400万台，普及率仅为5%，过低的家庭保有量也从另一方面说明，国内智能马桶拥有巨大的市场发展空间，智能马桶在中国的潜在市场规模预计达到两千亿元左右，对国内卫浴电器企业而言，蕴藏着巨大商机。首先，从技术研发的角度来说，据了解，目前国内智能马桶返修率平均在3%以上，部分企业的返修率高达到10%，售后服务得不到保障，这在很大程度上遏制了消费者的消费积极性，也打击了生产企业、经营企业的信心和决心。对比之下，日本智能马桶产品的返修率很低，有的生产商制造的产品返修率不到0.3%。因此，国内智能马桶企业应加大技术投入，培养专业技术人才，提高技术水平，以保证产品品质，赢得消费者和市场的认可，进一步促进我国智能马桶企业形成自己的行业形态和产品风格，促进行业技术水平进一步提升。其次，从市场推广的角度来说，应当做到：第一，使消费者觉得物有所值、物有所用。有针对性地逐步推广，特别是对于如体弱老人、孕妇、痔疮便秘患者、行动不便者等有特殊需要的人群，可以作重点推广。第二，提高消费者对智能马桶的认知。当前,大部分消费者对智能马桶的概念只停留在"智能"二字,而对为何智能,以及智能所带来的优势却知之甚少。第三,增加消费者的体验点。虽然近几年,网络销售的方式日益占据主要的消费市场,然而,对于智能马桶这类新兴的产品类型,需要消费者能够更加直观的进行体验和感受,才能有效增加消费者对产品的体验与认知。最后,进一步完善行业标准。完善的行业标准能够有效地、正确地引导行业的发展,特别是对于在国内尚属起步阶段的智能马桶行业。智能马桶行业的发展,对于国内的相关企业来说任重而道远。

2.8.2 智能马桶的关键技术

智能马桶的基本功能包括坐圈加热、温水洗净、暖风烘干、自动冲水等。随着国内外企业的不断创新,还相继推出了人体检测、自动更换坐垫、健康监测、杀菌除臭等附加功能。基本功能的示意图如图2-8-3所示。

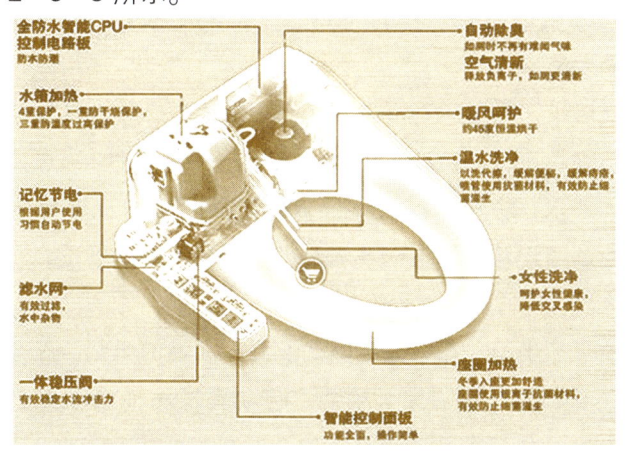

图2-8-3 智能马桶基本功能图

图2-8-4中示出了具有基本功能的智能马桶的基本工作流程。

其中，智能马桶的功能具体为如下几个方面。

人体检测：通过感应人体来控制马桶盖的打开或关闭，以及自动冲水等功能。

坐圈加热：功能启动时将坐圈加热至适宜人体的温度并保持温度。

温水洗净：智能马桶最核心的功能是温水洗净功能，也是智能马桶区别于普通马桶的最主要功能。在如厕后，水流通过喷嘴喷出适当温度和力度的水流洗净臀部。

```
┌─────────┐
│ 使用者  │
└─────────┘
  │ 通过感应检测到使用者接近
┌─────────────┐
│ 自动打开马桶盖 │
└─────────────┘
  │
┌─────────────────┐
│ 使用者使用马桶如厕 │
└─────────────────┘
  │ 检测到控制信号
┌─────────┐
│ 温水洗净 │
└─────────┘
  │ 洗净结束或检测到控制信号
┌─────────┐
│ 暖风烘干 │
└─────────┘
  │ 烘干结束，或检测到控制信号，
  │ 或感应检测到使用者离开
┌─────────┐
│ 自动冲水 │
└─────────┘
  │ 冲水结束，或检测到控制信号，
  │ 或感应检测到使用者离开
┌─────────────┐
│ 自动关闭马桶盖 │
└─────────────┘
```

图2-8-4 智能马桶的基本工作流程图

暖风烘干：在温水洗净完成后，启动暖风烘干，通过吹出适当温度和强度的风，以达到干燥的效果。

自动冲水：根据感应人体的离开，判断用户已使用完智能马桶，来控制实现马桶的自动冲水。可以根据不同的情况，自动判别用水量大小。

自动更换坐垫：在马桶坐圈上设置一次性的坐垫。在用户使用马桶前，或在用户使用完马桶后，自动更换马桶坐圈上已使用的坐垫。

健康监测：在如厕过程中，通过收集尿液或采集人体相关数据等，自动检测人体体温、尿糖、脂肪含量等健康指标，对用户的健康进行监测。

杀菌除臭：在马桶使用中或使用后，启动杀菌消毒或除臭功能，避免细菌的交叉感染，消除异味，保证如厕环境的清新。

这些基本功能可以通过人体检测功能产生的感应信号进行控制，也可以由智能马桶配置的控制面板执行，图2-8-5中展示的为独立于智能马桶的控制面板。

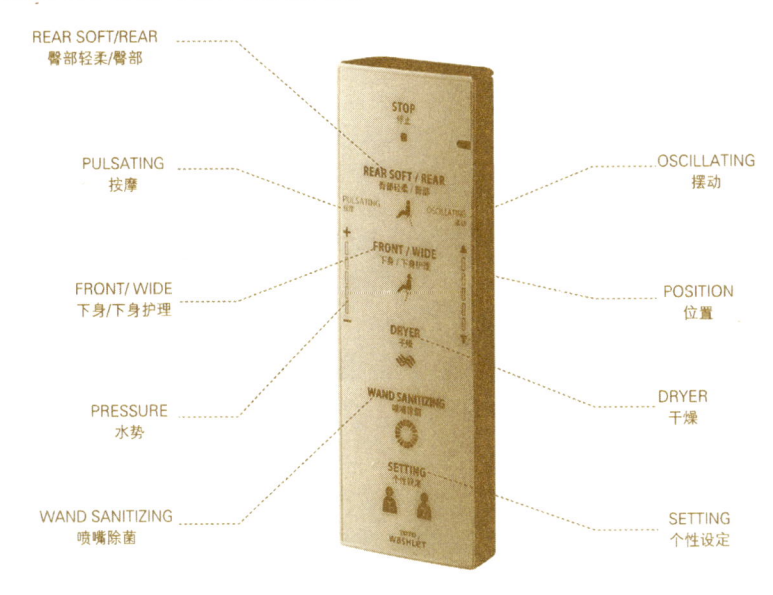

图2-8-5 智能马桶的控制面板示意图

2.8.2.1 温水洗净

温水洗净是智能马桶最为核心的一个技术方向，经历了从传统的储热式为主导发展到先进的即热式为主导的发展过程。储热式智能马桶的工作原理是在智能马桶上内置一个储水箱，先将水注入水箱，将储水箱里的水加温到设定温度，并根据需要使用储水箱中的

· 187 ·

水。储热式智能马桶的缺点在于：预先把水加热储存在水箱中，容易滋生细菌；持续反复加热消耗不必要的电力等。即热式智能马桶，用较大功率加热元件直接加热动态水流，由于不需要储水箱，克服了滋生细菌的硬伤，活水即热即用，杜绝了健康隐患，造型也更加简约。

除了加热，温水洗净技术中，主要的技术还包括清洗方式的设置和选择、喷头的结构设置；其中，清洗方式包括固定位置、移动位置的清洗，固定水流或变化水流的清洗等进一步的分类。

图 2 - 8 - 6 智能马桶温水洗净功能

在智能马桶技术领域中，温水洗净是最早出现的，也是最为重要的一个技术分支。图 2 - 8 - 7 示出了在中国申请的温水洗净技术相关专利的申请量趋势图。从图中申请量变化来看，呈现出了明显的三个主要阶段。第一个主要阶段是从 1989 年到 2002 年，这个阶段的申请量增长非常缓慢，这与当时的温水洗净技术在国内的发展状况有关。这个阶段，用户对智能马桶的认知度较低，大多数企事业单位主要以技术储备和概念推广为主。第二个主要阶段是 2003 年到 2013 年，这个阶段的申请量表现为逐年缓慢上升的趋势。经过第一个阶段的发展，消费者开始认识并接受智能马桶，更多的企业开始加入这一行列。第三个主要阶段是 2014 年至今所呈现的快速上升阶段，由于社会对智能马桶的关注度的增加以及国家相关产业政策调整，同时相关企业更加关注于技术创新和对知识产权的保护，因而在这个阶段中表现出极为活跃的专利申请态势。

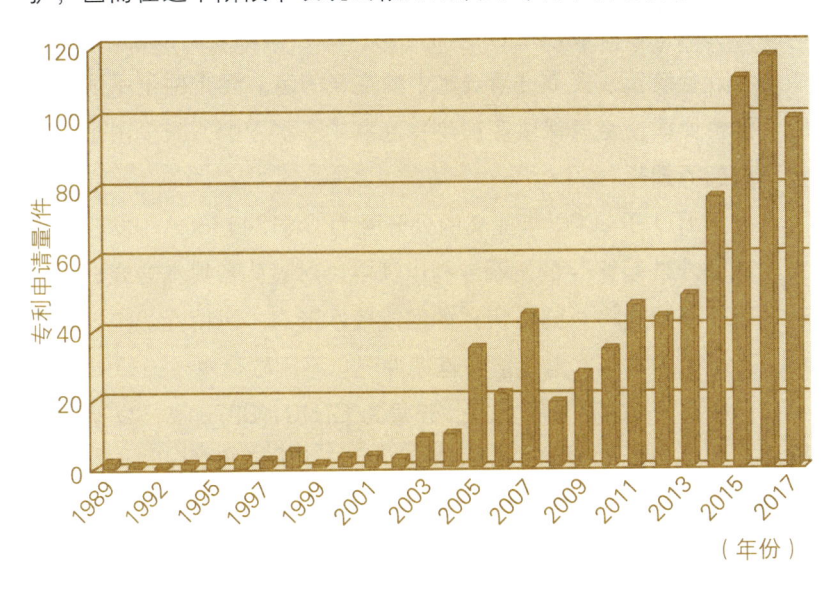

图 2-8-7 国内温水洗净专利申请量趋势图

我国最早的有关智能马桶中温水洗净技术的专利申请为 1989 年由 TOTO 提交的公开号为 CN1041629A，发明名称为"身体特殊部位的清洗装置"的发明专利申请，在这一专利技术中，分别设置冷水和热水的供应管道和管道出口端汇合处的热动混合阀，通过混合温水供应管道，将温水从安装在抽水马桶上的喷头中喷出。

由松下于 1994 年提交的公开号为 CN1103917A，发明名称为"卫生清洗装置"的发明专利申请中，对喷头进行改进，使同一喷嘴既可产生集中的清洗喷射流，又可产生进行适合人体局部清洗的广范围清洗的摆动喷射流，从而能提高清洗效率并满足使用者的各种不同清洗要求。

由松下于 1998 年提交的公开号为 CN1251634A，发明名称为"用于清洗人体下身的装置"的发明专利申请中，智能马桶设有控制器和空气混合装置，用控制器控制供水控制装置对清洗水供给，由空气混合装置改变混进清洗水中的空气的量。防止由于不适当的空气混合比率使空气保留在加热装置中或热水管中，减少由于热耗散而引起的损耗。

由 TOTO 于 2000 年提交的公开号为 CN1341186A，发明名称为"人体冲洗装置"的发明专利申请中，对喷头和喷水方式进行改进，以获得螺旋状（圆锥状）的回旋喷水形态。可使冲洗范围 2 维扩大，减少冲洗水水量，能够连续冲洗也可间歇喷水。

由东芝于 2007 年提交的公开号为 CN101182721A，发明名称为"坐便装置"的发明专利申请中，对喷头进行改进以防止在喷嘴上产生霉斑。

由浙江星星便洁宝有限公司于 2008 年提交的公告号为 CN201190323Y，名称为"智能坐便器双管自动伸缩喷水装置"的实用新型专利申请中，提出一种双管自动伸缩喷水装置。双管滑动机构通过链齿传动机构和换管机构驱动，实现双管自动伸缩，可清洗不同的位置。该装置性能可靠，可实现往复运动、按摩冲洗。

由科勒（中国）投资有限公司于 2014 年提交的公开号为 CN104532933A，发明名称为"智能坐便器或智能马桶的喷水管系统"的发明专利申请中，在喷管中设置紫外线灯，不仅能够过滤水中的杂质，还能够对流到喷管内暂存的水以及流经喷管的水进行杀菌。

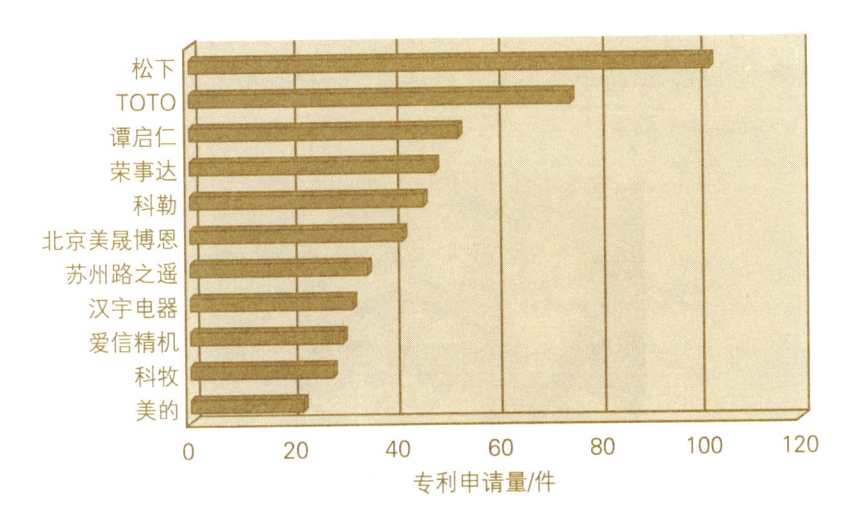

图2-8-8 国内专利申请的主要申请人

图2-8-8示出了温水洗净技术领域中，中国专利申请的主要申请人申请量的排名图。可以看出，申请人主要来自日本、中国和美国，其中，松下、TOTO、科勒和爱信精机等国外企业在我国国内也处于技术领先的地位，当然这与其产业链全、业务面广也有关系。虽然国内企业从发展时间上来看与国外企业相比并不算领先，但发展的速度还是迅猛的，并且也具有相当的申请量，说明国内企业近年来也越发关注在智能马桶领域的发展，意识到了温水洗净技术对智能马桶的重要性，积极推进该技术领域的研发。

2.8.2.2 暖风烘干

在智能马桶的洗净功能执行完成后，通过启动设置在智能马桶中的送风装置进行送风，以对人体进行吹风达到干燥的效果，同时，还可以通过加热功能对送出的风进行加热使得智能马桶能够向人体提供温度适宜的风。一般暖风的出风口会进行前后有节奏的往复移动，以提高烘干的速度。暖风烘干的主要功能是在清洗过后烘干清洗部位，保持干爽不易滋生细菌。考核指标主要是暖风的温度、风速两个项目。

图 2-8-9　智能马桶暖风烘干功能

暖风烘干技术中，主要涉及送风和出风的位置和结构的设计、出风模式的设计（如风的大小和方向）。暖风模块出风口的位置与结构直接关系到烘干过程的舒适性。因此，合理设计送风和出风口的位置和结构，以及出风模式，能使暖风更加有效地作用在人体上，减少整个暖风烘干过程所需的时间，使使用者感觉快捷、舒适。当前，暖风烘干的设计主要包括以下两种：一种是暖风喷头与清洗喷头并列设置，暖风喷头在不工作时收缩在智能马桶的主体内；工作时，暖风喷头伸出并送出暖风，通过喷头的运动将暖风均匀作用在臀部上。另一种是将暖风喷头嵌在智能马桶内壁表面上，在清洗喷头与马桶盖之间的合适位置处设计一个或多个出风口。不工作时由活动挡板遮挡出风口，保证出风口清洁、卫生；在工作时，挡板打开，暖风通过出风口，喷射向人体，并在短时间内烘干且使用者会感到舒适。

2 单品的智能化

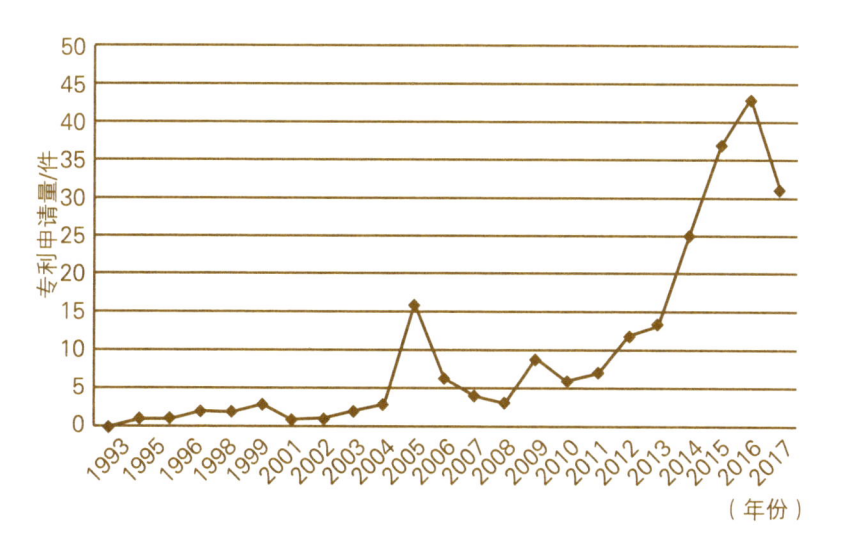

图2-8-10　国内暖风烘干专利申请量趋势图

图2-8-10显示，国内暖风烘干专利申请趋势在1993年到2004年增长比较缓慢，每年的专利申请数量均不超过5件。2005年申请量显著增多，2006年到2013年所表现出的专利申请量回落调整的趋势，整体申请量较1993年到2004年有一定的提高，从2014年开始，随着智能马桶在国内开始进入蓬勃发展阶段，暖风烘干技术领域内的创新活动愈加活跃，专利年度申请量快速增加。

由株式会社伊奈爱信精机株式会社于1997年提交的公开号为CN118550A，发明名称为"便器卫生清洗装置的干燥装"的发明专利申请中，将干燥装置的轴流风机设置成使其吸风口朝向上方，使此吸气的面相对于铅垂面的倾斜角度进行设置，因此具有能使箱体小型化、充分确保温风吹出量以及使运转刚开始时的冷风量减少等优点。

由松下于2007年提交的公开号为CN101460684A，发明名称为"干燥装置及具备该干燥装置的卫生清洗装置"的发明专利申请

· 193 ·

中，对干燥装置的结构进行改进，提供一种不使干燥装置大型化就可以在短时间内高效地对被干燥面进行干燥的干燥装置及具备该干燥装置的卫生清洗装置。

由浙江星星便洁宝有限公司于 2009 年提交的公告号为 CN201406742Y，名称为"智能坐便器单管烘干及单管清洗组件"的实用新型专利申请中，智能坐便器单管烘干及单管清洗组件，在烘干轨道上设有能沿轴向移动的烘干单管，当烘干单管轴向移动至设定位置时，烘干单管与风源相接通并送出暖风。

由合肥荣事达电子电器集团有限公司于 2015 年提交的公告号为 CN205444369U，名称为"一种智能洁身器的喷水与烘干组合式结构"的实用新型专利申请中，采用喷水管和烘干组合式结构能形成一路传动式结构，因为烘干结构的风机能实现送风，故仅需要较少的行程即可达到效果。

由中山市艾呦呦智能家居科技有限公司于 2016 年提交的公开号为 CN106193235A，发明名称为"一种带前置暖风的智能马桶"的发明专利申请中，通过将暖风机吹出的风通过通风管和暖风接头输送至马桶的前端，使马桶吹出的暖风可对女性提供更好的吹干。

2.8.2.3　坐圈加热

传统马桶的坐圈通常采用普通塑料制作，在寒冷天气坐圈温度很低，容易让使用者产生不适感。为了改善由于坐圈温度带来的不适感，智能马桶增加了坐圈加热功能。一般来说，具有坐圈加热功能的智能马桶，可以通过在坐圈内面配设软线加热器可一直对便座进行加热，或者在便坐内面配设卤素加热器等大功率的加热器以仅在便坐使用时瞬时对其进行加热等技术实现。通过增加坐圈加热功能，使得智能马桶不论环境温度的高低，都能使坐圈维持一定的温

2 单品的智能化

度。比如，当处于冬天模式的时候，马桶的坐垫自动加热，加热的温度控制在人体最舒适的温度，当马桶坐垫的温度高于设置温度时，加热系统自动断电，反之则自动上电并加热。

在坐圈加热技术中，主要涉及加热单元的设计、对坐圈加热的模式控制以及坐圈加热中的安全防护。其中，安全问题是智能马桶的设计重点，特别对于坐圈加热功能，由于加热模块设置于在坐圈内，为确保在使用中的人身安全及防止电气事故的发生，因此，需要设置安全保护系统，以防止线路出现短路、断路和老化而产生漏电现象时对人体造成伤害。

图2-8-12给出了国内涉及坐圈加热的专利申请量的变化趋势。其变化趋势呈现出三个主要阶段，第一个主要阶段从1996年到2005年的缓慢发展期，申请数量低，整体不足20件；第二个主要阶段是2006年到2013年呈现波动上涨的趋势，在2007年和2009年出现略微下降波动，但全球申请量从整体上保持上升的趋势；第三个主要阶段是2014年后，申请量的趋势呈现加速增长势头，这说明坐圈加热技术经过前期的研发积累，研发成果增加。在这样的技术发展阶段中，基础技术已取得一定的进展，进入基础技术的改进阶段。

图2-8-11 智能马桶坐圈加热功能

由TOTO于1994年提交的公开号为CN1115961A，发明名称为"双层成型马桶座及其制造方法"的发明专利申请中，在注塑成型加热马桶座时，熔融树脂平滑地流动，即使在很高的注入压力下也不会使加热器产生偏移，能嵌入成型在规定位置上。

由科勒公司于 1999 年提交的公开号为 CN1297340A，发明名称为"加热马桶坐圈"的发明专利申请中，加热马桶坐圈外壳呈马桶坐圈形状，内加热器套位于空腔，且由肋片支撑，实现热分布均匀，减少通过坐圈底部的热损失，防止加热器线与水接触，经久耐用。

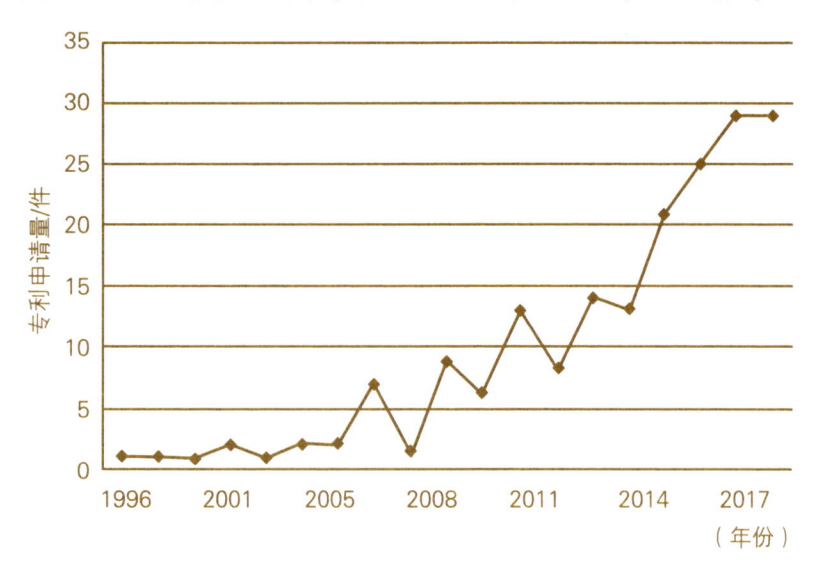

图 2-8-12 国内坐圈加热专利申请量趋势图

由 TOTO 于 2007 年提交的公开号为 CN10116448A，发明名称为"暖便座装置及卫生间装置"的发明专利申请中，其在立起便座后也能将便座加热，还可向使用者臀部等部位吹暖风、干燥，可除臭。

由江阴市卫康电热电器有限公司于 2016 年提交的公开号为 CN105581723A，发明名称为"坐圈加热器"的发明专利申请中，加热线的主体部分热熔贴合于导热膜的下表面，导热膜的上表面为粘贴层，该坐圈加热器还包括防静电装置和温度保护装置。具有加热均匀、舒适度好、无静电、安全性好、安装方便的优点。

2.8.2.4 感应控制

在智能马桶的各项功能中,感应控制是另一个最核心的技术方向与研发重点。感应控制技术的特点在于其属于基础功能,需要与其他模块交互以共同完成相应的功能。比如,在智能马桶常见的使用场景中:当感应到使用者接近时,自动打开马桶盖,在感应到使用者如厕后,依次启动温水洗净、暖风烘干以及自动冲水等功能,当感应到使用者离开的时候,自动关闭。在以上场景中,自动翻盖、温水洗净、暖风烘干以及自动冲水等一系列功能的控制执行,都是建立在感应控制功能对使用者进行感测的基础上实现的。

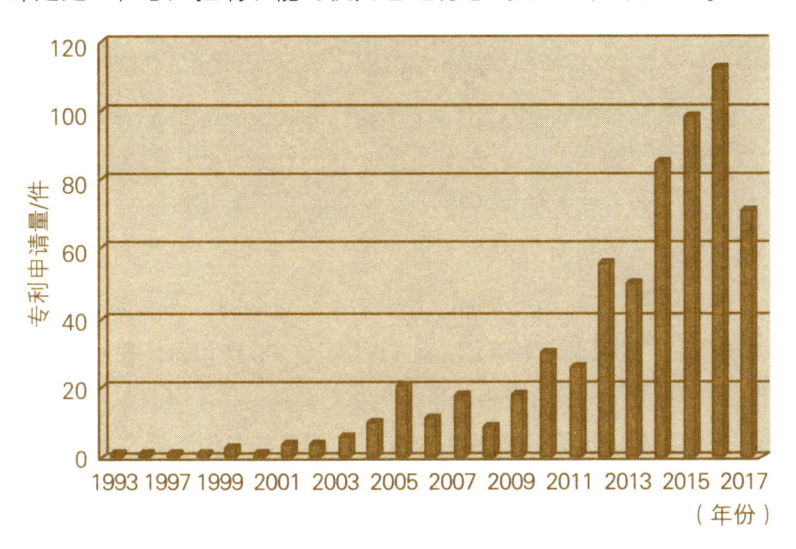

图 2-8-13 国内感应控制专利申请量趋势图

图 2-8-13 示出了国内在感应控制技术领域的专利申请量趋势状况。从感应控制技术整体的申请总量来看,也能反映出其在智能马桶领域中的重要性。感应控制专利技术起步于 20 世纪 90 年代。1993—2003 年,每年的申请量均不多,在这十年,发展始终

非常缓慢，可见此时的智能马桶领域中的感应控制技术正处于起步阶段。2004—2013 年，感应控制技术呈现波动上涨的趋势，这说明感应控制技术在智能马桶中的应用在此期间取得了一定的进步，发展较为迅速。到了 2014 年后，专利申请的增长率有明显的提升，专利申请量开始出现较快增长，这段时期，随着国民生活水平的日渐提高，以及智能马桶在我国社会关注度的提升，投身智能马桶行业的企业数量增加，对相关技术的研发和创新投入加大，从而推动了相关专利申请的快速增长。

由金东镇于 1993 年提交的公开号为 CN1077241A，发明名称为"用于小便池的自动冲洗装置"的发明专利申请中，通过设置探测传感器，实现便池的自动冲洗。

由爱信精机株式会社于 2003 年提交的公开号为 CN1459535A，发明名称为"卫生冲水马桶坐圈装置"的发明专利申请中，在马桶坐圈的壳体前表面上设置光学传感器装置，用于至少探测马桶坐圈盖的打开和关闭状态。

由松下于 2010 年提交的公开号为 CN102076253A，发明名称为"便座装置"的发明专利申请中，利用落座传感器和人体传感器的检测结果，判定便座装置是否处于使用状态从而对便座装置进行控制。

由合肥荣事达电子电器集团有限公司于 2013 年提交的公告号为 CN203834618U，名称为"一种分体式热风烘干洁身器"的实用新型专利申请中，在基座内圈的热风喷头和分体式热源机，根据红外感应装置的感应信号控制热风供应装置工作。

由广东松下环境系统有限公司于 2015 年提交的公开号为 CN106149835A，发明名称为"换气机以及用于换气机的去除异味的方法"的发明专利申请中，设有气味感应装置检测异味，异味等级越低，马达的运转转速越低，异味等级越高，马达的运转转速越高。通过感应器检测而自动运转，提高使用者的便利性，马达运转可以自动停止，节省能源。

2.8.2.5 健康监测

随着国民生活水平的日渐提高，人们对自己的健康更加关注。然而，伴随着生活水平的提高，生活节奏也不断加快，人们难以花费大量的时间到医院排队就医进行身体的健康状态检测，特别是慢性疾病，如糖尿病、高血压，需要实时进行监测。现有的检测方式的不便以及所消耗的时间成本较大的情况下，需要方便、结构简单、操作便捷、省时省力的健康监测方式，实现疾病的早发现、早预防、早治疗。

在现实的需求下，智能马桶的健康监测功能应运而生。将医疗检测技术融入智能马桶的设计中，在使用者如厕的过程中，可以检测和跟踪人的体重、血压、尿液的 PH 值和人体血糖等人体指标，通过相关设备及时反馈所检测的内容参数，让使用者能够时刻了解到自身身体健康状况。同时，可以根据所得结果对使用者进行相关的健康分析及意见反馈，让使用者的生活健康更加直观可见。进一步可以通过互联网将这些人体指标上报到专家系统，及时发现问题，进行就诊就医。

图 2-8-14 中示出国内健康监测功能的专利申请量趋势。从图中可以看出，健康检测功能虽然出现的较早，但是前期发展缓慢。从 1996 年首次有相关技术提交发明专利申请开始至 2013 年专利申请量一直较少，此期间属于技术或概念引入阶段，由于技术、市场还不明确，参与技术研发和市场开发的企业很少，这一阶段尚处于探索时期，而没有成熟稳定的发展，因此，专利申请数量较少。2014 年之后，智能马桶中的健康监测技术的专利申请量呈现

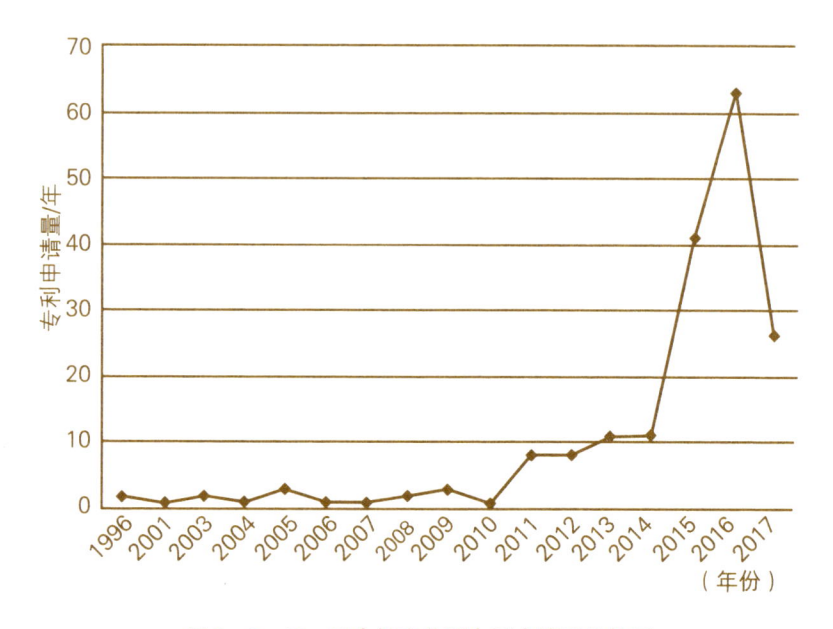

图 2-8-14　国内健康监测专利申请量趋势图

稳步增长趋势，申请量的增多反映出企业在云计算领域的研发日趋活跃，在现有的技术基础上积极创新，同时反映出企业开始重视健康监测技术的专利布局，技术专利化的节奏日益加快。可以预见，未来几年健康监测技术领域内的创新活动、专利申请数量将保持快速、稳定的增长趋势。

由 TOTO 于 1994 提交的公开号为 CN1118626A，发明名称为"尿的采样方法与采样装置"的发明专利申请中，在马桶中设置采尿容器，使其成为能对尿进行采样及分析以有助于个人健康检查的具有尿分析功能的马桶。而其在同年提交的公开号为 CN1118627A，发明名称为"安装在抽水马桶上的尿分析单元"的专利申请，则进一步实现了健康监测功能集成于马桶中。

由上海力昂生物技术应用有限公司于 2010 年提交的公开号为

CN101787730A,发明名称为"智能化自动尿检信息显示坐便器"的发明专利申请中,在每次方便时都对尿液进行生化检测,使人们可以随时了解自身的健康情况,并根据检测结果进行预防和治疗,该智能化自动尿检信息显示坐便器还能分辨代谢生物信息是平衡、负平衡还是失衡,及时调整生活饮食。

由 TOTO 于 2016 提交的公开号为 CN105832288A,发明名称为"身体信息检测系统"的发明专利申请中,通过在家中检测排便气体来预防癌症等重大疾病的身体信息检测系统。

由佛山市川东磁电股份有限公司于 2016 年提交的公开号为 CN105804186A,发明名称为"一种具有个体识别装置的智能坐便器及其控制方法"的发明专利申请中,通过识别如厕者体重将所述坐便器本体检测的健康检测数据和如厕者的用户号进行绑定,避免了健康检测数据记录混乱的问题,适合成员体重存在一定差异的家庭使用。

2.8.3 智能马桶的重点企业

2.8.3.1 智能马桶的重点企业——TOTO

TOTO 由大仓和亲先生于 1917 年创立,最初名为东洋陶器株式会社,后更名为东陶机器株式会社(TOTO)。1964 年,TOTO 将智能马桶引进日本,并面向大众市场发售。1967 年,伊奈制陶(现 INAX)推出日本首个附带温水洗净功能的坐便器。同年,TOTO 也开始自行研制智能马桶,1969 年推出附有暖气烘干功能的产品。TOTO 率先开始研发可以便后水洗的 WASHLET(卫洗丽)产品,通过数十万次的测试、改进,智能马桶卫洗丽于 1980 年投产问世。TOTO 卫洗丽,是 TOTO 公司最为著名的智能马桶系列产品。时至今日，TOTO 卫洗丽的智能技术始终处于世界领先地位，其在日本市场占有率第一，在全球范围内共销售数千万台卫洗丽。

1990 年，TOTO 开始在美国开展贸易，并扩展至印度尼西亚、韩国、朝鲜、泰国、中国台湾以及中国香港。1994 年，TOTO 将其业务推广到中国内地。1993 年，TOTO 推出的 NEOREST（诺锐斯特）系列马桶充分体现了清洁技术的理念，并结合卫洗丽以及 TOTO 的全系列创新型产品，建造出了高级美学标准和性能质量的卫浴空间。1998 年，TOTO 推出了海洁特——专利的光触媒技术。该材料具有自洁和清除空气中污染物的功能。它易于清洁，可以消除臭味和防止细菌滋生，因此，它是适合室内及室外使用的产品。此外，TOTO 在人体工程学领域已经有专门针对老龄化、老年人生理心理特点做的专业研究，推出一款名为"聪明马桶"的智能化马桶，是最新针对老年人开发出的老龄化智能马桶产品。

图 2-8-15　卫洗丽一体式智能马桶　图 2-8-16　卫洗丽分体式智能马桶

TOTO 推出的不同系列智能马桶具有不同的特点。

卫洗丽，是由 TOTO 发明的温水洗净式便座。卫洗丽可调水温，可调冲洗力，还可前后摆动清洗；此外，除臭、暖风烘干、坐

2　单品的智能化

便保温以及喷嘴自动清洗这些舒适齐全的功能,体现的是生活质量的飞跃。让使用者感受的是清洁舒适与健康。

诺锐斯特智能全自动马桶,是顶级豪华的智能全自动坐便器,同时搭载最新卫洗丽技术,采用 TOTO 发明的领先世界的最新冲水方式——超漩式洗净。它与以往的冲水方式截然不同,坑道周边没有传统的流水槽设置,仅由一个喷水孔射出水流,在坑壁上回旋冲洗,整个过程仅需 6L 水量,并且安静而高效。由于取消了以往极易留存污垢的流水槽内部空间和凹洞,坐便周边的日常清洗变得轻松又彻底。在日本的高端卫浴市场中备受欢迎。

"聪明马桶",马桶上安装尿液收集器和臂带,能分析使用者的尿液成分,测量血压、体温并利用嵌在地板内的秤测量体重,数据会自动被发送到使用者的个人电脑上,然后可以把数据发送给医生,省去医院排队检查的麻烦。

TOTO 智能马桶除了基本的功能外,还具有创新的五大技术:(1)智净技术:普通生活用水经过电解后形成电解水,电解水所含的次氯酸成分,具有强力除菌作用,可以将普通冲洗未能清除的细菌污物去除。(2)智炫技术:创新的卫浴清洁技术,炫洁闪耀的光滑表面,光触媒技术,轻松分解污垢。诺锐斯特智炫全自动坐便器拥有与众不同的独特釉面,配合紫外线,在光触媒作用下,智炫技术能轻松清除残留污物,并有效去除水垢。超强的耐久性,保持坐便器长久清洁。(3)智洁技术:超平滑陶瓷表面,坚固、耐用,污垢难以附着,清洁不留痕迹,每次使用都是全新清洁体验。(4)超漩技术:360°强劲水流,全方位冲洗,高效节水冲洗。即使在水压较低的情况下,也能实现强劲冲洗!"水箱式"冲洗+"水道直压式"冲洗,双效叠加,再不受低水压困扰,实现强劲冲洗。(5)智清技术:自动去除卫生间空气中的臭味。将便器中所产生的臭味的细菌源进行分解和去除,再加上"智净技术"的双重保护,能更好地抑制卫生间臭味的产生。

2.8.3.2 智能马桶的重点企业——松下

松下(Panasonic),是日本的一个跨国性公司,在全世界设有230多家公司。洁乐是松下智能马桶旗下品牌,于1979成立,是全球最早投入生产智能马桶的三大厂商之一,至今已有39年历史。松下于1997年首先推出了温水快速加热式产品。作为松下智能马桶产品线中的高端系列,松下温水快速加热式智能马桶盖打破了以往产品需内置水箱储热以及需电源常开保持水温的现状,并以3秒快速加热与更长的清洗时间为使用者带去了更为清洁、舒适的体验。

2003年,松下智能马桶进入中国。相对近些年在中国市场的火爆,松下智能马桶在日本市场并不如TOTO有统治地位,为了快速攻占中国市场,提高研发效率,松下洁乐的开发团队选在中国杭州。据统计,2016年,松下洁乐以16%的零售量份额位居我国国内市场的销售榜首。

洁乐产品的主要特点为:(1)洁乐产品采用新颖的马达驱动不锈钢喷头,具备移动冲洗、按摩冲洗等多种不同的水流冲洗模式,冲洗时范围更广、更彻底。(2)洁乐产品采用了国际规格SIAA抗菌认证的抗菌技术,抗菌能力更强。一段式无缝不锈钢喷头和塑料材质相比更不易留下脏污,抗菌性能优越以及可脱卸本体和可脱卸便盖的设计,打扫更方便,给使用者带来全面清洁的感受。(3)洁乐产品采用微电脑技术控制的三档便圈加温,使使用者在寒冷的环境中倍感温暖。感应式自动除臭功能,可保持卫生间空气清爽。移动清洗、按摩清洗、旋转水流,清洗过后的暖风吹拂等功能给使用者提供温暖舒适的感受。(4)洁乐产品后部特殊的圆角造型，可调节固定螺孔位置的安装设计，使洁乐能适合更多坐便器的安装，立即实现电器化的升级。

2.8.3.3 智能马桶的重点企业——科勒

科勒成立于 1873 年，总部坐落于威斯康星州，是美国最古老、最大的家族企业之一。科勒在厨卫产品、发动机和发电系统、家具、家庭装饰、酒店服务产业以及一流高尔夫俱乐部等领域均处于全球领先地位。

科勒智能马桶是科勒马桶中很有代表性的一款产品，它集合了科勒卫浴所有的设计理念，同时对材质也有很高的要求。科勒智能马桶采用了卓越非凡的五级旋风冲水系统，具备超强冲水、节水性能、环保节水一步到位，为使用者在排污、清洁、节水三方面带来完美解决方案。

Novita（诺维达）于 1984 年作为韩国三星电子子公司首次创立，一直与韩国生活风格的变迁史同步。诺维达于 1996 年推出智能马桶产品，并逐渐成为行业领航者，连续数年获得韩国智能洁身器品类第一品牌的荣誉，产品销往日本、美国、中国台湾等 15 个国家和地区。2011 年 12 月，诺维达加入全球厨卫集团科勒成为其亚太地区子公司，并成功登陆中国市场。诺维达的产品优势在于：五重完美洗净护理、纳米纯净水过滤器、不锈钢喷头、喷头自洁、PP 材质座圈等，其突出的优势在于独有一键式清洗功能，以及女性清洗、儿童清洗、气泡清洗、自动清洗、通便功能等多种针对性强的清洗按摩模式。

2.8.3.4 智能马桶的重点企业——便洁宝公司

"便洁宝"为中国星星集团旗下子公司浙江星星便洁宝有限公司的产品。便洁宝公司是国内首家生产智能马桶的公司，于 1998

年成立,一直致力于智能坐便器研制与推广,是国家建筑行业标准的起草单位之一。

2008年5月,便洁宝品牌LOGO统一采用了其在国际市场上使用的"BJB"商标。

便洁宝公司通过原始创新、集成创新和吸收再创新,拥有了完善的产品线。智能分体机,国内智能坐便器行业的先驱者;中水箱一体机,实现智能一体的崭新革命;即热智能便座一体机,国内首创智能恒温技术。

2015年,便洁宝作为行业代表"负责"国家标准(GB6952—2015)的起草。2016年,便洁宝更是着手筹建了首个按照CNAS(China National Accreditation Service for Conformity Assessment,中国合格评定国家认可委员会)标准建造的国家级智能马桶实验室。

2.8.3.5 智能马桶的重点企业——箭牌

箭牌卫浴(ARROW)隶属于广东省佛山市顺德区乐华陶瓷洁具有限公司,是国内最具实力和影响力的综合性卫浴品牌。

早在2006年箭牌卫浴便与清华大学共同成立产品设计与研发中心,展开"人体工程学"的研究,开创东方"人文卫浴"文化。同年,又与国际设计机构"意大利福莱美设计公司"实现"强强联合",提升产品的设计理念和新产品的外观。

智能马桶的外形设计秉承了箭牌卫浴一直以来强调的"人文卫浴"理念,研发出符合当代人审美眼光的智能马桶。提升了国产智能马桶颜值和性能的档次,使其更符合当代人更高档次的消费需求。

箭牌卫浴推出的AKB1199智能一体超薄马桶,突破以往的一体智能马桶厚重的设计,此款马桶凭借精致的设计和出色的功能,荣获2016年的红棉中国设计奖。

箭牌卫浴为其生产的智能马桶配备了超薄智能盖板，该盖板集成了 12 大项人性化功能，比如洗涤、坐圈加热、温水冲洗、暖风烘干、节能环保、自动除臭、夜光照明等功能，设计非常人性化，能给使用者带来健康舒适和愉悦的生活享受。

2.8.4　小结

中国智能马桶的普及率低，国内的智能马桶行业始于初步，虽然近几年来行业发展势头迅猛，然而国内市场的认可度和占有率都还有非常大的提升空间，发展前景广阔。国内企业在提高产品质量的同时，应当始终将核心技术的研发作为产业发展的第一位，产业链的实力和专利的布局在今后的市场竞争中也是一种竞争力，此外，注重售后服务的延续性也是提高品牌市场认可度的重要环节。国内企业应当紧密结合让智能马桶更卫生、更安全，让使用者有更好的使用体验，并在发挥其基本使用功能的同时体现出针对不同群体产品特色的智能马桶的发展趋势，形成自己的行业形态和产品风格，促进智能马桶行业的进一步提升。

2.9　智能影音

智能影音是智能家居系统的一部分，是通过智能控制系统来实现对家庭影院、音乐等各个系统的控制，通常利用遥控器、智能手机、平板电脑等智能终端来进行操作。智能影音系统具有以下功能：场景智能化、控制多样化、定制个性化。根据用户的需求，智能影音大致分为以下两类：（1）智能化家庭影院，依托电视或投影仪，实现影院场景快捷切换，省去烦琐操作，转由系统代劳。（2）智能化音乐系统，依托音响设备，实现房间的个性化视听功能，随时间和主人状态推荐或播放合适的音乐。

2.9.1 智能影音的发展过程

下面将从家用智能影音的两个分支分别来看其发展历程。

1. 智能化家庭影院

近百年来,随着电视技术的逐步发展,家用影音的发展也同样精彩。1925 年,英国发明家约翰·贝尔德(John Baird)发明了机械扫描式电视摄像机和接收机,虽然清晰度和灵敏度很低,但已初具现在电视的雏形;1931 年,美国科学家兹沃雷金(Vladimir Kosma Zworykin)制造出比较成熟的光电摄像管,随着电子技术的发展,1951 年三枪荫罩式彩色显像管电视面世,直到现在,CRT 电视仍然有不少家庭还在使用;第一台基于液晶技术的液晶电视于 20 世纪 70 年代初出现;20 世纪 90 年代,等离子电视开始出现,与液晶电视相比,在色彩、可视角度方面有着相当的优势;3D 电视是电视显示技术从二维向三维过渡的重要方向,进入 2010 年下半年,已有不少厂家推出各种 3D 电视;随着以上视觉体验方向的不断改进,近几年,家庭影音开始从内容服务的角度出发,向人性化、多功能、多内容的领域扩展,互联网电视应运而生,通过与互联网的连接,电视可以脱离 PC,实现更多元化的应用;随后,控制系统的智能化使得智能电视进入人们的生活,开发人员对系统进行研究和开发,为电视配置了一个智慧的心;智能化电视出现后,借助多种不同的外部软件和硬件,家用影音开启了智能控制的崭新功能;网络化和智能化使得家用影音突破了传统的概念,依托的平台也从电视扩展到其他投影设备,通过内置的智能系统,配合日益成熟的无线网络系统,人们只需利用控制设备就能对影音设备进行操作,随时随地选择喜欢的电影、视频等资源。

2. 智能化音乐系统

音响设备已存在多年,一般来说,包括功放、周边设备、扬声

2　单品的智能化

器、调音台、麦克风、显示设备等。音响设备主要有数字音响、平板音响、组合音响和专业音响，而其中使用最广泛、普及率最高的就是组合音响。1904 年，英国人弗莱明发明的具有划时代历史意义的电子二极管标志着人类进入了无线电时代；随着电子管的发明，出现了电子管放大器（俗称功放）喇叭和收音机，与在此之前由爱迪生在 1877 年发明的留声机组合在一起，就形成了一套完整的组合音响。当年的组合音响体积庞大，不便运输，随着科技的进步和电唱机、电子管的完善和小型化，出现了由电唱机、收音机、音箱为一提的相对小型的一体化组合音响，但其体积仍然不小，而且是单声道的。到了 20 世纪 60 年代中期，随着密文立体声唱片、调频立体声和晶体管在音响中的应用，组合音响迎来了新的曙光；60 年代后期，晶体管技术因其诸多优点，在市场上逐步取代了电子管的地位，晶体管组合音响显示出广阔的市场前景；之后，新音响技术，如卡带技术和后来 80 年代的 CD 技术，都被纳入组合音响，音箱也实现了与主机的分体化，组合音响进一步完善；在八九十年代，人们追求高大全形式的组合音响，后来发现这样的音响在安装和使用方面都不方便，于是人们又开发了能放在桌面上使用的组合音响，体积减小，性能上有了新的发展，如在功放内设有 CD 解码器，增加外置有源低音箱等；90 年代，新一代的、以数字处理为核心的迷你组合音响形成；组合音响的小型化、数字化使得它更好地应用于家用影音系统中，2000 年前后，家庭影院的出现，使得家用组合音响的质量有了飞跃式的发展，它把电影院的构思运用到大众消费者的家庭中，让消费者在家里就可以享受影院级别的快感和劲爆；近年来，随着智能控制技术和互联网技术的发展，音响开始摆脱自身存储能力和电线的牵绊，移动式、智能化音响设备逐步走入人们的日常生活，结合智能算法控制技术，人们日常的习惯和喜好被收集到音响系统中，这样的音响系统能够"读懂"使用者，推荐、播放适宜的音乐。

2.9.2　智能影音的相关标准和器材

智能影音系统从总体来说是由控制器、影音设备、互联网组成。

其中，视频是家庭影音系统的重要组成部分，在家用影音系统的视频标准中，有两个最为基础的标准，一个是由国际计量委员会规定的光度单位体系标准，另一个是由国际照明委员会规定的多个色度系统标准，此外，还有美国国家标准化协会相关视频标准和国际标准化组织相关视频标准。

为使家用影音系统的效果更为出色和准确，精准的测试仪器少不了，主要是视频方面和音频方面的仪器。视频测试的硬件，比如，美能达公司的色彩辉度计，是专业光学测试仪器，适用于LED、钨丝灯、荧光灯、交通灯、电视、投影设备等光源，应用面非常广泛。Datacolor 公司的 ColorFacts 专业版光学测试系统，则倾向于服务民用，专门针对投影机、平板电视、等离子投影墙进行测试。音频测试的硬件，比如，Phonic PAA3 音频分析仪，是掌上型高精密度的音频分析仪，能在窄小的环境下实现复杂的频谱分析工作；RadioShack 数字声压计，是一款简单的音频测试仪器，功能多、体积小。

器材是家用影音系统的重要载体。当前市场上符合 THX 或 isf 认证的器材有以下几个典型代表：Stewart MicroPerf 透声屏幕、Screen Research ClearPix2 固定透声硬质投影幕、OS E2S PA – 100H 透声幕、明基 W20000 投影机、夏普 AQUOS T 系列液晶电视、LG PG60 等离子电视。符合 JKP 认证的器材有以下几个典型代表：三星 SP－A800B 投影机、Stewart Grayhawk RS 灰幕和 Studio Tek130 白幕。运用 HQV 技术的部分器材有：三菱 LVP－HC6000 投影仪、天龙 DVD－3800BD 蓝光播放机、安桥 TX－SA875AV 放大器。

2.9.3　智能影音的历年专利申请情况

家用影音发展到今天，网络化和智能化技术已较为多样。结合智能影音领域的历年专利申请情况，我们可以看出，在智能影音技术的全球专利申请量分布中，智能影音技术专利的整体申请趋势是逐渐上升的。如图 2－9－1 所示，1995 年以前，智能影音技术专利整体数量很少，主要是由于这期间智能影音技术领域，甚至智能家居技术领域的发展还未起步，人民生活水平普遍还不高，生活中的智能化程度还不高，因此，也不能催生智能影音技术的进一步发展。为了更清楚地展现趋势状况，我们从 1995 年以后的数据对智能影音的发展趋势进行了呈现。2005 年之后，随着社会的发展，智能化程度的提高，智能影音技术取得了一定的突破，智能影音技术的申请量开始抬头，2005—2009 年，智能影音技术进入了平缓的发展期，申请量仍旧没有爆发，这期间属于技术的积累期。从 2010 年开始，智能影音技术进入了爆发期，申请量呈现爆炸的发现趋势，2013 年，智能影音技术的申请量达到了一个高峰，从 2010 年的 257 件增长到 2013 年的 1806 件，短短的 4 年间，申请量增长了 7 倍左右。在技术爆发期，研发成果激增，在这样的技术发展阶段中，基础技术已攻破，进入技术的多种变形、改良阶段。智能影音技术的爆发式增长和智能家居技术领域发展的新浪潮密不可分。2013—2015 年，智能影音技术进入了稳定的发展期，申请量保持在 1000 件以上的高数量，2014 年申请量稍微有所回落，但是 2015 年的申请量又超过 2014 年达到了 1959 件。

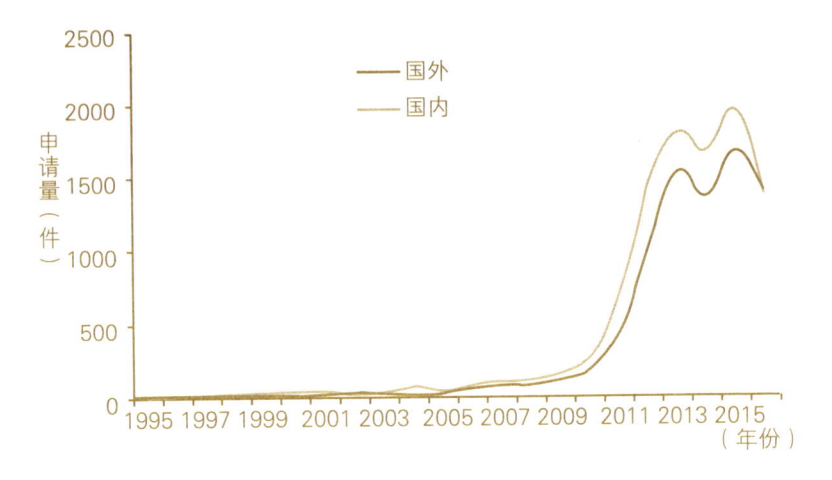

图 2-9-1　智能影音国内外专利申请趋势

全球与国内申请趋势类似，智能影音技术在中国的专利申请在 2012 年之前一直处于缓慢增长的状态，申请的总量也很低，在 2013 年之后申请量发生了爆炸性的增加，在智能影音技术发展期间，国内和国外申请量的数量差别很小，国内申请数量甚至一直高过国外申请数量，这和国内的知识产权保护意识较强密切相关。

如图 2-9-2 所示，从中国专利申请量排名前 9 位的申请人来看，主要包括在华国内和国外申请人，按照申请量分为三个梯队：第一梯队的申请人包括乐视和长虹，其中，在中国排名第一的是乐视，其申请量在 1477 件，在国内属于智能影音技术的龙头企业；接下来的长虹，其申请量在 1237 件，乐视和长虹基本上属于并驾齐驱；长虹虽然与高通股份有限公司有一定的差距，但是差距并不大，在国内申请人排名中仍属于技术领先企业。

第二梯队中仅有 TCL，其申请量为 899 件；第三梯队中有康

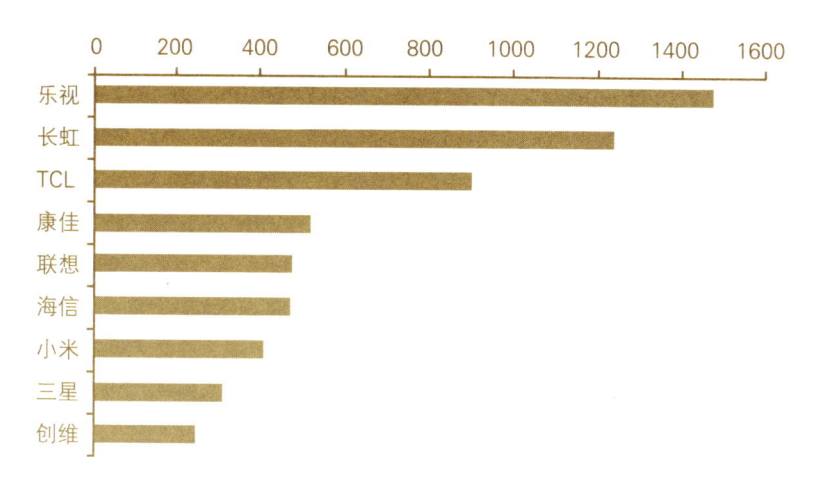

图 2-9-2　智能影音国内申请人排名

佳、联想、海信、小米、三星和创维，申请量在248件到521件之间，其构成主要是国内申请人，其中仅有1个国外公司；可以看出来，前9名的申请人中仅有1名国外公司，传统企业三星仍然处于领先地位。可见，国内公司发展迅猛，国内公司的专利申请量具有显著优势，近几年崛起的乐视和老牌企业长虹尤其突出，说明国内公司在智能影音领域已经占据了先机；前9名申请人中没有国内科研院所，可见智能影音领域的产业化程度很高，其研发实力掌握在国内公司手中。

下面，我们分别从主要申请人的产品与专利情况出发对其进行简单的剖析。

2.9.4　智能影音的重点企业

2.9.4.1　智能影音的重点企业——乐视

乐视近几年在智能影音方面的发展迅速，且对专利布局也格外重视，其在智能影音领域的主要市场是智能电视业务，除此之外，还有智能周边硬件，如头戴蓝牙耳机、智能麦克风。

2013年3月5日，乐视网与全球最大规模电子产品代工商富士康共同宣布，双方将签约开拓智能电视市场，国内的电视机市场很快就将增加一个新的品牌——乐视超级电视。乐视网2013年5月7日宣布，联合供应商夏普、美国高通公司、富士康和播控平台合作方CNTV，正式推出60英寸、4核1.7GHz智能电视——乐视TV超级电视X60以及普及型产品S40。2014年4月9日，乐视在北京正式推出旗下首款4K智能3D电视X50 Air，正式进入4K时代。2015年10月27日，乐视发布120寸电视之王uMax120，是当时最大尺寸的液晶电视，只有夏普的全球唯一十代线才能切割，uMax120从一定程度上展现了乐视在电视制造行业的工业水平。2016年4月20日，在乐视"无破界不生态"发布会上，乐视发布了第4代乐视超级电视X50/X50 Pro，基于全新智能硬件平台。从以上两款电视的工艺水平和硬件配置来看，乐视超级电视确实走在了智能电视行业的前列。相对于传统厂商，乐视在互联网内容方面有着非常强的实力，乐视的超级电视在市场上性价比非常高。

2016年9月19日，乐视举办了乐迷狂欢夜，一款头戴式蓝牙耳机引起众人关注，这款头戴式蓝牙耳机首次亮相，是乐视当时即将发布的最新产品。

在不断推出新的智能影音产品的同时，在保护相关产品的知识产权方面，乐视的表现也很突出。一般来说，发明专利申请量反映的是当年企业在研发上的投入力度和重视程度。2017年年初，国家知识产权局对外公布最新专利数据：2016年，我国发明专利申请量排名前三的公司分别为华为、中石化和乐视。

乐视近年来对研发非常重视，在这个大背景下，乐视产研和专利部门申请了大量专利,半年3000+的本土专利申请量意味着乐视已与全球专利大户处于同一阵营。不仅在申请数量上跨越式提升,在质量控制方面也不断追求卓越。2016年12月13日,在国家知识产权局与世界知识产权组织联合设立的第十八届中国专利奖评选中,乐视"一种预解码高清播放器及播放方法"的ZL200910223439.X号发明专利获得中国专利优秀奖,乐视"平板显示装置"的ZL201530160591.4号外观设计专利获得中国外观设计优秀奖。这是乐视专利首次获得中国专利界最高奖项——中国专利奖。

在专利数量与质量之外,乐视专利战略与其他传统公司也不尽相同。乐视全球专利副总裁谢海楠以CDLA标准相关专利举例,传统数字耳机的研发者通常关注的是耳机的音质性能和手机厚度的限制,而乐视在研发过程中,还考虑到了用户在乐视生态应用下的需求:数字耳机不仅是一个乐视超级手机外设、一件高品质的视听设备,其信息交换能力使其成为一件智能设备,能够根据不同的用户身份和偏好提供个性服务。在未来的应用场景中,插上耳机,智能终端即可识别用户身份,根据用户不同的使用场景提供个性服务,如推送影音、调用体育智能功能、指纹解锁、识别叫车偏好等。"这其中包含大量智能算法、大数据应用的相关专利,涵盖电学、机械、材料应用、互联网相关技术,共同组成了覆盖乐视生态链的专利包,保护了乐视研发成果的价值",谢海楠说。简言之,一般来说,传统企业的专利都是根据产品来单一布局,而乐视专利是以乐视全产业链为总体架构,每一项与生态强相关的新产品技术专利都要服务于乐视全生态产业链,进而组成专利包,从生态层面建立专利壁垒。

在乐视全线产品"出海"同时,全球专利布局迅速跟进,为乐视海外业务保驾护航。目前，乐视专利全球布局的主要经济体已经扩展到美国、印度、俄罗斯等全球化战略目标国，欧、日、韩等主要市场和加拿大、巴西等较大经济体。这意味着乐视全线进驻印度、美国、俄罗斯三大海外市场，以及未来进驻欧洲等其他新兴市场的时候，将不会遇到其他企业专利处处碰壁的情形，对于乐视在海外市场专利战的攻防战略将起到关键作用。

虽然当前乐视遭遇了一些危机，但它在智能影音领域作出的耀眼成绩是有目共睹的。

2.9.4.2 智能影音的重点企业——长虹

长虹创建于1958年，前身国营长虹机器厂是我国"一五"期间的156项重点工程之一，是当时国内机载火控雷达生产基地。从军工立业、彩电兴业到信息电子的多元拓展，已成为集军工、消费电子、核心器件研发与制造为一体的综合型跨国企业集团，并正向具有全球竞争力的信息家电内容与服务提供商挺进。

2017年，长虹品牌价值达1319.75亿元人民币，继续稳居中国电子百强品牌第六位，居中国制造业500强第58位，四川百强企业第一位。

2010年3月，长虹在北京正式发布3D网络平板电视，产品融合3D、网络两大领域的新技术，是目前全球第一台3D网络平板电视。2012年2月，长虹多媒体产业公司携智尚A2000、A3000、A7000、A9000等30多款Ciri语音智能电视新品，以及TVpad、SmartCenter、SmartPhone等全系列智能终端群集体亮相北京。Ciri是由长虹和中文语音产业领导者科大讯飞共同打造的基于彩电产品的智能语音系统；长虹平板电脑-TVPad，搭载了长虹最新的Ciri智能语音系统，是全球第一款搭载智能语音操作系统的平板电脑。2014年1月，长虹召开2014年春季电视发布会，宣布推出基于家庭互联网形态下的差异化智能电视新品——CHiQ电视。CHiQ智能电视是国内第一款完全实现三网融合的电视产品，在家庭WiFi的情况下能够和移动设备进行多屏协同，完全实现实时"大屏观影小屏控"，让用户彻底扔掉遥控器，从根本上改变电视的交互方式。2017年3月，长虹发布人工智能新品旗舰电视Q5N和Q5A（OLED电视）系列，并在新品上搭载了创新的AI Center，实现了智能冰箱、空调、空气净化器、音响、灯光、窗帘、安防设备等的互联互通，通过精准成熟的智能语音操控、电视大屏显示和感应，让用户得到更加便捷、整体智能生活体验。

2.9.4.3 智能影音的重点企业——三星

韩国在智能影音技术领域一直处于世界先进水平，尤其韩国作为老牌发达国家，具有热衷智能家居技术研究的传统，而且韩国也有众多实力超强、技术积累深厚的大型企业，其长期从事智能家居以及相关的智能影音技术研究，拥有大量优质申请。

作为老牌公司，三星在通信、电子行业拥有较大的市场份额，也是各类专利排行榜的"常客"。三星在智能影音领域的主要市场是智能电视业务。

2010—2011年，3D电视、智能电视独占鳌头，电视智能化的时代眼看着即将到来，在这个背景下，三星在2010年力推3D电视，2011年则是智能电视，2011年年初，三星搭载全球首个高清电视智能应用平台Samsung Apps（三星应用商店）的Smart TV上市。三星彩电营销部部长李明旭曾表示，所谓真正的智能电视，应该具备能从网络、AV设备、PC等多种渠道获得节目内容的能力，并且能够通过简单易用的整合式操作界面和便捷的操作，将消费者最需要的内容在大屏幕上清晰地展现。而三星智能电视正是依靠着简单、便捷的操作及在全球范围内拥有900余款智能电视专属应用程序的开放性软件平台——Samsung Apps（三星应用商店）成了用户的家庭娱乐中心。

2013年，三星推出了新升级的智能产品F8000、F7000等，另外，还发布了一款85英寸的4K电视——S9。

2016年，三星更是在高端SUHD系列上全线搭载量子点技术，呈现出前所未有的视觉体验，"感觉，我就在那里"。

多年来，三星的专利申请量一直居于高位，在此不需赘述，近几年三星的专利反映出其对于新技术研发的重视和对未来趋势的敏锐观察力。

2016年，三星可卷曲电视屏幕的专利文件为外界得知，引发轰动，不久后，又有一项新的专利文件图显示，三星目前正在研发一款全息电视，想要以此取代不怎么受消费者欢迎的传统3D电视。根据该项新专利，三星或将在未来使用激光来在电视显示屏前投影出全息图片，而不需要使用笨拙的3D眼镜。当然，三星全息电视专利只能说明这家公司正在探寻这项技术，并不能代表这家公司未来就一定推出这种全息电视。不过，在3D观看体验方面，三星起码向我们展示了一种更为"舒畅"观看途径的可能性。

近期，三星电子更决定收购美国量子点企业QD Vision，更加加重了其在量子点领域的砝码。QD Vision作为业内最为领先的厂商之一，掌握众多量子点专利技术，为三星在量子点技术领域的探索奠定了重要基础。量子点显示技术主要分为光致发光与电致发光两个阶段，目前三星、TCL等企业已实现光致发光产品的落地，而第二阶段的电致发光，能够同OLED一样无须背光源且达到远远超过 OLED 的显示效果,最有可能是下一代显示技术。在这方面,三星已经走在行业前列。

2.9.5 智能影音的专利解读

对中国国内申请量的省市分布统计后可以看出,广东、北京、四川、山东、天津、江苏、上海、台湾、浙江、安徽的申请量都比较大。其中,北京、天津和广东是申请量最多的区域,这与当地良好的研发基础和人才引进政策关系密切。广东的申请量最大,申请量为 2471 件,这与广东的信息技术企业比较集中有关。北京位居第二,申请量为 1312 件,这与北京的大型企业较多、具有科研能力的高校多有关。四川位居第三,申请量为 671,这和四川拥有一些大型企业,如长虹有密切的关系。山东、天津、江苏这三个地区的专利产出量也比较大,分别为 558 件、556 件、428 件,这些地区近年高新产业发展较快,技术实力逐年增强,专利申请量逐年上升。除此之外,上海、台湾、浙江、安徽也都有 100 件以上的申请量,其他省份申请量则较少。这与各自省份的产业特点有关,从产业园区的规划、龙头企业的培养到优质产业的形成,都需要经过较长的时间,因此,申请量少的省份很难在短时间内追上广东和北京在智能影音技术领域的发展脚步。

智能影音领域,中国专利申请量占全球第一,从专利类型来看,技术含量也很高,发明专利占82%,实用新型仅占 18%。这与国内申请人主要以大型企业为主,与

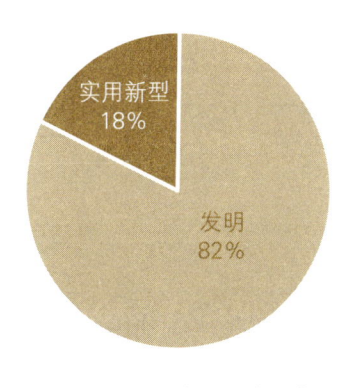

图 2-9-3 中国智能影音专利类型分布

智能影音研发能力有限有关。

重点专利解读：

CN205334101（一种智能家居系统），其请求保护的技术方案是：一种智能家居系统。所述系统包括机器人及家居家电系统，机器人与家居家电系统采用红外通信方式、WiFi、蓝牙和 ZigBee 通信方式中的至少一种进行通信；家居家电系统包括环境控制系统、安防系统和/或影音控制系统；机器人包括：机器人本体；位于机器人本体内的 WiFi 模块、红外模块、蓝牙模块和/或 ZigBee 模块，用于与家居家电系统进行数据通信；传感器模块，用于进行外界信息采集；报警装置，用于发出报警音；存储器，用于存储家庭环境下的地图信息数据以及不同家电的操作模板；控制器，用于对传感器模块采集的信息进行数据处理，并对家居家电系统中的不同家电进行针对性的调控。

说明书附图为：

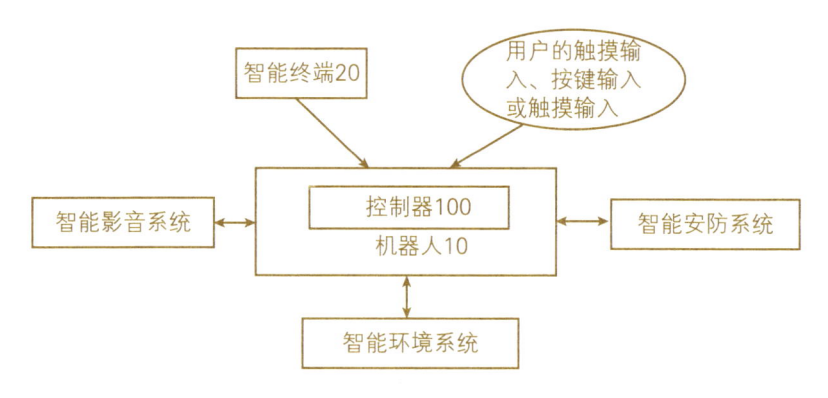

图 2-9-4　相关专利的说明书附图

CN205405100（一种室内智能语音控制系统），其请求保护的技术方案是：一种室内智能语音控制系统，该系统包括：通过安置在室内的 N 台语音信号采集器，对室内人员发出的语音信号进行实时采集的语音信号采集设备；将信号强度最大的一个语音信号筛选出来作为待分析语音信号的语音信号筛选器；对待分析语音信号进行语音特征分析，并将转换成相应的文字信息的语音特征分析器；当文字类识别器判定文字信息为控制类文字信息后，生成相应的设备控制信号的控制信号生成器；将控制信号生成器生成的设备控制信号发送至相应的智能家庭设备，以控制该智能家庭设备进入相应的工作模式的控制信号发送器。本申请使得人们在无须借助任何手持智能终端的前提下，便可实现对室内电气设备的语音控制，提高了家庭智能化水平。

说明书附图为：

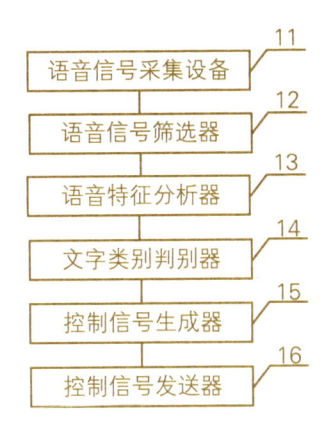

图 2-9-5 相关专利的说明书附图

CN105759735（一种家居智能控制系统），其请求保护的技术方案是：一种家居智能控制系统，包括具有用户外出模式和用户居家模式两种工作模式的智能控制中心、智能家电、智能影音系统、电动窗帘、安防系统、智能电表、智能水表和智能气表，以及供电管理部、供水管理部和供气管理部，所述智能控制中心主要由通信模块、计量模块、电源模块、输出控制电路、保护电路、按键电路和显示模块组成，所述智能控制中心与用户的手机或电脑相接，所述智能家电、智能影音系统、电动窗帘、安防系统、智能电表、智能水表和智能气表均与智能控制中心相接，所述供电管理部和供水管理部均与电脑相接。本发明实现了用手机和电脑远程控制家中各种智能电器的功能，适合现代家居的发展需求。

说明书附图为：

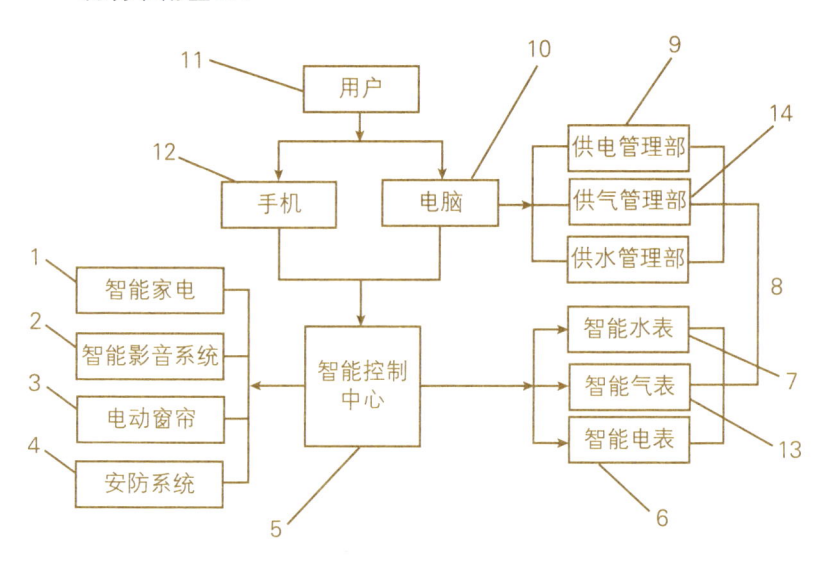

图 2-9-6 相关专利的说明书附图

CN106954096（一种智能影音系统），其请求保护的技术方案是：一种智能影音系统，包含移动终端，可以连接到互联网或局域网中的设备；云服务器，具有云端套接字服务模块，用于在外网设备之间建立连接；电视音响系统，具有内建套接字服务模块，用于建立内网设备之间的连接；当移动终端位于外网时，通过账号密码登录到云服务器的云端套接字服务模块，电视音响系统登录云服务器并保持连接，移动终端控制电视音响系统播放节目，当移动终端位于内网时，移动终端通过电视音响系统内建套接字服务模块控制电视音响系统。无论移动终端位于外网或内网，移动终端对电视音响系统只传输控制指令，由电视音响系统自主进行节目播放。

说明书附图为：

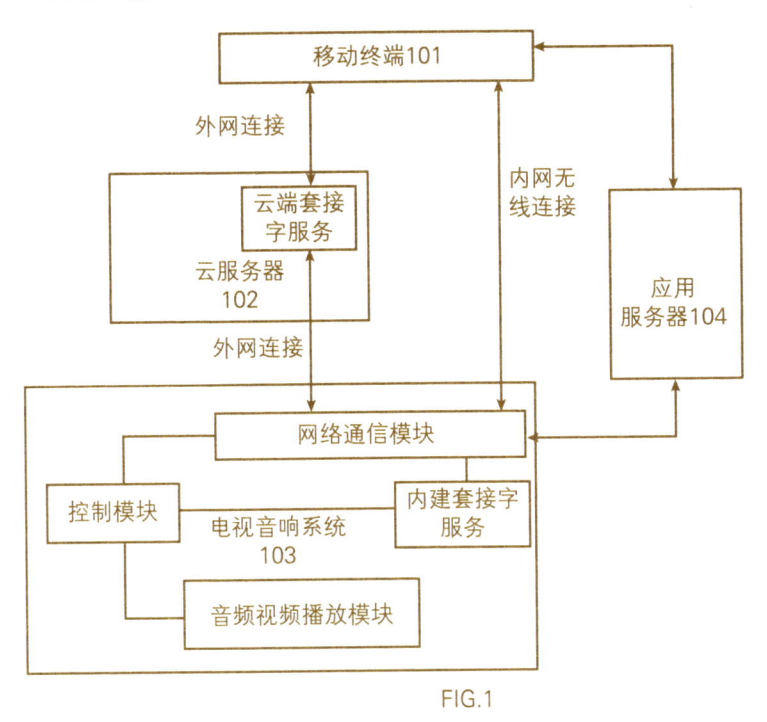

图 2-9-7 相关专利的说明书附图

2.9.6 小结

智能影音发展至今，市面上已有多种不同品牌、不同档次的设备可供选择，家庭影院也不再是高不可攀的奢侈装置。未来，随着人们需求的进一步具体化，同时伴随着技术的不断进步，智能影音必将为我们的日常生活带来更多的惊喜和便利。

2.10 智能医疗

2.10.1 智能医疗的发展过程

智能医疗是应用在医疗领域的智能硬件的统称，它通过监测人体的生理数据，并存储在云端，然后通过分析为用户提供具有医疗、保健价值的实时数据反馈服务。智能医疗将物联网技术以及传感技术应用于医疗设备，实现医疗设备的信息化。在全球老龄化、人民对健康的需求稳步提高的背景下，智能医疗正在走进寻常百姓的生活。

在智能医疗硬件概念诞生以前，医疗设备这一市场专属于医院和医疗设备制造商，医疗设备供应商集中在大型跨国企业中，比如，GE 医疗、西门子、飞利浦、强生、日立。但是，在智能化概念进入医疗硬件领域之后，供需双方发生了明显的改变。

首先，设备制造商端，得益于传感器、物联网技术、半导体方案的成熟，更多的初创企业加入智能医疗领域。智能硬件市场的快速增长带动了传统医疗设备的智能化变革。供应方从单一的大型医疗器械企业，变成大型医疗器械企业和初创企业共存。而且这些初创企业所带来的产品往往不直接与传统医疗设备竞争，而是具有更大的创新度，比如各种手表、手环、体感装置。

其次，在用户端，普通的医疗设备，如 B 超机、尿检仪，大部分用户是医疗机构等，个人用户所占的比例很少。而智能医疗设备可以为个人用户提供监控、检测结果和建议,因而更偏向个人用户。在使用中,智能医疗硬件收集了精准的医疗大数据,这些数据可以帮助药企、医疗机构、保险公司提供更好的研究及服务。药企、医疗机构、保险公司则成为为智能医疗硬件所收集的大数据买单的新用户。

智能医疗硬件领域的产品主要有两种类型。第一种类型是全新发明的硬件设备,应用在医疗环境中,也就是创新化的智能健康设备,主要用于测试运动步数、卡路里、心率、体脂、睡眠等健康指标,主要产品是各种手环、运动计步器和智能秤(如体脂秤)等。智能健康类产品在外观设计上比较时尚,测量的生命体征数据不针对疾病,仅为用户提供自身的健康状态。这一类智能医疗硬件针对的用户群体是健康人群,主要解决他们的运动类、睡眠类和母婴类需求。第二种类型是传统医疗设备的智能化转型,也就是为传统医疗设备加上了智能化功能,产品主要涉及医疗级的应用,测试血压、血糖、体温、心率、胎心、胎动、血氧等指标,如智能化的血糖仪、血压计、体温计、心电仪,此外,还包括为慢性病患者设计的智能药箱等。通过数据的收集,这些智能化产品对用户的疾病进行干预,帮助慢性病患者实现疾病的自我管理。这类产品主要针对的用户群体是慢性病类、母婴类和老年人。在本节,智能医疗主要集中在后一种,也就是传统医疗设备的智能化转型上。

在我国,2011年左右,智能穿戴式设备还属于真空期,智能手机刚刚兴起,关于智能化的概念还没有扩展到其他硬件领域。2012年,Fitbit手环等智能穿戴产品诞生之后,引发了全球可穿戴式设备的新商机。这类手环可以实现计步、监控睡眠等健康状态监控,但是并没有完全切入真正的医疗。2012—2013年年底,在智能技术、信息技术的帮助下,智能硬件行业经历了一个启动期,一些新兴的智能穿戴概念诞生，但还是仅局限于健康领域。2012年后，我国初创企业的诞生量逐渐增多，在2013年和2014年达到了高潮，真正应用于医疗行业的智能硬件出现，行业进入了探索期。智能血压计、智能血糖仪、智能体温计等医疗应用方案大量出现，针对健康应用的产品除了手环，也逐步扩展到体脂秤、手表等领域。2015—2016年，产品研发进入快车道，市场进入成长期。随着各类企业的逐渐成熟和发展，一些新兴的智能医疗硬件种类出现了，如备孕、止鼾、心电监控、情绪管理、智能药箱等各类产品。据估计，2016年我国与医疗健康相关的智能医疗硬件（不包括以运动、睡眠、健身为主的手环、手表类产品）的市场份额大约为20亿。预计到2020年，我国医疗级智能硬件的市场规模将突破40亿元。

医疗级智能硬件中，最主要的产品类型为智能血糖仪、智能血压计。由于慢性病领域中糖尿病和高血压两种疾病所占比例最高，所以对硬件的需求也较大。特别是血糖检测设备的高毛利以及血糖检测技术的日益成熟，使得智能血糖仪成为最主要的产品出现在智能医疗硬件领域。2014年，国内智能血糖仪市场规模达到5940万元，2015年，市场规模接近2亿元。预计未来几年，国内智能血糖仪市场仍将保持高速增长。针对医疗领域的智能血压计虽然不需要后续的耗材供应，但是因为使用人群大，市场广阔，所以相关的制造企业也非常多。

2.10.2 智能医疗的关键技术

医疗级的智能医疗硬件主要包括智能血压计、智能血糖仪、智能温度计、智能听诊器、智能心电仪、智能胎心仪、智能血氧仪等。其中智能血压计、智能血糖仪、智能温度计、智能听诊器的市场销量和技术发展较为突出。

2.10.2.1 智能血压计

传统的电子血压计出现在 20 世纪 90 年代，其采用示波法即震荡法，能够使得用户独立测量血压，而无须听诊器和听诊者。随着我国对水银应用的限制，并且由于电子血压计的便利性，电子血压计已经进入了许多百姓的家庭。然而，这些电子血压计在数据的记录和传输等方面并不够智能，因此，并不属于真正意义上的智能血压计。智能血压计主要是利用多种通信手段，将电子血压计的测量数据通过智慧化处理上传到云端，让智能血压计的使用者及医护人员能够在任何时间、任何地点即时监测到使用者的测量数据，使用者及医护人员可通过微信、APP、大众健康管理平台等云端查看连续、动态、持续、即时的测量数据。

目前，智能血压计依照其通信手段分为蓝牙血压计、USB 血压计、GPRS 血压计、WiFi 血压计等。

蓝牙血压计在血压计中内置蓝牙模块，通过蓝牙将测量数据传送到手机，然后手机再上传到云端。这种血压计很多，典型的代表如木木和乐心。这种方式的优点是：无线传输，不需要接线；不依赖于外部网络，直接上传到手机。这种方式的缺点是：必须依赖于手机。测量血压时，要同时操作血压计和手机，不太方便。使用前

图 2-10-1 康康蓝牙智能血压计

要先做蓝牙匹配。对老人来说较为麻烦。值得一提的是，2012 年，

九安医疗和美国苹果公司合作研发的全球首款可以借助 iPhone 和 iPad 测量血压的电子血压计"iHealth"属于这一类型。

USB 血压计与蓝牙血压计类似。先用 USB 线将血压计和手机连接，测量数据先上传到手机，再传到云端。典型的代表如福满多。小米和九安合作推出的血压计也是使用 USB 连接，而且目前只匹配小米手机。这样方式的优点是接线简单，缺点是必须依赖手机。用户同时操作手机和血压计，比较麻烦。

GPRS 血压计通过内置 GRPS 和 3G 模块，利用无所不在的公共移动通信网络，将数据直接上传到云端。这种血压计的代表如倍益。这种方法的优点是方便，日常使用跟传统血压计一样，无须考虑手机，而数据随时可得。

WiFi 血压计是最新式的，直接使用 WiFi 将数据上传到云端。典型的代表如云大夫血压计。这种方式兼具上面几种方式的优点：操作方便，不需要依赖手机，同时还不需要任何费用。它的缺点就是家里必须有 WiFi。

目前，大多数智能血压计都提供了配套的手机 APP。APP 除了必需的数据统计和分析的功能外，还可以提供许多增值服务。比如，云大夫的 APP 就提供了测量、服药、锻炼提醒功能，让使用者不再忘记按时吃药。有些还提供健康咨询服务，比如，在 APP 里面提问题，然后有专业的医生解答。

智能血压计的另一个特点是可以分享测量数据。比如，一个人测量，他的亲朋好友都可以看到，大家可以一起来关心家人的健康。这些一般也是通过手机 APP 实现的。

不同的智能血压计适用于不同的人群。比如，蓝牙和 USB 血压计，因为测量时必须使用手机，一般适合年轻一些的人使用，比如 40 岁以下的人群。而 GPRS 和 WiFi 基本上适合所有人使用，因

2 单品的智能化

为不依赖于手机。GRPS 因为需要支付流量费,不适合对费用敏感的人群。

使用方法上,蓝牙和 USB 血压计需要打开手机,同时操作血压计和手机,让两者连接起来,然后使用手机或血压计测量。而 GPRS 和 WiFi 的血压计日常使用与传统血压计没有区别,但是第一次使用时需要配置一下。GPRS 需要插入 SIM 卡,而 WiFi 的需要配置 SSID 和密码。

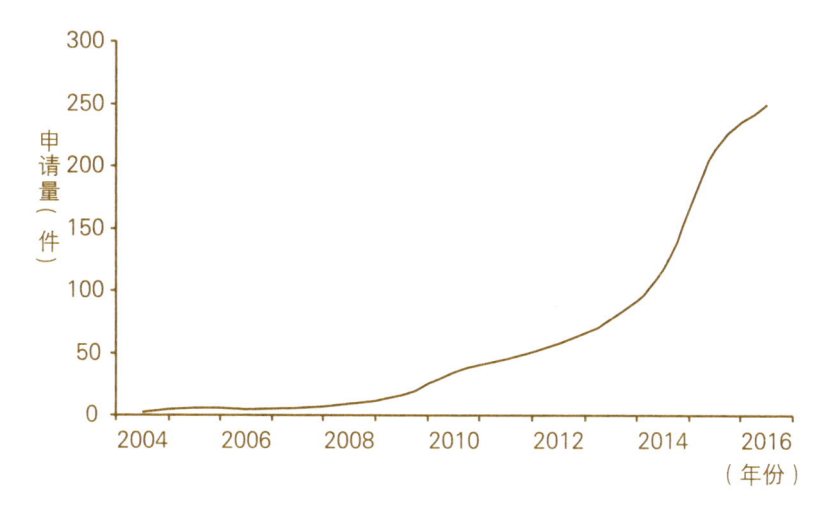

图 2-10-2 国内智能血压计专利申请量趋势图

图 2-10-2 示出了在中国申请的智能血压计相关专利的申请量趋势图。从图中申请量变化来看,呈现出了明显的三个主要阶段。第一个主要阶段是从 2004 年到 2008 年,这个阶段的申请量增长非常缓慢。第二个主要阶段是 2009 年到 2013 年,这个阶段的申请量表现为逐年缓慢上升的趋势。第三个主要阶段是 2014 年到 2016 年,呈现快速上升的趋势,由于社会对智能医疗的关注度的增加,在这个阶段中表现出极为活跃的专利申请态势。

九安公司于 2010 年申请的 CN101884528A 公开了一种血压测量装置，包括：一微处理器和外接端口，外接端口可与手机连接，用于进行数据交换及控制，其中手机具有操作界面、数据库和分析系统，分别用于操作提示及进行功能选择、存储从血压测量装置输出的测量结果及测量过程数据并对测量结果进行管理以及对测量结果做进一步的健康分析。

鱼跃公司于 2011 年申请的 CN102283638A 公开了一种采用智能系数匹配的血压测量方法，根据电子血压计测量结果和血压标准值，输入校准数据到电子血压计，电子血压计根据输入数据自动调整、存储计算参数，使血压计算参数最佳匹配该用户，在该用户模式下再次进行血压测量时，电子血压计使用调整后的计算参数来计算收缩压、舒张压的值。

九安公司于 2012 年申请的 CN102973256A 公开了一种血压计系统，分为血压测量装置和移动终端，血压测量装置包括姿势检测模块，移动终端包括姿势比对模块、姿势指示模块，可精确测定被测姿势角度。同时，调取同一用户上次测量时测量部位姿势的身体位置信息进行比对，对测量部位姿势是否与上次完全一致给用户以提示，用户可根据提示采用相同的测量部位姿势进行连续多次测量，消除了因测量部位姿势不同引起的波形波动，测量更准确。

欧姆龙公司于 2012 年申请的 CN104135915A 和 CN104135916A 分别公开了血压相关信息显示装置。两者都能够在显示画面上显示与受检者的血压相关的信息。前者能够按照医生的风格容易地从多次测定的血压数据中选择作为计算基础的血压数据。而后者能够使医生容易且迅速地从各种血压评价项目中选择出应向受检者传达的血压评价项目，便于诊疗。

康康血压于 2015 年申请的 CN204445860U 公开了一种便携式动

态测压电子血压计，在血压计本体上设有 MCU 控制单元，MCU 控制单元中设有血压监控模块和血压分析模块，血压分析模块将所分析的血压数据通过蓝牙模块或移动网络传输模块上传至移动终端设备。用户可将袖带直接戴在手腕处，MCU 控制单元处理完血压数据获取到血压和心率后，可直接上传至移动终端设备，满足远程查看；同时，测定血压次数的血压监控模块和血压分析模块可持续对使用者的血压进行监测和血压分析，完成实时血压数据的上传和保存，实现随时随地对使用者进行血压检测，及时了解使用者的血压变化。

乐心公司于 2016 年申请的 CN205885421U 公开了一种可控制测量时间间隔的电子血压计，包括在距离上一次血压测量预定时间间隔阈值后才可启动下一次血压测量的至少一个专属测定按键。该电子血压计能控制同一用户两次血压测量时间间隔，阻断用户一次血压测量结束后，立即开启第二次测量，从而提高血压计的测量准确度。

乐心公司于 2016 年申请的 CN105902258A 公开了一种能自动开启血压测量的电子血压计，通过设置传感器并检测传感器被触发的持续时间是否大于预定阈值，可在用户佩戴好袖带后自动开启血压测量，使血压计更加智能化。

2.10.2.2 智能血糖仪

智能血糖仪又称电子血糖仪，是一种方便的测试自身血糖指数的智能电子医疗仪器，主要包括血糖仪、试纸和针头。针头刺破手指采血，试纸用于吸入样血，接入到血糖仪中，血糖仪通过测试试纸得出血糖指数。智能血糖监测作为 POCT（Point – of – care testing，现场快速检验）最大的细分领域，是一块诱惑力极大的蛋糕。随着大数据、互联网+概念的兴起，以及智能终端的普及，血糖仪的智能化趋势逐渐显现。

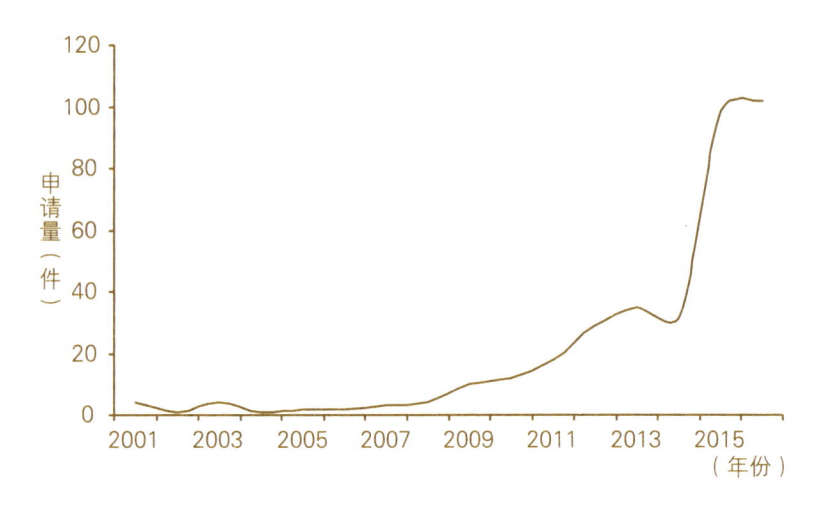

图2-10-3 国内智能血糖仪专利申请量趋势图

图2-10-3示出了在中国申请的智能血糖仪相关专利的申请量趋势图。从图中申请量变化来看，呈现出了明显的三个主要阶段。第一个主要阶段是从2001年到2008年，这个阶段的申请量增长非常缓慢。第二个主要阶段是2009年到2013年，这个阶段的申请量表现为逐年缓慢上升的趋势。第三个主要阶段是2014年到2016年，呈现快速上升的趋势，由于社会对智能医疗的关注度的增加，在这个阶段中表现出极为活跃的专利申请态势。

宝展公司于2011年申请的CN202204813U公开了一种物联网低功耗无线采集传输智能监测

图2-10-4 微策智能血糖仪

2 单品的智能化

血糖仪,包括包含第一无线通信模块的血糖采集仪,包含第二无线通信模块的血糖数据管理平台,包含第三无线通信模块和血糖数据管理模块的手机,确保了血糖采集仪和手机的有机结合。保证远距离数据传输的即时性、稳定性、准确性、不失真、不可丢失性;保证多种无线方式的同时存在,确保在不同的环境下快速准确的传出有效数据。

睿博公司于 2011 年申请的 CN202404063U 公开了一种具有无线通信功能的血糖仪,包括单片机,单片机输出端连接有无线通信电路,通过无线通信电路使检测到的数据能够及时准确地到达指定服务器,让专业人士及时地了解分析病情,提供合理的健康建议。

欧姆龙公司于 2012 年申请的 CN104168829A 公开了一种血糖仪,利用积累在存储部内的多个血糖值的数据来计算糖化血红蛋白的推断值,利用在饭前测定出的多个饭前血糖值的数据及在饭后测定出的多个饭后血糖值的数据计算饭前平均值和饭后平均值,再进一步计算平均血糖值和糖化血红蛋白推断值。

鱼跃公司于 2015 年申请的 CN204347032U 公开了一种免调码血糖检测系统,包括近场通信模块,近场通信模块主动搜索近场通信芯片,与之建立连接,读取近场通信芯片应答的信号,所述微处理器保存、处理通过总线接收的近场通信模块传输的信号。通过采用近场通信技术获取试纸的 CODE 码,自动完成血糖试纸代码校正,避免用户手动输入试纸的 CODE 代码,方面快捷,不易出错。

鱼跃公司于 2016 年申请的血糖监测系统,包括血糖仪主体及智能设备,血糖仪主体还包括音频通信模块和耳机插头,耳机插头的右声道用于插入智能设备时唤醒设备,左声道用于接收智能设备发送的指令和数据,麦克风端口用于发送血糖监测系统的指令和数据。音频通信模块通过自定义的数据帧协议与智能设备建立连接及收发数据，音频通信模块通过发送和接收两种不同频率的方波实现数据通信，通过利用智能设备显示、记录、分析血糖数据，便于糖尿病患者进行血糖管理。

凌拓公司于 2016 年申请的 CN206248674U 公开了一种用于血糖测试的健康监测系统，包括血糖测试仪、智能终端和远程服务器；血糖试纸插接部与血糖试纸插口对应设置；血糖测试仪通过无线通信模块连接智能终端，智能终端通过 WiFi 网络或移动网络连接远程服务器。该系统防止用户插入未校准的血糖试纸，产生误操作导致测试结果错误。

2.10.2.3 智能温度计

传统的水银温度计只能单次测量体温，无法保存数据。第二代温度计是数字温度计，比如，耳温枪，这种温度计测量速度更快，并且可以存储多条测量数据。近来，又出现了第三代产品，智能温度计。智能温度计除了拥有数字温度计的功能，还可以将体温数据上传至配套的 APP，实现绘制连续的体温曲线等智能功能。

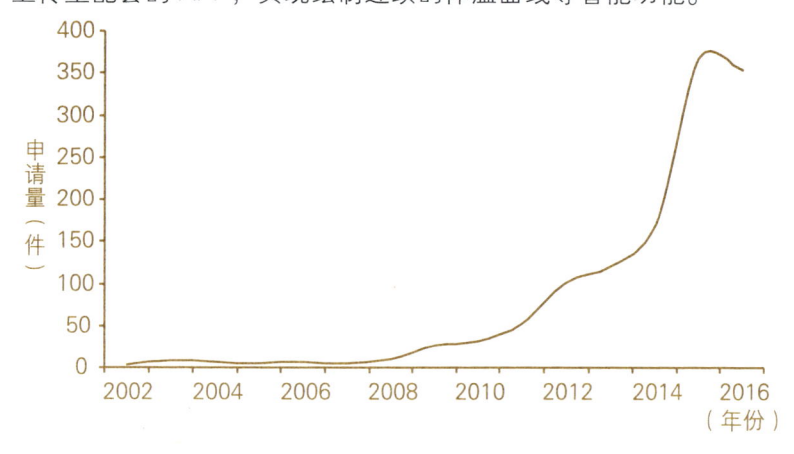

图 2-10-5　国内智能温度计专利申请量趋势图

2 单品的智能化

图 2-10-5 示出了在中国申请的智能温度计相关专利的申请量趋势图。从图中申请量变化来看，呈现出了明显的三个主要阶段。第一个主要阶段是从 2002 年到 2008 年，这个阶段的申请量增长非常缓慢。第二个主要阶段是 2009 年到 2012 年，这个阶段的申请量表现为逐年缓慢上升的趋势。第三个主要阶段是 2013 年到 2016 年，呈现快速上升的趋势，由于社会对智能医疗关注度的增加，在这个阶段中表现出极为活跃的专利申请态势。

在我国，主要的智能温度计品牌有棒米、宝莱特、发烧总监、鱼跃等。大部分智能温度计都配有配套 APP 和智能分析功能，一些智能温度计还额外配置了连续监测功能，适用人群以孕妇和儿童为主。因汞制品对环境和人体的极大危害，2016 年 4 月 30 日第十二届全国人大常委会第二十次会议决定批准《关于汞的水俣公约》。公约要求缔约国自 2020 年起，禁止生产及进出口含汞产品。据报道，到 2020 年全国医院将有约 3500 万支水银温度计被淘汰，背后则是 7 亿多元替代品的生存空间。从智能温度计行业整体而言，有

图 2-10-6 宝莱特婴幼儿智能温度计

政策利好的因素。但想要在已经展开混战的市场突出重围，要走的路还很长。

孕橙等部分智能温度计企业在与阿里健康等医疗服务方进行合作，向用户提供更多的测量体温后的服务。这样既能提高品牌的曝光度、拓展销售渠道，又可增加对已有客户的黏性。

倍泰健康公司于2012年申请的CN202636909U，公开了一种具有无线数据传输功能的耳温枪，通过在耳温枪中采用红外传感模块、中央处理模块、开关控制模块、声音提示模块、光提示模块、数据存储模块、无线数据传输模块、信息显示模块、电源模块以及电源检测模块，实现了在获取用户的体温数据后，通过无线数据传输功能将体温数据传输至任意智能通信设备以进行数据存储、分析和显示，提升了数据传输效率，以便用户对体温数据进行系统化管理。

前海致圣公司于2015年申请的CN204744123U，公开了一种近距离无线智能体温计，包括智能终端和近距离无线智能体温计，无线智能体温计包括温度传感器、微控制器、加解密安全模块和近距离无线通信模块，温度传感器的信号输出端接微控制器，微控制器通过加密数据通道和普通通信通道分别与近距离无线通信模块连接；在加密数据通道中，微控制器通过加解密安全模块接近距离无线通信模块，在普通通信通道中，微控制器直接接近距离无线通信模块。该体温计的体温资料数据经过加解密安全模块的认证后才通过无线网络发送给特定的智能终端，存储和发送的体温资料数据安全性好，有利于保护个人隐私。

温尔公司于2015年申请的CN105232007A，公开了一种临床体温监测系统，包括体温计和移动终端，体温计可与移动终端通信，移动终端通过局域网将体温数据传输至固定终端。该体温计采集的体温数据可实时传输到移动终端，从而使他人能够即时了解到患者体温变化情况。

2.10.2.4 智能听诊器

传统的听诊器长期以来只能由医务人员使用，不能听诊心音以外的人体内部声音，在使用的过程中需要医务人员将其戴在耳朵上，不能够对该数据进行记录和储存，听诊得到的人体信息不能够简便、准确地发送给他人，不能初步分析声音的生理性或病理性，不能指导使用者听诊部位，不能记录听诊部位的视频资料。而智能听诊器使得远程在线医疗成为现实。智能听诊器又称电子听诊器，能够自动识别患者并录入患者检查情况，并且可通过按钮智能控制选择心肺音，还能够自动发送数据。一些智能听诊器通过蓝牙设备将心音传送到医务人员的电脑中，心脏扫描软件将心脏声音接近实时地显示在屏幕上，之后软件还能够分析这些声波并将提示异常情况的杂音准确地提取出来。此外，医务人员还能够以慢速回放的声音来更加明确地诊断疾病。

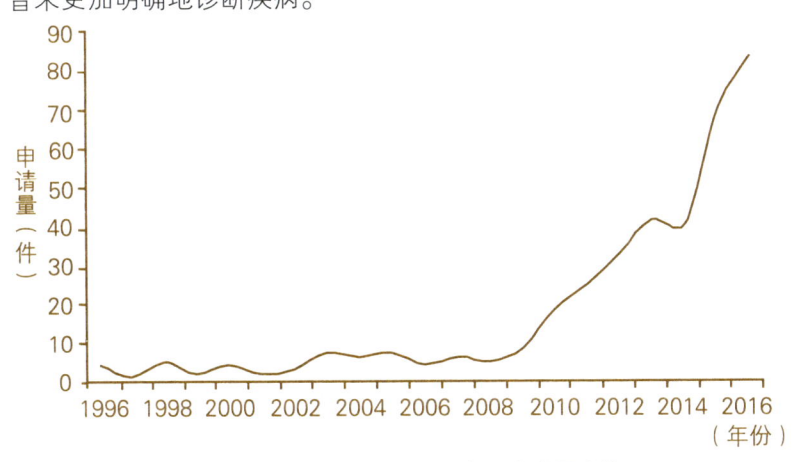

图 2-10-7 国内智能听诊器专利申请量趋势图

图 2-10-7 示出了在中国申请的智能听诊器相关专利的申请量趋势图。从图中申请量变化来看，呈现出了明显的三个主要阶段。第一个主要阶段是从 1996 年到 2008 年，这个阶段的申请量增长非常缓慢。第二个主要阶段是 2009 年到 2012 年，这个阶段的申请量表现为逐年缓慢上升的趋势。第三个主要阶段是 2013 年到 2016 年，呈现快速上升的趋势，由于社会对智能医疗的关注度的增加，在这个阶段中表现出极为活跃的专利申请态势。

在智能听诊器领域，成都思众康科技有限公司的申请量最为突出，达到了 19 件，涉及指纹识别、隔离心肺音、降噪、除尘杀菌等各方面。

思众康公司于 2016 年申请的 CN106333706A，公开了一种指纹识别并智能选择心肺音的听诊器系统，包括拾音模块、控制模块、中央处理器、移动终端，中央处理器与指纹识别器相连，中央处理器与移动终端相连，移动终端与语音播放器相连。该听诊器系统通过多个滤波器和传声器实现心音与肺音的分离，且具有指纹识别器，诊断准确清晰、方便准确，通过无线网络传递，也更加智能化。

思众康公司于 2016 年申请的 CN106137245A，公开了一种参考多种心电测量仪信号分析的听诊方法，使用电子听诊器、心电监测仪、脉搏传感器、心跳检测仪、温度计采集病人心音数据、心电数据、脉搏信号、心率信号、温度，将分析后的信息和结果以数字信号转换成声音信号、视频信号或图像信号。该方法在心音定位上更准确，在后续的病症分类中可以结合这多个信号来诊断病症，从而能够得到准确率较高的诊断结果。

思众康公司于 2016 年申请的 CN106308846A，公开了一种智能识别的基于无线传输的心电听诊器，中央处理器连接一个身份证读卡器，显示器连接无线接收器和一个语言播放器。采用身份证读卡器智能识别，增加就诊方便程度，心电传感器有效地区别心音和肺音，显示器连接语音播放器，更正确显示患者情况。

乐普公司于 2015 年申请的 CN106419952A，公开了一种电子听诊器，包括与听诊头连接，用于将听诊音进行滤波并转换成电信号的拾音传感器；通过音频数据线与拾音传感器连接的音频插头，音频插头通过与外部设备连接将电信号传送至外部设备。该电子听诊器无须专业的医护人员才能使用，消费者可以自行进行听诊，由外部设备（比如手机）录音后存储。消费者通过多次听诊音信号的对比，对健康状态进行跟踪，达到自我预防或者诊断的目的。

卓效公司于 2016 年申请的 CN105708489A，公开了一种电子听诊器的远程听诊实现方法及系统，将移动终端与电子听诊器进行无线连接，通过移动终端控制所述电子听诊器进行听诊录音操作，电子听诊器将录制好的录音文件发送至移动终端，移动终端对录音文件进行编码，然后发送至指定的互联网平台。该系统还能够提示和引导用户进行听诊、心肺音录制，控制电子听诊器操作，可将电子听诊器录制的心肺音数据上传至指定的互联网平台，实现远程数据共享，医生可以通过互联网平台对患者实现远程听诊。

2.10.3　智能医疗的重点企业

2.10.3.1　智能医疗的重点企业——欧姆龙

欧姆龙集团始创于 1933 年，总部位于日本京都。欧姆龙于 1961 年创建了健康研究中心，从家庭健康监测出发，为疾病的预防、治疗提供有效的辅助，实现了家庭、医院的共同管理。

欧姆龙的家用智能医疗产品主要有智能血压计、智能血糖仪、智能体温计。2011年，欧姆龙在日本开设了健康管理服务平台WellnessLINK，借助该平台，可以对用户的血压、体重、运动等进行管理，以达到促进健康的目的。2014年，已经运行成熟的该平台与日本各地方政府合作，收集居民体重等相关数据，进行居民健康管理，并实施多项健康促进项目。目前，欧姆龙在家用医疗器械市场拥有相当高的占有率和好评。

欧姆龙的HGM—124T血糖仪是一款蓝牙智能血糖仪，经过检测，其测量值与医院血化验所测量值的相关性在99%以上，其免调码设计免去了调码测试，革新了传统繁杂操作，无须调节，插入试纸即可自动识别检测。

欧姆龙的HEM—6322T血压计是一款蓝牙智能血压计，它采用智能加压技术，能够根据被测者血压情况自动调节加压的压力值，从而缩短测量实践，提高测量舒适感，确保测量出确切的结果。通过将电子血压计与水银血压计作比较，平均误差<5mmHg。当检测到瞬间心跳节奏超过平均心跳节奏上下25%的范围，屏幕会出现"不规则脉波"图标，提示用户注意及早就医，接受进一步检查。

欧姆龙的MC—652LC体温计是一款蓝牙智能温度计，精度达到0.05度，在测量完毕后会有蜂鸣提示，前次记忆功能能够便于用户比较前后两次提问，了解体温变化趋势，通过蓝牙，用户可以将体温计内的记录传输到手机APP，看到自己的体温变化。

2.10.3.2 智能医疗的重点企业——乐心医疗

乐心医疗成立于2002年，专注于智能健康，目前主攻"智能穿戴"与"移动医疗"两大方向，旗下产品包括手环、电子秤、脂肪测量仪和电子血压计等。2014年，乐心医疗与微信战略合作，成为首批接入微信的智能硬件品牌。

在智能血压计领域，乐心的 i8 是一款无线互联网血压计，通过 Power Filter 技术，实现加压与脉搏检测线性双通道分流，可自动分辨加压与脉搏信号，并只捕获脉搏信号，做到医疗级精准测量，采用内置一体化气泵，提高测量速度，降低噪声。其能够实现家人语音对讲、智能语音播报功能，是一款会"聊天"的智能血压计。i8 集合了高信噪比语音芯片群，能自动语音提醒操作错误，只能播报测量数据，让血压数据不仅能看，还能听。作为乐心医疗的旗舰级血压产品，i8 具有远程对讲功能，用户可以通过 i8 的对讲按钮与家人实现微信对话。i8 支持本地 20 组数据储存，每次测量结果也会自动上传到云端，为每位用户建立完善、便于查询的健康数据库，并为个人定制一周血压分析报告及饮食建议。i8 还设有智能提醒功能，家人可以通过手机为用户设置好时间，用户就能每天定时收到语音提醒，形成健康好习惯。当用户需要帮助时，可以按呼叫按钮，呼叫信号将以短信的方式发送到家人的手机上，使得家人第一时间反应并了解情况。

2.10.3.3　智能医疗的重点企业——Kinsa

在智能温度计领域，美国企业 Kinsa 生产的智能温度计除了其他智能温度计所拥有的功能之外，还与在线问诊平台展开合作。在经患者授权后，在线问诊平台可以实时将 APP 上的体温数据整合到患者的电子病历中。医生可以更全面地了解患者的情况，作出更准确的诊断。即使是在没有医生的情况下，Kinsa 也可以告诉患者如何行动。测完体温后，患者在 APP 上输入当前的症状，系统会从健康资讯网站、医疗机构等合作伙伴的医疗数据库中，提取相似的病症和治疗方案反馈给患者，告诉他们接下来应该采取哪些措施控制病情。

目前 Kinsa 推出市场的智能温度计包括便携式智能温度计和入耳式智能温度计。便携式智能温度计外观酷似一根数据线，它没有显示屏和电池，需要结合手机与 APP 使用。温度计一端的金属探头用于测量体温，支持口腔、直肠和腋窝三个部位测温。另一端用于插入手机接口，几秒钟内测量结果就可以显示到 APP 上。便携式智能温度计目前售价 19.99 美元，是三款智能温度计中最便宜的。入耳式智能温度计只能通过耳道测量体温，但是在智能程度上超过便携式温度计。它内置电池和显示屏，同时自带蓝牙功能。因此，它既可以单独使用，也可以通过蓝牙连接手机上传数据至 APP。入耳式智能温度计可以在 1 秒钟内完成测量，且可以记录 50 条体温数据。入耳式智能温度计的售价为 49.99 美元，远高于便携式智能温度计。

Kinsa 不仅在普通数字温度计的基础上加入了智能化的功能，而且鼓励患者在测量完体温后把相关症状记录下来，并把这些数据通过 APP 匿名上传到云端。如果在某个区域同时有很多人出现相同的病症，Kinsa 可以将数据绘制成一张"健康地图"，清晰地呈现疾病的蔓延情况。如果类似的设计能进行大规模的应用，这将在人类与流行病的战斗中发挥重要作用。目前，他们正在美国 100 多个校园内进行试点。Kinsa 将智能温度计免费发放给家长，这些家长匿名共享孩子的体温数据和健康情况。当共享的人数足够多时，家长就可以知道校园和社区是否有流行病在蔓延，提前做好疾病预防的工作。

2.10.4 小结

智能医疗已经走入了寻常百姓家庭。在很多情形下，人们可以在家里对自己的身体状态进行监测，家人也可以更方便地掌握患者的身体状态。相信不远的将来，智能医疗能够为消费者带来更好的医疗体验。

2.11　本章结语

　　智能单品作为智能家居体验的前端，是最容易引发用户关注的兴趣点。本章节以智能中央控制器、智能家居机器人、智能门窗、智能照明、智能防盗、智能冰箱、智能马桶、智能影音和智能医疗这九个具体的智能单品为对象，从与之相关的产品和专利的角度出发，研究了各单体的市场现状和技术发展。

　　然而，智能家居系统并非简单的包容单品就可以称之为系统，如何切实地提高用户体验，打造更佳的口碑，还需要具有标准化、规范化、智能化的系统平台进行融合，这也是从面向技术到面向用户所必须经历的阶段。

3 智能家居系统

上一章中，我们已经对市场上的多种智能单品进行了详细的介绍，智能单品在生活中更加接近消费者，也是我们经常能够接收和感受到的。但是，智能单品毕竟只算是智能家居中的一个组成部分而已，如果没有其背后所运行的智能家居系统，那么仅把一件件单品罗列在一起，还不能算是真正意义上的智能家居。

智能家居系统，作为运行在智能家居中的庞大后台，是家居智能化的关键点，这也是近些年来各大技术巨头所关注的重点，具有庞大的市场潜力。下面，我们将从智能家居系统的发展和热门产品入手，对目前智能家居系统的整体状况进行介绍。

3.1 智能家居系统概述

中国智能家居系统经历二十余年漫长的探索期，早期受产业环境、技术、消费者习惯等因素的制约，主要以一种单品相对孤立、用户接受度不高的模式存在于别墅或高端住宅中，发展缓慢。2010年之后，由于移动互联网、物联网相关技术发展的推动，智能家居系统的定义、产品、系统的升级，使得智能家居系统行业的产业链得到延伸，行业仿佛被注入了新的血液，传统的硬件企业、互联网企业借助自身的优势建立智能家居系统平台，以期获得巨大的商机。下面将从智能家居系统的概念升级、市场现状以及未来发展趋势等几个方面展开分析。

3.1.1 智能家居系统的概念

传统的智能家居系统是指利用的信息传感设备、互联网通信技术、计算机技术、综合布线技术、医疗电子技术依照人体工程学原理等，融合个性需求，将与家居生活有关的各种子系统如灯光控制、窗帘控制、煤气阀控制、信息家电、场景联动、地板采暖、健康保健、卫生防疫、安防保安等有机地结合在一起，并与互联网连接起来进行信息交换和通信，实现家居智能化的一种手段，其系统主要包括中央控制管理系统、家居传感器终端、控制器、家庭网络及网关等。智能家居的基本目标是将家用电器或和家庭信息相关的通信设备通过 HBS 协议连接到家庭智能化系统上进行管理和控制，其最终目的是提高人们生活的便捷性、安全性、舒适性，实现"以人为本"的全新家居生活体验。

笔者认为，智能家居系统历经了近几年的科技变革之后，其定义可以进行全新的升级，如今的智能家居系统，是以住宅为平台，基于物联网技术，由智能家电、智能硬件、安防控制设备、家具等硬件系统、软件系统、云计算平台构成的一个家居生态圈，实现人远程控制设备、设备间互联互通、设备自我学习等功能，并通过收集、分析用户行为数据、为用户提供个性化的生活服务。使家居生活安全、舒适、节能、高效、便捷。智能家居系统定义的核心已经由传统的统筹控制家居生活的各子系统转变为新型智能家居云计算平台的产品大数据分析和管理，以及后续的用户体验服务和设备自我学习功能。其技术基础已经由综合布线技术升级为物联网技术在家庭场景中的应用，设备间可实现互联互通，数据共享；软件控制由相对封闭的模式转变为支持用户个性化场景设置，具有各种开放端口的新型软件控制系统，对于产品的控制也无法仅局限于触摸、遥控灯等便捷度低的方式，而转为可以通过各种移动设备远程调控的安全、节能、便捷的形式。

3.1.2 智能家居系统的行业发展环境

从政策环境出发，近年来，我国政府部门对智能家居加强了国家政策层面的支持，鼓励创新、研发智能终端产品，为整个行业的良性发展奠定了坚实的基础。鉴于移动互联网、云计算、大数据等市场热点，国家从政策层面鼓励加快实施智能终端产业化工程，支持研发智能手机、智能电视等终端产品，促进终端与服务一体化发展；支持数字家庭智能终端研发及产业化，大力推进数字家庭示范应用和数字家庭产业基地建设；鼓励整机企业与芯片、器件、软件企业协作，研发各类新型信息消费电子产品；支持电信、广电运营单位和制造企业通过定制、集中采购等方式开展合作，提升智能终端产品竞争力，夯实信息消费的产业基础。具体来说，2012年住房和城乡建设部制定了《国家智慧城市试点暂行管理办法》，次年11月，国家正式发布了《中国智慧城市标准体系研究》。此外，国家发展和改革委员会、工业和信息化部等14个部门共同发布《物联网发展专项行动计划》，明确将智能家居作为战略性新兴产业来培育发展，将智能家居列入九大重点领域应用示范工程。十二届全国人大三次会议上，李克强总理在政府工作报告中首次提到"互联网+"行动计划，在大众创业、万众创新的背景下，智能家居系统的创新积极性被充分的激发。

从技术环境来看，物联网时代的来临与嵌入式技术的发展完善给我国智能家居产业提供了良好的技术基础。与此同时，人们对家居体验越来越高的要求也侧面为其提供了便利条件。物联网技术打破了信息上不共享、功能上不关联的阻碍，而嵌入式技术综合了软件技术、传感器技术、集成电路等技术，为智能家居系统提供了有效的解决方案。2014年起中国智能手机网民规模达6亿，智能手机正在用多元的应用和服务，改变人们的日常生活，为智能家居系统进一步为用户所接受打下了坚实的基础。

从经济社会角度出发，中国城镇人口比重逐年显著增加，必然引发家居相关产品需求提升，社会老龄化严重，服务于老年人的智能家居系统也进入消费者的购买范畴，中国居民的收入依然保持着较快的增长，随着购买力的提高，享受型消费也在提高。此外，随着竞争日趋激烈，越来越多的房地产开发商开始把家居智能化系统作为所开发楼盘的新卖点。比如，绿城集团在全国范围内采用了基于TCP/IP的智能家居设备。随着房价的不断攀升，智能家居投入的性价比越来越高。2016年，全球范围内信息技术创新不断加快，新产品不断激发新的消费需求，成为日益活跃的消费热点。与此同时，我国正处于居民消费升级和信息化、工业化、城镇化、农业现代化加快融合发展的阶段，这为智能家居市场快速发展打下了良好的基础。随着智能手机的快速发展，各种元器件的价格下调使得硬件的智能化成为可能，谷歌、苹果、三星以及国内的小米、海尔、华为等行业技术龙头企业参与也推动了智能家居系统的迅速发展。

总体来看，我国智能家居产业目前发展环境比较良好，市场前景乐观。

3.1.3 智能家居系统的发展历程和典型市场参与者

与智能家居单品不同，智能家居系统强调方案的整体性和设备间的互联互通，以及系统的整体控制操作。追溯至 1997—2012 年这一段漫长的时期，智能家居系统受到产业环境、技术、消费者习惯等因素影响，其处于探索阶段，发展一直比较缓慢，2010 年后由于移动互联网、物联网等新技术的推动，新的智能家居单品不断出现，形态各异，但均没有达到整体的、成熟的智能家居系统时期。

从 2013 年至今，中国的智能家居系统进入了市场启动期，在政治、经济、技术环境都比较成熟之后，用户需求的挖掘开始变得比较重要，搭建生态系统，手机用户数据等成为智能家居系统产业的重要目标。这一阶段也有一些代表性的企业和标志性的产品出现，比如，由 2013 年开始兴起的电视盒子、智能电视、智能路由器等智能硬件大热，将各种单品与互联网的融合推进了一个新的历程。2014 年，新形态的智能家居系统不断出现，比如苹果、三星推出的智能家居平台，京东搭建的 JD＋平台、智能家居系统不断升级。2015 年，海尔、美的、阿里巴巴、小米、乐视等均布局了智能家居系统平台，房地产、家装企业积极参与智能家居系统的布局，行业之间的跨界合作趋势明显。

具体从产业链的角度来梳理目前的市场参与者，主要分为以下几类：第一类是传统的硬件企业，其是早期的主要参与者，由于市场的导向逐渐向智能化转型，包括一些传统家电企业和安防控制设备厂商，典型的如海尔、美的、三星、LG、格力，此外，还发现部分传统的硬件企业不仅单品由传统向智能化转型，其也在努力构建自己的智能家居系统，典型的如海尔 U＋智慧生活平台，为用户打造智慧空气、智慧美食、智慧洗护、智慧安全、智慧健康、智慧娱乐、智慧水电一体的智慧生活解决方案；第二类是平台服务型的互联网企业，凭借雄厚的技术实力和云服务能力为硬件企业提供平台服务、产业链支撑、大数据支持等，比如京东、阿里巴巴、腾讯、百度，其中京东的 JD＋计划就是联合三十多家智能硬件投资机构，通过京东智能云、大数据分析、京东 APP 等平台资源实现不同产品的链接，围绕智能家居打造完整服务圈，为用户提供从云端到终端的整体智能生活方案；第三类是消费电子产品类的企业，从一些终端或者可穿戴设备等产品介入智能家居系统，从而达到打造智能生态圈的目的，比如小米、乐视，其中小米的智能硬件生态体系，依靠建立自有的智能硬件生态体系布局智能家居系统，以小米智能手机与 MIUI 操作系统为中心，连接所有小米设备，形成"手机、电视、路由器＋生态链"的结构；第四类是其他企业，包括一些创新的小型企业、家装企业和房地产企业。

3.1.4 智能家居系统的发展阻碍

从目前的技术发展势态和市场发展程度可以看到，智能家居系统的关键是将智能设备提供给用户的孤立的服务和孤立的数据信息进行整合和连接，通过对数据的交互分析，能够得出并构建合适的智能家居系统运行环境数据，并以此进行调控，使得用户得到舒适的家居体验。未来智能设备必然将被集合进入系统，设备之间相互孤立的数据和信息将被打通，那么掌握了数据和信息整合，就将掌握更多的商业机会和盈利模式。

智能家居系统目前遇到的发展阻碍可以由以下几个方面来进行阐述：首先，我国智能家居起步较晚但发展迅速，目前行业仍然缺少标准化网络协议和接口协议，产业标准不统一，不同的智能家居控制系统也时常出现不兼容的情况,加大了跨产业合作的难度;其次,缺少对于智能家居以及智能家居系统公认的概念,在行业中缺少领军企业,产品同质化严重,没有明显的技术优势;再次,从用户的角度,用户缺少对智能家居产品以及智能家居系统的认知和产品体验,在使用的过程中对数据的安全性问题没有得到用户的完全信赖,市场上多数智能家居产品缺乏足够的调研,不够完善的商业模式,市场监督力度不严,数据安全性值得考量,这也是影响用户购买的原因;最后,用户目前也许能够尝试购买智能家居产品,但是构建智能家居系统的意愿并不十分强烈,预算也普遍偏低。因此,从产品的角度可以发现,部分智能产品难以让用户持续使用,从而给构建系统造成阻碍,用户的学习成本较高也会造成用户的抵触,产品目前大多依赖于智能手机 APP,每个家庭成员的使用体验满意度也不同。

3.1.5 智能家居系统的未来趋势

从技术层面出发,智能家居系统发展趋势可以归纳为(但并不局限于)以下几类:首先,操作系统的扩充和扩展,其未来必将搭建更好的操作生态,优良的扩充性和扩展性使得更多的硬件、软件、内容数据能够接入系统,产生巨大的融合。其次,系统设备之间以及系统与系统之间,用户与设备和系统之间的交互技术,语音交互、体感交互、人脸识别等将广泛地运用到智能家居系统中,手机以及手机上的 APP 所带来的设备的控制必将减弱,以实现对系统中的每一个人都拥有完美的用户体验和较低的学习成本的目的。再次,云技术的发展和大数据技术的发展也必然成为未来新技术的爆发点,因为随着智能产品的增多以及智能家居系统的融合扩大,对于数据量的承载,以及大数据的管理和分析能力也必须得到提升，这两个技术将保证为客户提供个性化的智能家居生活服务和体验提供数据和存储的支撑。此外，无线通信技术将不断升级，设备与设备之间的通信方式将主要通过无线技术实现。最后，高端的机器人技术将逐渐地被人们广泛采用，其融合了交互、云计算、无线通信、图像识别、人工智能、传感器等技术，能够满足高端家庭医疗、服务和教育等用户需求。

在未来的智能家居系统发展模式方面，其以智能家居产品为前端，获得用户消费者的惯性依赖，并以此获得用户使用数据，从而进行数据的挖掘和分析，将分析结果与系统或平台服务商对接，为消费者提供进一步的个性化服务。也就是说，智能家居系统，绝不仅是简单的包容各个智能家居单品，其将从用户需求出发，以技术为基础，包容整个产业链前端和后端市场，将传统的家庭内部的各个设备融合之余，还要将用户的线上线下服务需求进行整合，结合维修、医疗、教育、家政等个性化系统服务，打造全新的智能家居系统。

总而言之，当前阶段下，中国智能家居的发展方向处于面向技术过渡到面向用户的阶段，未来智能家居系统会朝着标准化、规范化、多样化的方向发展。智能家居的优势是毋庸置疑的，智能家居系统重点研究方向包括了用户体验、开放式的信息平台以及个性化的增值服务；与此同时，随着人们环保意识的提升，智能家居还将朝着环保型的方向发展，特别是降低智能家居系列产品的价格，从而增加用户的数量，营造更加舒适、合理、便捷、环保的家居环境。况且物联网的建设已经上升为国家战略，云计算的兴起使得智能家居得到了二次发展机会，相信在不久的将来智能家居系统将会进入更多的家庭，给大家带来全新的家居体验。

在了解了智能家居系统的概况之后，我们来一起认识一下智能家居系统中的几个明星产品,智能家居系统产品在近几年来才逐渐为广大用户所熟悉,无论亚马逊还是小米,都不断地在给用户带来新的体验。这些产品,在系统架构和单品特色上,都有着各自的长处和侧重点,为了能够对这些产品有更加全面的了解,我们将从各大产品的起源说起。

3.2 智能家居系统的重点企业——小米

3.2.1 小米智能家居平台介绍

小米的智能家居产品众多,围绕小米手机、小米电视、小米路由器三大核心产品,由小米生态链企业的智能硬件产品组成一套完整的闭环体验。

这一整套产品依托于米家 APP 来实现控制等操作,米家 APP 是小米生态链产品的控制中枢,集设备操控、场景分享于一体,是以智能硬件为主,涵盖硬件及家庭服务产品的用户智能生活整体解决方案。

米家 APP 不仅连接米家旗下的生态链公司,与所有小米及生态链的智能产品实现互联互通,同时开放接入第三方的产品,致力于构建从产品智能化接入、众筹孵化、电商接入,到触达用户、控制分享的完整生态闭环。

米家 APP 功能特性:联动操控、轻松易用、智能设备间互联互通、个性定制、设备分享。

截至 2018 年 1 月,米家 APP(原小米智能家庭平台),已经接入超过 8500 万台在线设备(包括小米手环、小米电视、小米路由器等);米家 APP 安装用户超过 8500 万,日活跃用户超过 1000

3 智能家居系统

万；已经与包括小米生态链在内的近 100 家智能硬件公司达成合作，实现设备之间的互联互通。

3.2.1.1 小米智能家居平台发展历史

如图 3-2-1 所示，2013 年 11 月 20 日发布的小米路由器标志着小米公司在智能家居的正式起航。为什么路由器的发布是起航的标志，是因为它是智能家居的互联中心，它同时被定义为家庭的数据中心、智能家庭中心、开放平台等，所以它是一个核心控制平台，也是智能家居的一个重要的基础。

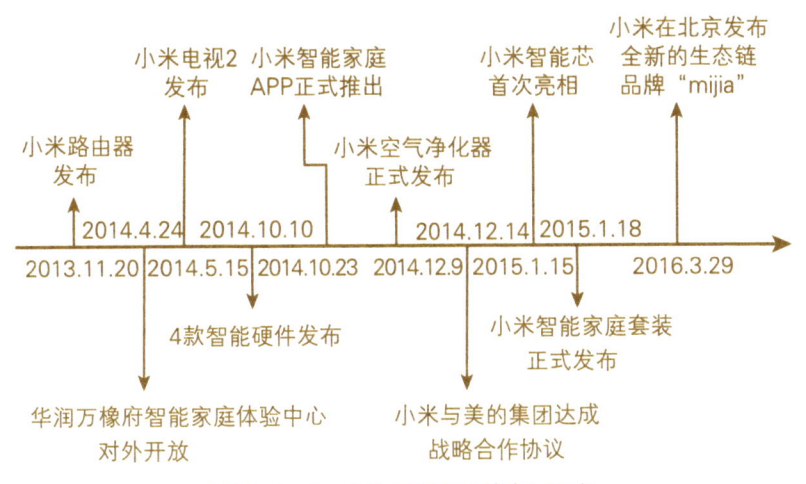

图 3-2-1 小米智能家居的发展历程

2014 年 5 月，小米电视 2 正式发布，而小米电视 1 代发布于 2013 年 9 月，基本上是一年一代的发布节奏；2014 年 10 月，4 款小米智能硬件发布：小蚁智能摄像机、小米智能插座、Yeelight 智能灯泡、小米智能遥控中心，同年 10 月，又推出小米了智能家居 APP；12 月，小米空气净化器正式发布。

2014 年 12 月 14 日，美的集团发布将以每股 23.01 元价格向小

· 253 ·

米科技定向增发 5500 万股，募资不超过 12.66 亿元，发行完成后，小米科技将持有美的 1.29% 股份，并提名一名核心高管为美的集团董事，双方将在智能家居及其生态链、移动互联网业务领域深度合作。小米与美的集团达成战略合作伙伴，正式步入传统家电企业。

2015 年 1 月 15 日，小米年度旗舰发布会上，小米智能芯首次亮相，并确立了小米智能家居不排他、非独家的合作态度。

2016 年 3 月 29 日，小米发布了智能家居品牌米家（mijia），主要目的是实现品牌聚焦，让米家承担起智能家居的主要品牌认知，而让小米品牌主要负责手机产品的品牌认知。米家等于小米智能家庭，Logo 则由"米家"拼音首字母组成，形如可信赖的盾牌，又形如充满生活趣味的猫。品牌理念是：做生活中的艺术品！串起每个人生活的点点滴滴。

3.2.1.2 小米智能家居平台组成结构

按照小米官网的分类，其并未有智能家居的类目，其表现的形式是更上位的智能硬件，在智能硬件下，一共有 104 件产品（截至 2017 年 8 月 30 日），如图 3-2-2，但实际上有很多产品严格意义上来讲并不属于智能家居产品，比如，一些智能的儿童玩具、交通工具，其更多的属于智能产品，而与家居关系较小。我们梳理了一下小米的智能家居产品，如图 3-2-2 所示，将其梳理为四大类，第一类也是最主要的类别，是以小米路由器为核心，然后围绕在其周边的日常使用率高的空气净化器、净水器、扫地机器人、水壶、电饭煲等家用电器。第二类为灯具，即左下角是其联合其他厂商（如飞利浦）或者自己生产的灯具。第三类主要是控制类、互联类的单品，即右下角的产品，比如智能插座；第四类是右上角的产品，其是智能的测量设备，比如 PM2.5 测量器、水质检测器。

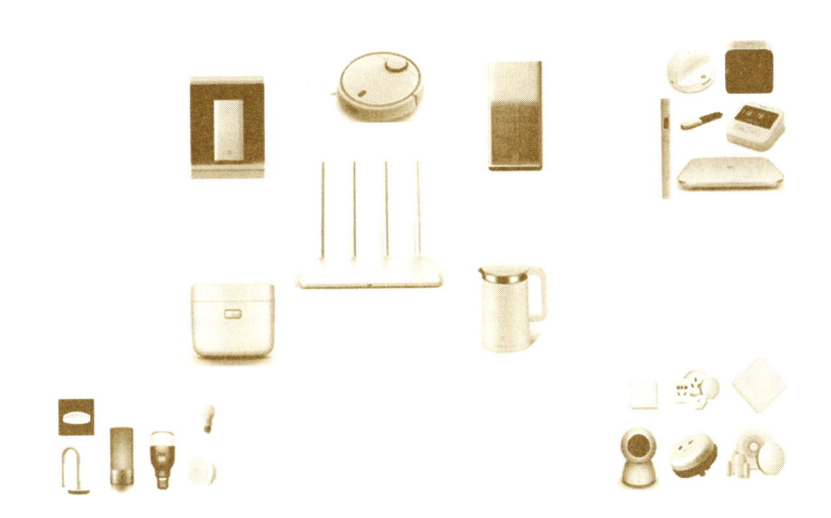

图 3-2-2　小米产品分布图

3.2.1.3　小米智能家居平台特点

小米智能家居平台相比较于其他平台，最突出的是其生态圈，小米通过收购或入股各类小创企业，然后利用小米的流量和电子商务优势，来实现智能家居产品的销售，这是有别于其他竞争主体的一大特点，也就是说小米更像是一个平台，通过这个庞大的平台来实现销量，然后利润分成。但它又不纯粹的仅负责销售，其也可能派出自己的员工参与单品的研发，具体来说，合作伙伴需要哪方面的支撑，小米则尽可能地提供自己的资源，实现双方的优势互补或各类支撑，比如，小创企业很少会聘请全职的各类设计师，而小米则派出自己的设计师参与设计，所以我们才看到现如今各类单品生产企业不同，但产品风格相似，品质的稳定和统一。小米并非凭借一己之力来实现上述布局，它采取了互惠共利、协同合作的策略来实现小米智能家居产业的布局。

如图3-2-3小米生态链的复杂结构。

图 3-2-3 小米生态链及相关股权结构*

3.2.1.4 小米智能家居平台的专利布局

通过检索发现，图 3-2-4 是小米生态链下各公司的中国专利申请量。由小米的生态链中各申请人专利申请量可见，小米公司曾以多个申请人的名义来申请专利，或与多个申请人共同申请，其主要申请人身份包括小米科技有限责任公司、北京小米移动软件有限公司、

---

* 天眼查，https://m.tianyancha.com/company/23402373，访问日期：2017 年 6 月 18 日。

北京小米科技有限责任公司，重要关联申请人包括佛山市云米电器科技有限公司、上海纯米电子科技有限公司、广州飞米电子科技有限公司、青米（北京）科技有限公司、安徽华米信息科技有限公司、深圳绿米联创科技有限公司、北京飞米科技有限公司、北京智米科技有限公司。而在图表中体现的是专利申请量居前的申请人，其中的关联公司在被小米投资前就有一部分企业已经拥有了较多的专利储备，比如，佛山市云米电器科技有限公司 2014 年申请的 102 件，除了上述智能设备公司外，小米还投资了诸如大众点评、金山软件、爱奇艺、美的、爱屋及乌沪江网等众多知名公司，通过若干年的迅猛投资入股欲打造一个庞大的小米生态圈可见一斑。

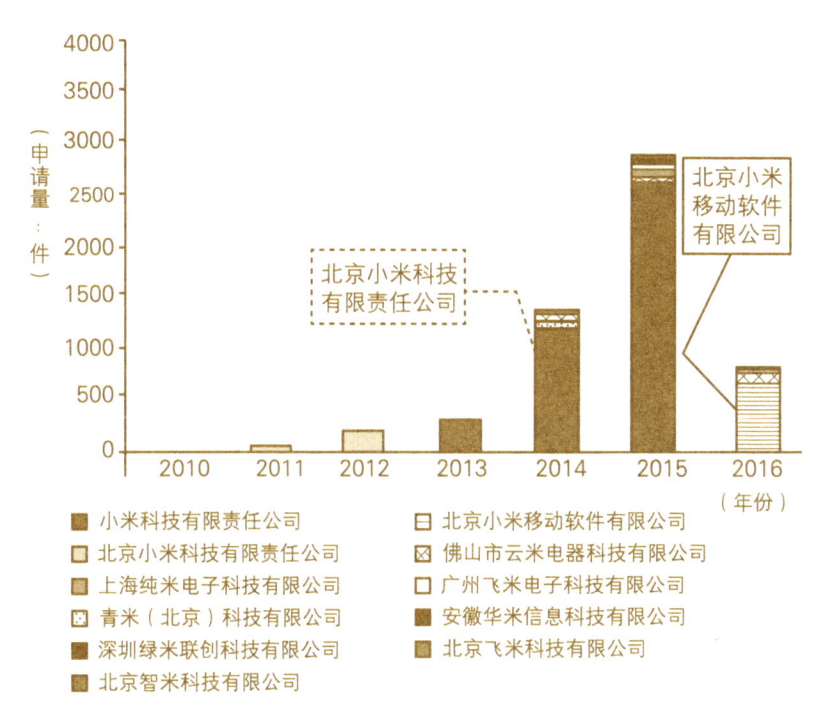

图 3-2-4 小米生态链中各申请人专利申请量

实际上，上述申请人并不完全涵盖了小米的生态圈，其还包括紫米、蓝米、创米、瑞米、润米等关联公司，截至2015年年底，小米已经投资了五十余家公司，而这些公司与小米的关系并非母子公司关系，在小米生态链上的公司仍然是独立的。小米虽然深度参与，但是都让其自由成长，小米没有控股任何一家小米生态链公司。简单比喻，这些公司都可以称之为小米的兄弟公司，这些兄弟公司之间有着一个明显的共同点，那就是它们都属于智能家电品牌米家下的产品，换句话说，小米的米家中的产品都属于小米生态链中的一环。

智能家居的相关专利主要的申请主体是小米科技有限责任公司，申请了405篇相关专利，其次则是北京小米移动软件有限公司，有80件相关专利，两者存在一个主要的关联关系（如图3-2-5所示）：在2015年（含）以前，小米的申请以小米科技有限责任公司来申请（在2010—2012年则主要以北京小米科技有限责任公司申请），在2015年以后，申请则以北京小米移动软件有限公司申请，也就是说小米转变了申请人的主体身份。

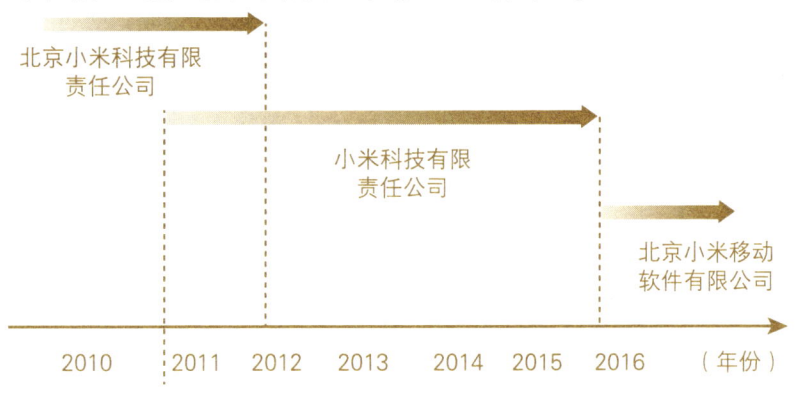

图3-2-5 小米专利申请人身份的变化

小米科技有限责任公司和北京小米移动软件有限公司两者相加申请量总和已经超过了小米生态圈中智能家居的总申请量的85%，智能家居的专利申请中，以共同申请人申请的情况较多。

3.2.2 小米智能家居产品的关键技术

小米智能家居向中国国家知识产权局的专利申请大概在六百余件左右（截至2017年8月31日），其中基于平台的关键技术、关键单品的重要专利大概四十余件，下文我们挑出部分专利以及结合产品一起陈述。

3.2.2.1 小米智能家居平台的关键技术

智能家居平台的关键技术主要为整体架构、产品互联上的技术，其可以包括信息的传递、智能单品的互联协作等专利，在核心专利中，平台类型的专利在5件左右，现示例如下：表3-2-1为小米平台关键技术1是控制整体智能家居的智能化开启，表3-2-2为小米平台关键技术2是实现外界信息与智能家居单品间的信息互联，从而实现智能化，表3-2-3为小米平台关键技术3主要是得到整体智能家居的用电量情况，也是一种整体控制和信息的传递。

当然不仅局限于下述专利，还包括用户权限的设置的平台安全类专利CN105243318A、用户设备在APP应用上显示形式的用户界面专利CN105117004A等。

表3-2-1　小米平台关键技术1

专利号	CN104571036	申请日	2014年12月29日	发明人	王阳等
同族数	0	同族国家	0	被引用数	0
发明名称	智能家居开启方法及装置		针对产品	智能家居整体	
分类号	G05B 19/418		法律状态	授权且有效	
发明点	通过判断用户终端与出发地网络的断开时间以及回程时间来启动智能家居				

摘要

一种智能家居开启方法及装置。所述方法包括当终端与出发地网络断开网络连接时，预测所述终端的目的地及到达所述目的地的到达时间；根据所述到达时间，确定目的地预设智能家居的开启时间；当到达所述开启时间时，开启所述预设的智能家居。本公开用于在用户到家前开启用户家中的智能家居

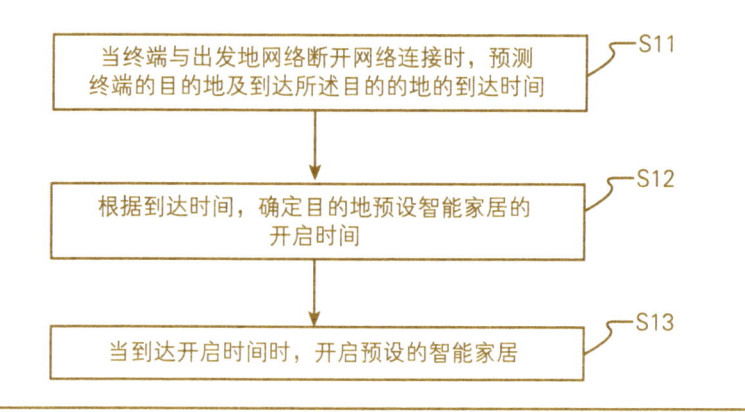

附图

```
┌─────────────────────────────────────────┐
│ 当终端与出发地网络断开网络连接时，预测    │──S11
│ 终端的目的地及到达所述目的地的到达时间    │
└─────────────────────────────────────────┘
                    │
                    ▼
┌─────────────────────────────────────────┐
│ 根据到达时间，确定目的地预设智能家居的    │──S12
│              开启时间                    │
└─────────────────────────────────────────┘
                    │
                    ▼
┌─────────────────────────────────────────┐
│   当到达开启时间时，开启预设的智能家居    │──S13
└─────────────────────────────────────────┘
```

3 智能家居系统

表3-2-2 小米平台关键技术2

专利号	CN104330973	申请日	2014年9月23日	发明人	王阳等
同族数	8	同族国家	8	被引用数	0
发明名称	设备控制方法和装置		针对产品		智能家居整体
分类号	G05B 15/02		法律状态		授权且有效
发明点	根据服务器传导的空气质量来控制空气净化器的开启与关闭。				

摘要

一种设备控制方法和装置，其中方法包括接收家居控制装置发送的通知消息，该消息包括如下信息项：所述家居控制装置的地址信息；接收家居设备发送的目标对象质量数据，该数据是家居设备对目标对象进行质量测量得到，所述家居设备包括：与家居控制装置绑定的家居设备，或者位于家居控制装置所在的指定区域的家居设备；在确定目标对象质量数据低于阈值时，根据家居控制装置的地址信息，向家居控制装置发送设备控制提示信息，用于提示家居控制装置的用户启用属于用户家居设备，本方案使得能够依据对象质量状态来对应的使用家居设备，实现对家居设备的有效使用

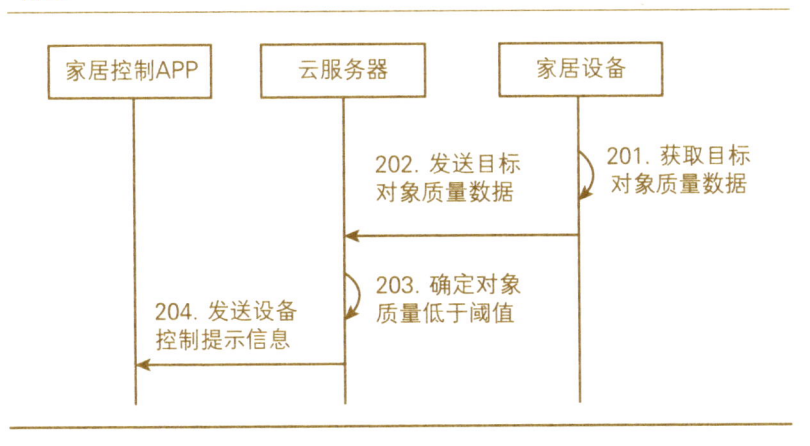

附图

```
家居控制APP        云服务器           家居设备

                                   201.获取目标
                  202.发送目标       对象质量数据
                  对象质量数据
                 ←─────────────

                  203.确定对象
                  质量低于阈值
     204.发送设备
     控制提示信息
  ←─────────────
```

· 261 ·

表3-2-3　小米平台关键技术3

专利号	CN104111641	申请日	2014年5月30日	发明人	刘国明
同族数	5	同族国家	5	被引用数	3
发明名称	用电量统计方法、装置和系统		针对产品		智能家居整体
分类号	G05B 19/418		法律状态		授权且有效
发明点	通过多个智能开关和智能电表得到整个用电量。				

摘要

一种用电量统计方法、装置和系统，属于智能家居领域。所述用电量统计方法包括：以设定的采样间隔时间间隔采样智能电表的读数和智能开关的状态，得到多组用电参数，每组用电参数包括所智能电表的读数和智能开关的状态；根据用电参数中的部分或全部确定各个智能开关的平均功率；确定各个智能开关在设定的统计时间内的工作时长；根据各个智能开关的工作时长和各个智能开关的平均功率，确定各个智能开关的在统计时间内的用电量，其通过采用一个智能电表和多个智能开关可自动完成统计各个智能开关控制的一个或多个用电设备的用电量，既减少了智能电表的使用数量，节约了成本，又省去了人工读数和统计分析的麻烦

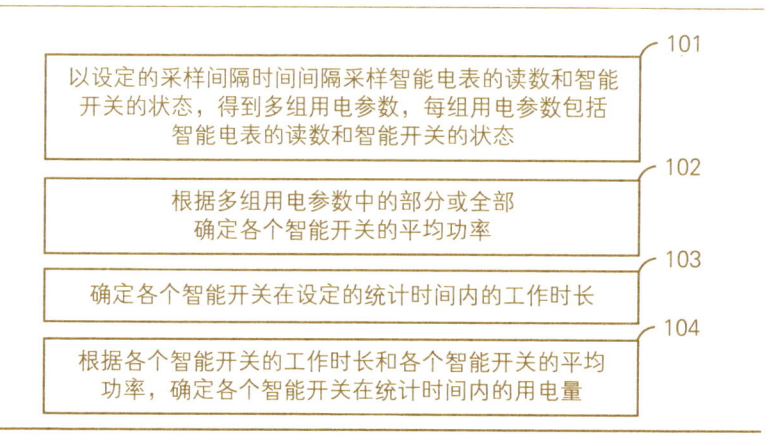

附图

- 101　以设定的采样间隔时间间隔采样智能电表的读数和智能开关的状态，得到多组用电参数，每组用电参数包括智能电表的读数和智能开关的状态
- 102　根据多组用电参数中的部分或全部确定各个智能开关的平均功率
- 103　确定各个智能开关在设定的统计时间内的工作时长
- 104　根据各个智能开关的工作时长和各个智能开关的平均功率，确定各个智能开关在统计时间内的用电量

3.2.2.2 小米路由器、网关

通过路由器来连接智能单品,再配合权限信息等实现智能家居的控制是小米智能家具的主要技术之一,表3-2-4关于小米路由器、网关关键技术4就列举出了其中一件代表技术。相关的专利技术还包括控制专利CN10433498A、连接专利CN104378267A、设备绑定专利CN104580265A,另一些连接方式如Zig Bee的专利有CN105847067A等。

表3-2-4 小米路由器、网关关键技术

专利号	CN104283745	申请日	2014年9月12日	发明人	王巍等
同族数	0	同族国家	0	被引用数	0
发明名称	控制智能家居设备的方法、装置和系统		针对产品		路由器
分类号	H04L 12/28		法律状态		授权且有效
发明点	通过路由器而无须通过每个单品的遥控器对设备进行控制				

摘要

一种控制智能家居设备的方法、装置和系统,属于智能家居设备控制领域。所述方法包括接收局域网内的终端发来的获取权限的请求;查询本地保存的权限设置信息得到所述终端的权限信息;将所述权限信息发送至所述终端,所述权限信息用于所述终端对所述局域网内的智能家居设备进行控制。所述装置包括接收模块、查询模块和发送模块。所述系统包括路由器和终端,其实现了智能家居设备的权限控制,极大地提高了智能家居设备控制的智能化

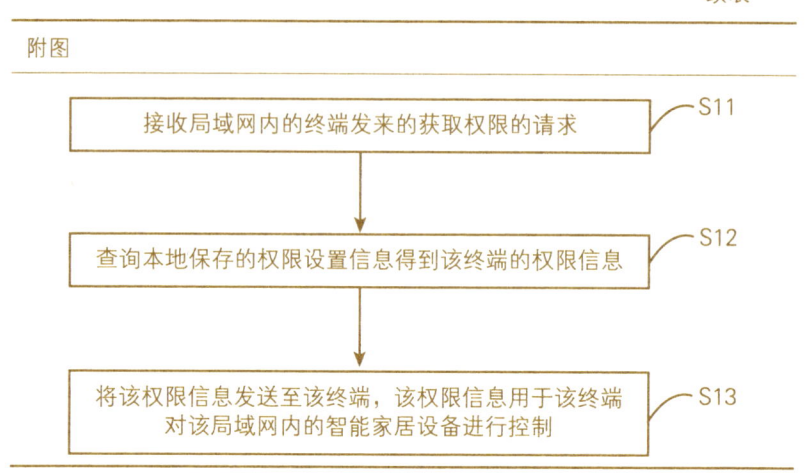

续表

附图	
接收局域网内的终端发来的获取权限的请求	S11
查询本地保存的权限设置信息得到该终端的权限信息	S12
将该权限信息发送至该终端,该权限信息用于该终端对该局域网内的智能家居设备进行控制	S13

3.2.2.3 小米各类传感器、检测器

小米的智能家居关于传感器包括米家温度传感器、米家人体传感器、米家门窗传感器、烟雾警报器、天然气报警器,而检测器包括水质检测器、PM2.5检测器、花粉检测器等,表3-2-5小米传感器、检测器关键技术1列举的是门窗传感器和空气净化的联动专利,表3-2-6小米传感器、检测器关键技术列举的是水质检测笔的改进专利。

表3-2-5 小米传感器、检测器关键技术1

专利号	CN104615003	申请日	2014年12月29日	发明人	陈昌兵等
同族数	5	同族国家	5	被引用数	0
发明名称	提醒信息发送方法及装置	针对产品		门窗传感器、空气净化器	
分类号	G05B 15/02	法律状态		授权且有效	

续表

发明点	通过判断门窗是否开启来提醒用户关闭或者开启净化器
摘要	

一种提醒信息发送方法及装置,属于智能家居领域。所述提醒信息发送方法包括接收门窗传感器所对应门窗的开关状态;在所述门窗传感器所对应门窗处于未关闭状态时,获取与所述门窗传感器绑定的空气净化器的工作状态;检测所述空气净化器的工作状态是否为开启状态;在检测到所述空气净化器的工作状态为开启状态时,按照预定方式发送提醒信息,所述提醒信息用于指示关闭所述空气净化器所处房间的门窗或关闭所述空气净化器。通过网络侧设置在确定空气净化器处于工作状态且所在房间的门窗开着时,发送提醒信息;解决了因门窗开着导致空气净化器净化效率低下的问题;达到了可以保证空气净化器的净化效率的效果

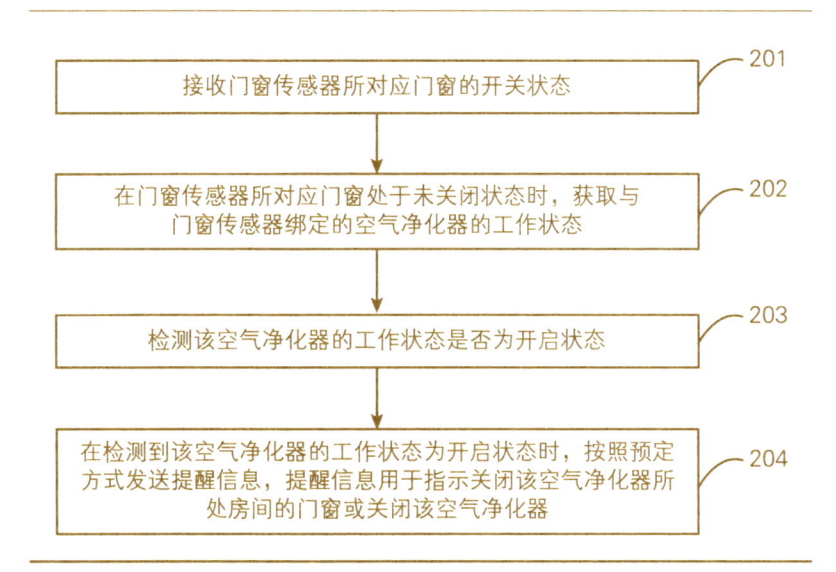

附图

- 201 接收门窗传感器所对应门窗的开关状态
- 202 在门窗传感器所对应门窗处于未关闭状态时,获取与门窗传感器绑定的空气净化器的工作状态
- 203 检测该空气净化器的工作状态是否为开启状态
- 204 在检测到该空气净化器的工作状态为开启状态时,按照预定方式发送提醒信息,提醒信息用于指示关闭该空气净化器所处房间的门窗或关闭该空气净化器

表 3-2-6 小米传感器、检测器关键技术 2

专利号	CN20490344	申请日	2015 年 6 月 30 日	发明人	陈小平等
同族数	0	同族国家	0	被引用数	0
发明名称	TDS 检测笔		针对产品	检测、感测装置	
分类号	G01N 27/02		法律状态	授权且有效	
发明点	通过设置温度传感单元来修正检测的数据的准确性				
摘要					
一种 TDS 检测笔，属于智能家居领域。TDS 检测笔包括笔盖、笔身、电路板组件、电池仓、电池、镜片、按键和笔帽。其中电路板组件中包括两个探针、探针支架、温度传感器、外围电路、轻触按键、金属弹片、显示屏组件和主控芯片；两个探针并列设置在电路板组件的前端，温度传感器设置在两个探针的周侧；两个探针、温度传感器、轻触按键、金属弹片和显示屏组件分别通过外围电路与主控芯片相连。其能够实现在两个探针测量 TDS 值时，由温度传感器同时采集温度对 TDS 的测量结果进行温度补偿，提高了该 TDS 检测笔在检测水质时的检测准确性					

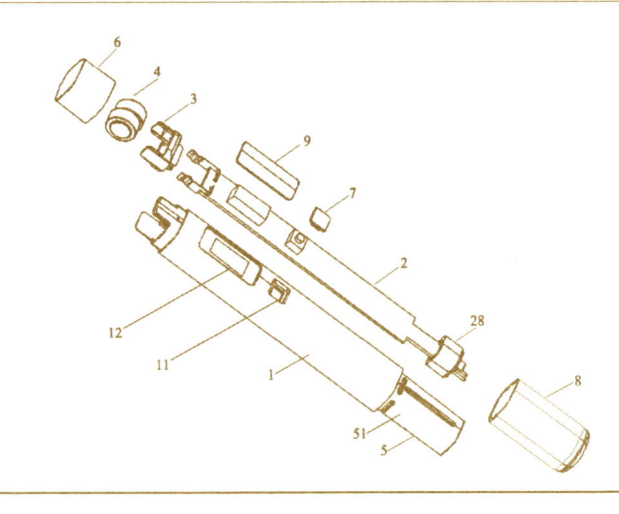

附图

3.2.2.4 小米空气净化器

截至 2017 年,小米出品过三款空气净化器,1 代、2 代以及最新的 Pro 版以及 MAX 净化器,2014 年 12 月 9 日推出了 1 代空气净化器,其 CADR 值为 406(干净风量,每立方每小时,即 406 立方米每小时),适用 48 平方米的空间,但这是指在最大功率的情况下,实际运行在最大功率时,其噪声达到 70dB 左右,2 代则更新了风机,采用了轴流式风扇,CADR 值下降到 388,体积和噪声下降,价格降低。小米空气净化器的组成如图 3-2-6 小米空气净化器 2 代结构所示,风从底部进入然后从顶部吹出。

图 3-2-6 小米空气净化器 2 代结构

关于空气净化器的相关专利在下文中列举了故障检测的相关专利,但围绕空气净化器的专利小米公司申请量较多,还包括通过 App 自动设置空气净化器状态的专利 CN105553688A、与加湿器关联的 CN106288198A、空气质量指数校准的 CN 106251013A 等。

小米空气净化器 Pro 版发布于 2016 年 11 月 1 日,其 CADR 值达到了 500，适用最大面积 60 平方米，内置了高精度的激光传感器，能快速将空气质量显示在外壳上的显示屏中。而此 OLED 显示屏可以说是与 1 代和 2 代之间最为明显的区别。同时，对于滤网，其增加了 RFID 识别功能，可以用于检测滤网是否为原装。

表 3-2-7　小米空气净化器关键技术

专利号	CN104315679	申请日	2014 年 10 月 29 日	发明人	苏峻等
同族数	0	同族国家	0	被引用数	0
发明名称	空气净化器使用提醒方法和装置	针对产品		空气净化器	
分类号	F24F 11/02	法律状态		授权且有效	
发明点	能够自动确定净化器的故障问题				
摘要	一种空气净化器使用提醒方法和装置，其中方法包括通过空气净化器内部设置的传感器，采集获取设备状态参数；在根据所述设备状态参数确定空气净化器故障时，进行故障提醒处理。本公开的实施例提供的技术方案通过采集空气净化器的设备状态参数，并在根据该参数确定净化器故障时进行故障提醒，使得空气净化器能够自动的发现故障并及时的提醒故障，从而实现了对空气净化器的使用者的及时提醒，使用者能够尽快地清除空气净化器的故障因素，提升空气净化器的工作效率				
附图					

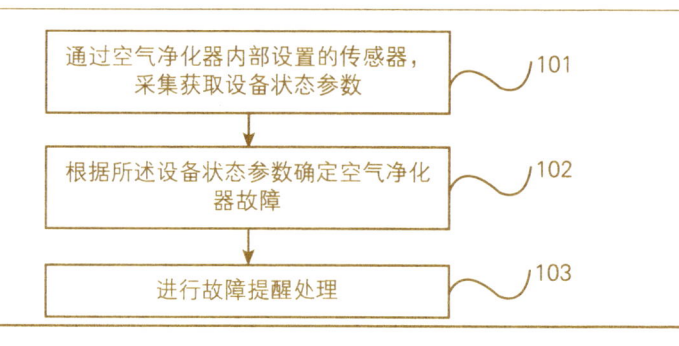

```
┌─────────────────────────────┐
│ 通过空气净化器内部设置的传感器， │ 101
│    采集获取设备状态参数         │
└─────────────┬───────────────┘
              │
┌─────────────▼───────────────┐
│ 根据所述设备状态参数确定空气净化 │ 102
│          器故障               │
└─────────────┬───────────────┘
              │
┌─────────────▼───────────────┐
│       进行故障提醒处理         │ 103
└─────────────────────────────┘
```

3.2.2.5 小米净水器

小米净水器主要包括两种，一种是厨上式，一种是厨下式。

两者相同的是都采用了相同的过滤原理以及相同的过滤耗材，一共四种耗材，如图 3-2-7 小米净水器耗材所示，其中最主要的是 3 号耗材 RO 滤芯；不同的方面则包括厨下式需要电源，同时需要另外安装净水龙头，以及废水出口，而小米贴心的在净水水龙头底部进行了灯光提示，蓝色是水质正常，当为橙色时表明滤芯需要更换或者水质出现了问题。

图 3-2-7　小米净水器耗材

表 3-2-8　小米净水器关键技术 1

专利号	CN204921557	申请日	2015 年 7 月 1 日	发明人	陈小平等
同族数	0	同族国家	0	被引用数	0
发明名称	净水器		针对产品		净水器
分类号	F16B 1/02		法律状态		授权且有效
发明点	通过机械结构的改进来提升安装的便利性				

续表

摘要
一种净水器,属于智能家居领域。所述净水器包括净水器本体、设置在净水器本体外部的排管组件;净水器本体中设置有水处理组件以及用于连接水处理组件和排管组件的管接口组件;管接口组件包括进水管路、压卡以及水流传感器组件;压卡将水流传感器组件中的霍尔元件卡扣在进水管路的外侧壁,进水管路的腔体内设置有水流传感器组件中的磁性转子。通过在连接排管组件和净水器本体内的水处理器组件的管接口组件上设置一个压卡,利用该压卡将水流传感器组件固定至管接口组件的进水管路上;因此,解决了相关技术中在安装传感器时需要较多的零件以及螺钉,安装过程比较复杂的问题;达到了在降低安装传感器的成本的同时简化了安装过程的效果

附图

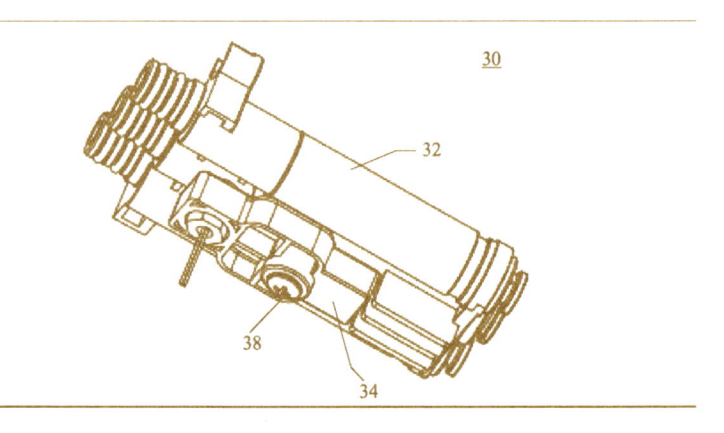

表 3-2-9　小米净水器关键技术 2

专利号	CN105148602	申请日	2015 年 8 月 18 日	发明人	王阳
同族数	0	同族国家	0	被引用数	0
发明名称	提示信息输出方法及装置		针对产品		净水器

3 智能家居系统

续表

分类号	B01D 35/143	法律状态	授权且有效
发明点	通过监测水位的变化来提示用户长时间未使用,存在风险			

摘要

一种提示信息输出方法及装置,属于智能家居领域。所述提示信息输出方法包括获取净水器的水位数据未变化的持续时长,所述净水器的水位数据是对所述净水器内净水区的水位进行采集后得到的数据;判断所述持续时长是否大于预定时长阈值;若所述持续时长大于所述预定时长阈值,则输出提示信息,所述提示信息用于提示用户谨慎使用所述净水区内的净水。由于对净水器内净水区的净水持续未使用时长进行监控,并当净水器存在污染水源时及时提示用户,因此解决了净水器中的净水长期未被使用时可能会被二次污染的问题;达到了当净水存在污染水源时及时提示用户,防止用户饮用了受污染的水源的效果

附图

```
获取净水器的水位数据未变化的持续时长,净水器的水位     — 101
数据是对净水器内净水区的水位进行采集后得到的数据
                        ↓
    判断持续时长是否大于预定时长阈值                   — 102
                        ↓
 若持续时长大于预定时长阈值,则输出提示 信息,该      — 103
 提示信息用于提示用户谨慎使用净水区内的净水
```

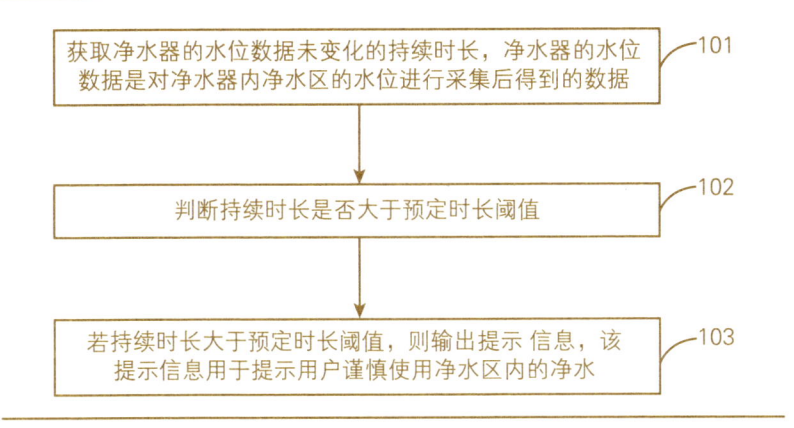

表3-2-10 小米净水器关键技术3

专利号	CN105080204	申请日	2015年7月1日	发明人	陈小平等
同族数	0	同族国家	0	被引用数	0

· 271 ·

续表

发明名称	净水器	针对产品	净水器
分类号	B01D 35/04	法律状态	授权且有效
发明点	在净水器的入口处设置传感器来感测入口处水质来保证净水器的正常运行		

摘要

一种净水器,属于智能家居领域。所述净水器包括净水器本体、排管组件以及管接口组件;所述管接口组件一端连接所述净水器本体,另一端连接所述排管组件;所述管接口组件中包括进水管路和对应所述进水管路设置的传感器组件;所述进水管路用于将所述排管组件中的水导入所述净水器本体。通过在靠近净水器本体的管接口组件内设置传感器组件,用于对进入净水器本体的水的相关参数,比如温度以及水流流速进行检测,避免因进入净水器本体的水不符合过滤条件而导致净水器可靠性降低或者影响过滤效果,从而保证净水器正常运行

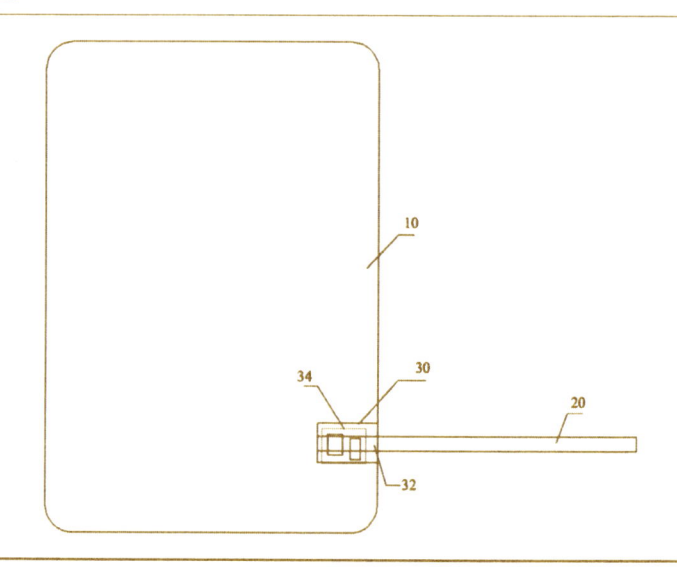

附图

3.2.2.6 小米智能台灯

小米的智能台灯如图 3-2-8 所示，首先，其是 LED 光源，支持亮度色温无极调节，色温范围 2700K—6500K 的冷暖范围，其灯臂采用了直线型全铝材质的灯臂，其智能主要体现在其可以连入 WiFi，然后通过米家 App 控制，可以设置亮度、开关、灯的模式，其中灯的模式包括专注模式，其可以是如工作 40 分钟后，休息 15 分钟，提醒工作狂人适时的进行休息。

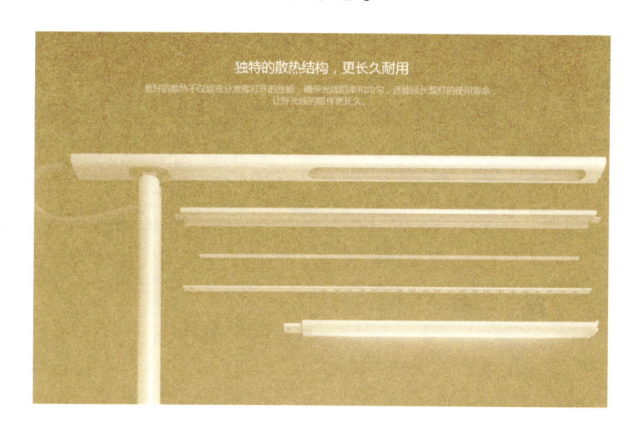

图 3-2-8　小米智能台灯

图 3-2-9　小米扫地机器人基本组成结构

3.2.2.7 小米扫地机器人

表 3-2-11 小米扫地机器人相关产品参数

部件	参数	具体信息
机身	处理器	Allwinner ARM Cortel-A7 架构四核应用处理器、TI 德州仪器数字信号处理器、ST 意法半导体 ARM Cortel-M3 架构的微控制器
	电池	14.4V/5200mAh 锂电池，2.5 小时长续航，一次充电可清扫有效面积 250 平方米
	产品重量	3.8kg
	无线连接	WiFi 智能快连
	额定电压	14.4V
	额定功率	55W
充电座	额定功率	55W
	额定输入	100—240V
	额定输出	20V2.2A
	额定频率	50/60Hz

小米扫地机器人采用的"眼睛"是 LDS 激光测距雷达，运行的时候会一直旋转，实际上，扫地机器人的最外一圈是可以产生位移的防撞条，从而精确控制与障碍物的接触，保护主体的安全，不过虚拟墙需要用户另购，安装后使得扫地机器人能够识别到虚拟墙，而不进入此区域，扫地机器人最主要的功能是把整个空间清扫干净，而这需要依赖于路径规划，小米依靠三颗处理器以及自身的路径规划算法实现了比较好的路径规划，同时其行走路径可以最终显示在米家 App 中，米家 App 还可以选择机器人的三种工作模式。

我们知晓扫地机器人一般来说包括两种自动寻路方式，一种是随机覆盖式，一种是路径规划式，而算法的好坏直接决定了扫地机器人是否足够智能，这也是为什么市面上会同时存在几千到上万的扫地机器人的原因。简单来理解，随机式一般价格较为便宜，而路径规划式价格一般更为高昂，而小米的扫地机器人是路径规划式，其基本的路径规划原则是沿边进行Z字形的路径规划。决定扫地机器人是否优秀，除了上文的寻路方式以外，还包括防碰撞（涉及传感器、结构设计等）、清扫能力（涉及风道设计、清扫刷）、脱困能力（涉及算法、传感器、爬坡能力等）等。

从专利技术方面，我们可以看到小米是如何就上述关键问题进行解决的，关于虚拟墙的检测有CN106137058A、风道结构CN205903226A、路径规划方法CN106580193A等，表3-2-11示出了碰撞检测的一件专利申请。

表3-2-12 小米扫地机器人关键技术

专利号	CN205758463	申请日	2015年4月15日	发明人	张志淳
同族数	0	同族国家	0	被引用数	0
发明名称	清洁机器人		针对产品	扫地机器人	
分类号	A47L 11/40		法律状态	授权且有效	
发明点	通过设置多个感测器来防止机器人碰撞到环境物体				
摘要					
一种清洁机器人，属于清洁机器领域。该清洁机器人包括控制组件、机器人本体、位于机器人本体的上表面的第一测距装置以及上表面中凸起的凸台；第一测距装置，用于在垂直方向上测量机器人本体的上表面与环境物体之间的距离；第一测距装置位于机器人本体的前进方向的边缘与凸台之间；凸台中设置有第二测距装置，第二测距装置用于在水平方向上测量凸台					

续表

与机器人本体的环境物体之间的距离；第一测距装置和第二测距装置分别与控制组件电性相连；解决了相关技术在清洁机器人进入高度较低的地方之后，清洁机器人中的凸出部分仍然会与环境物体碰撞的问题；达到了清洁机器人可以有效规避环境物体进而避免发生碰撞的效果

附图

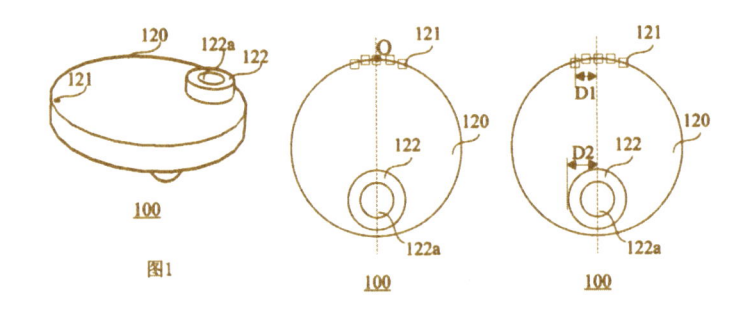

图1

3.2.2.8 小米智能电视

实际上，小米电视并未被小米放在官网中的智能硬件中。但是，我们还是视其为智能家居的重要组成部件，因为其具有其他装置所不曾拥有的最大的显示界面，是与用户进行最好交互的天然设备，所以将其归为了智能家居的组成部分。小米电视至今已经出至第四代产品，从最小的 32 英寸到最大的 65 英寸，其配套的产品还包括小米盒子、无线麦克风、蓝牙语音遥控器、家庭影院等，构建出了一套完整的家庭娱乐系统。下文列举了一件智能电视的专利技术，其主要是围绕在显示界面中如何更好地展现用户菜单，虽然其属于应用层，但是其向多个国家进行了申请，是小米公司认为比较重要的有关电视的专利技术。

3 智能家居系统

表3-2-13　小米智能电视关键技术

专利号	CN103489432A	申请日	2013年8月30日	发明人	王川等
同族数	13	同族国家	9	被引用数	1
发明名称	电子设备及资源显示方法		针对产品	智能电视	
分类号	G09G 5/14		法律状态	授权且有效	
发明点	通过在电视的显示界面中为电视连接的每一个硬件（如VGA、S端口）配备一个显示硬件所对应的应用窗口而使得在很深层级菜单下的功能得以快速展现，避免层级过深，用户寻找不到一些重要的应用或功能				

摘要

一种电子设备及资源显示方法，属于电子技术领域。所述电子设备包括至少一个硬件接口、控制芯片和显示屏；至少一个硬件接口，用于各自连接相同或者不同的信号源，每个信号源用于通过硬件接口提供至少一种应用资源；控制芯片，用于将各个硬件接口提供的至少一种应用资源进行分类整合，并生成包含按照预定布局排列的若干个卡片区域的主界面的显示信号、显示屏，用于根据显示信号显示主界面。其解决了智能电视上除电视之外的其他辅助应用的使用率很低的问题；达到了使用不同卡片区域中的应用资源所需要的操作层级相同，每一类应用资源的使用率相对平均的效果

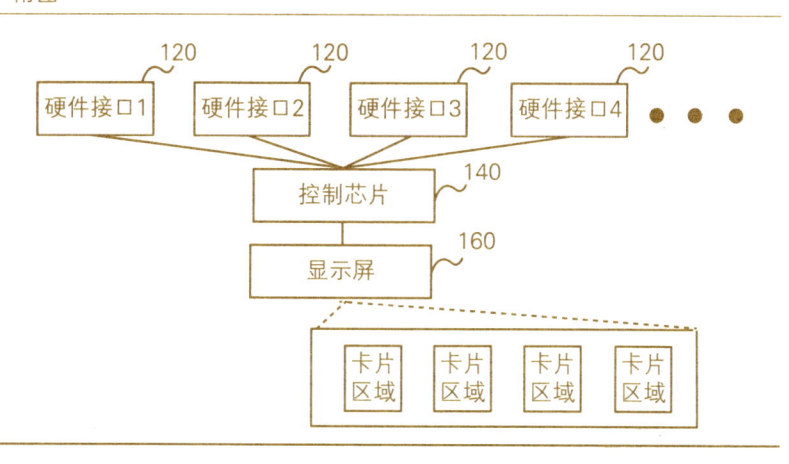

附图

3.2.2.9 小米智能电饭煲

首先可以看下小米智能电饭煲的外观，与小米其他的智能家居产品一样属于白色简洁的设计（如图 3-2-10 所示），小米智能电饭煲之所以智能，主要在于其可以通过米家 App 调节和控制，实现预约煮饭，甚至还能控制米饭的软硬口感。小米智能电饭煲可以通过 APP 控制，以及告诉用户还有多久能够结束蒸煮等，另外，其还可以配合自带的食谱功能实现更多美食的烹饪，这些就是其与常见的电饭煲的区别。

图 3-2-10 小米智能电饭煲

3.2.2.10 其他

小米还申请了很多并未开始售卖的产品，但是我们知道企业在发布产品之前，往往专利先行，比如苹果公司，很多新技术是通过专利先公开出来的。当然，申请了专利也并不一定意味着企业就一定会生产与之相关的产品，或者在产品中承载专利相关的技术。但是，我们可以通过专利探究到企业对未来的一种探索性研究和创新的不断尝试，当然也有着通过专利先占据一定优势，跑马圈地之动机，总之这种策略是积极而值得称赞的，我们通过如下的专利可以管窥一下未来小米还可能发售的智能产品。其中，小米着力申请较多的还是智能冰箱，不论是从智能家居行业看，还是小米自身产品的补充性来看，智能冰箱都应该是小米的下一个重要布局；小米其他的申请还包括智能茶壶、智能风扇、智能坐便器等，你所能想到的小米基本上都进行了申请，这些专利的申请可以看出小米要承包整个用户的智能家庭生活，通过让家居电器的智能化、互联化来实现小米最终整个智能家庭的宏图。

3 智能家居系统

表 3-2-14 小米智能茶壶关键技术

专利号	CN105520457	申请日	2015 年 12 月 8 日	发明人	吴珂等
同族数	0	同族国家	0	被引用数	0
发明名称	控制智能茶壶冲泡茶水的方法、装置及智能茶壶		针对产品	智能茶壶	
分类号	A47G 19/14		法律状态	授权且有效	
发明点	控制智能茶壶冲泡茶水的方法、装置及智能茶壶				

摘要

一种控制智能茶壶冲泡茶水的方法、装置及智能茶壶，所述方法的一具体实施方式包括获取与待冲泡的茶叶种类匹配的冲泡参数；控制所述智能茶壶按照所述匹配的冲泡参数冲泡茶水；检测冲泡出的茶水的量是否在茶水量的预定阈值以下；若在茶水量的预定阈值以下，按照前一次添加的冲泡用水的量向茶叶中添加冲泡用水；检测冲泡出的茶水的浓度是否在茶水浓度预定阈值以下；若在茶水浓度预定阈值以下，提醒用户更换茶叶。该实施方式无须用户手动冲泡茶水，提高了茶叶资源的利用率以及冲泡茶水的效率

附图

- 获取与待冲泡的茶叶种类匹配的冲泡参数 —101
- 控制上述智能茶壶按照上述匹配的冲泡参数冲泡茶水 —102
- 检测冲泡出的茶水的量 是否在茶水量的预定阈值以下 —103
- 若在茶水量的预定阈值以下，按照前一次添加的冲泡用水的量向茶叶中添加冲泡用水 —104
- 检测冲泡出的茶水的浓度是否在茶水浓度预定阈值以下 —105
- 若在茶水浓度预定阈值以下，提醒用户更换茶叶 —106

表3-2-15　小米智能电扇关键技术

专利号	CN105201889	申请日	2015年7月1日	发明人	陈小平等
同族数	0	同族国家	0	被引用数	0
发明名称	电风扇控制方法和装置		针对产品		智能电扇
分类号	F04D27/00		法律状态		授权且有效
发明点	通过设置MCU单元来控制风扇，而无须采用复杂的机械装置来控制，提高了智能化				

摘要

一种电风扇控制方法和装置，属于智能家居技术领域。所述方法包括通过智能电风扇的微控制单元MCU控制风扇头沿第一方向转动；其中，风扇头的最大转动幅角的两侧边界包括对应于第一方向的第一边界和对应于第二方向的第二边界，第二方向与第一方向相反；检测风扇头是否已转动至第一边界；以第一边界为基准，控制风扇头在目标转动幅角内转动，该目标转动幅角小于或等于最大转动幅角。其解决了传统的电风扇通过硬件结构实现风扇头的位置定位与控制，导致电风扇的硬件结构偏多，成本增加；实现了通过软件实现风扇头的位置定位与控制，有利于减少电风扇的重量和体积，使得电风扇更为简约轻便，且有利于节约生产成本

附图

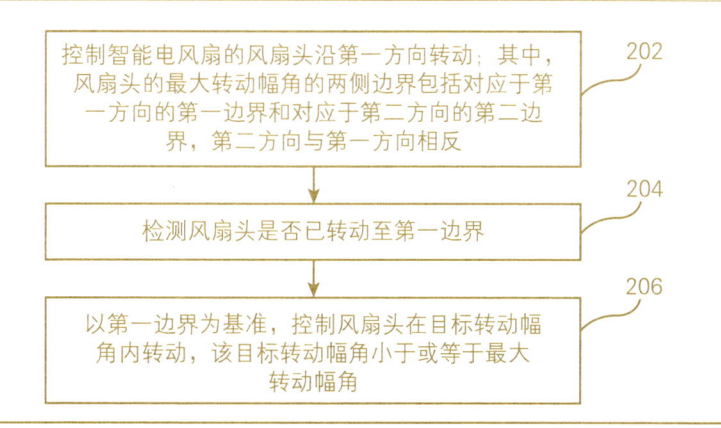

```
┌─────────────────────────────────────┐
│ 控制智能电风扇的风扇头沿第一方向转动；其中， │ 202
│ 风扇头的最大转动幅角的两侧边界包括对应于第 │
│ 一方向的第一边界和对应于第二方向的第二边   │
│ 界，第二方向与第一方向相反               │
└─────────────────────────────────────┘
                 ↓
┌─────────────────────────────────────┐
│     检测风扇头是否已转动至第一边界        │ 204
└─────────────────────────────────────┘
                 ↓
┌─────────────────────────────────────┐
│ 以第一边界为基准，控制风扇头在目标转动幅   │ 206
│ 角内转动，该目标转动幅角小于或等于最大     │
│            转动幅角                    │
└─────────────────────────────────────┘
```

3 智能家居系统

表3-2-16 小米智能冰箱关键技术1

专利号	CN105091499	申请日	2015年8月18日	发明人	吴珂
同族数	0	同族国家	0	被引用数	0
发明名称	信息生成方法及装置		针对产品	智能冰箱	
分类号	F25D 29/00		法律状态	授权且有效	
发明点	通过冰箱食材的余量和消耗速度提醒用户食材的可食用次数				

摘要

一种信息生成方法及装置，属于智能家居领域。所述方法包括获取冰箱中食材的食材余量信息；获取食材的食材消耗速率；根据食材余量信息和食材消耗速率，计算食材的预计食用次数；当预计食用次数小于预设食用次数时，生成提醒信息。其解决了冰箱只能够存储食材，导致用户在烹饪时才发现食材不足的问题；达到了冰箱能够获取存储食材的食材余量，并在食材余量不足时及时生成提醒信息并提醒用户，从而避免了用户烹饪时才发现食材不足

附图

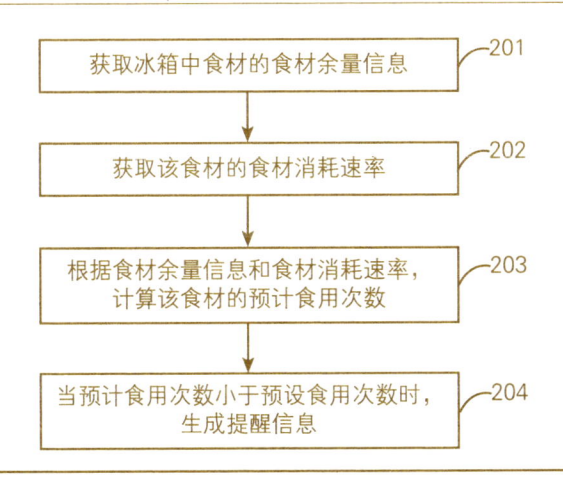

```
┌─────────────────────────────────┐
│  获取冰箱中食材的食材余量信息      │──201
└─────────────────────────────────┘
              │
              ▼
┌─────────────────────────────────┐
│  获取该食材的食材消耗速率          │──202
└─────────────────────────────────┘
              │
              ▼
┌─────────────────────────────────┐
│  根据食材余量信息和食材消耗速率，  │──203
│  计算该食材的预计食用次数          │
└─────────────────────────────────┘
              │
              ▼
┌─────────────────────────────────┐
│  当预计食用次数小于预设食用次数时，│──204
│  生成提醒信息                     │
└─────────────────────────────────┘
```

表3-2-17 小米智能冰箱关键技术2

专利号	CN104990364	申请日	2015年7月31日	发明人	吴珂等
同族数	3	同族国家	3	被引用数	0
发明名称	温度调节方法及装置		针对产品	智能冰箱	
分类号	F25D 29/00		法律状态	授权且有效	
发明点	通过获取冰箱的目标用户来自动调节冰箱内的温度,提高冰箱的温度调节的智能化				

摘要

提供温度调节方法及装置,其中,所述方法包括确定需要使用冰箱的目标用户;获取目标用户对食物的目标喜好信息,其中目标喜好信息中至少包括目标食物种类、目标进食时间点和目标食物状态;根据目标食物种类,在冰箱内当前存放食物中确定目标食物;调节目标食物所在区域的温度,使得目标食物在目标进食时间点达到目标食物状态。本公开可以由冰箱自动获取需要使用冰箱的目标用户的目标喜好信息,进而根据获取到的所述目标喜好信息,对温度进行调节,使得目标用户在目标进食时间点可以从冰箱内获取已经达到目标用户预期的目标食物状态的目标食物,从而提高了冰箱温度调节的智能化程度,提升了用户体验

附图

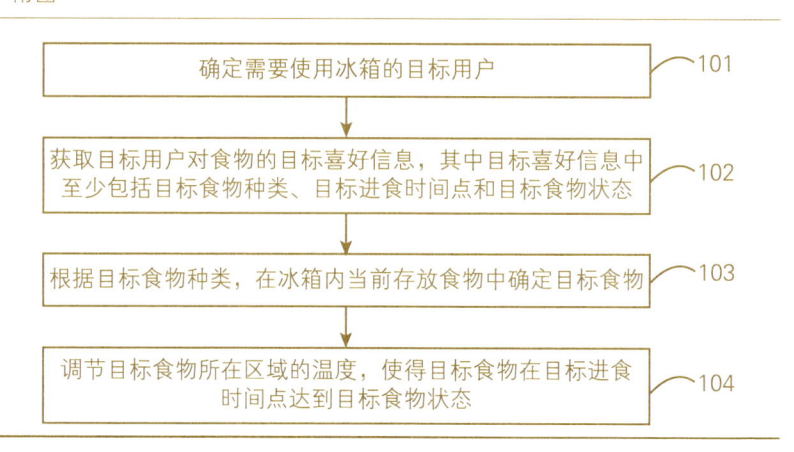

```
┌─────────────────────────────────────────────┐
│         确定需要使用冰箱的目标用户           │──101
└─────────────────────────────────────────────┘
┌─────────────────────────────────────────────┐
│ 获取目标用户对食物的目标喜好信息,其中目标喜好信息中 │──102
│ 至少包括目标食物种类、目标进食时间点和目标食物状态 │
└─────────────────────────────────────────────┘
┌─────────────────────────────────────────────┐
│ 根据目标食物种类,在冰箱内当前存放食物中确定目标食物 │──103
└─────────────────────────────────────────────┘
┌─────────────────────────────────────────────┐
│ 调节目标食物所在区域的温度,使得目标食物在目标进食 │──104
│           时间点达到目标食物状态             │
└─────────────────────────────────────────────┘
```

表3-2-18　小米智能坐便器关键技术

专利号	CN104831790	申请日	2015年4月22日	发明人	王琪等
同族数	1	同族国家	1	被引用数	0
发明名称	控制智能坐便器工作的方法及装置		针对产品	智能坐便器	
分类号	E03D 9/00		法律状态	授权且有效	
发明点	通过获取冰箱的目标用户来自动调节冰箱内的温度，提高冰箱的温度调节的智能化				

摘要

关于控制智能坐便器工作的方法及装置，用于实现通过移动终端对智能坐便器进行控制，实现便捷地控制智能坐便器工作。所述方法包括判断智能坐便器是否是所述移动终端预先配对好的配对智能坐便器；当所述智能坐便器是配对智能坐便器时，与所述智能坐便器建立网络连接；接收输入的控制指令，所述控制指令用于指示所述移动终端向所述智能坐便器发送预存的所述智能坐便器对应的工作参数；根据所述控制指令向所述智能坐便器发送所述智能坐便器对应的工作参数，所述智能坐便器用于根据所述智能坐便器对应的工作参数进行工作。上述技术方案，使用户操控智能坐便器的方式更加智能简捷，而且过程更加清洁卫生，提高了用户的体验效果

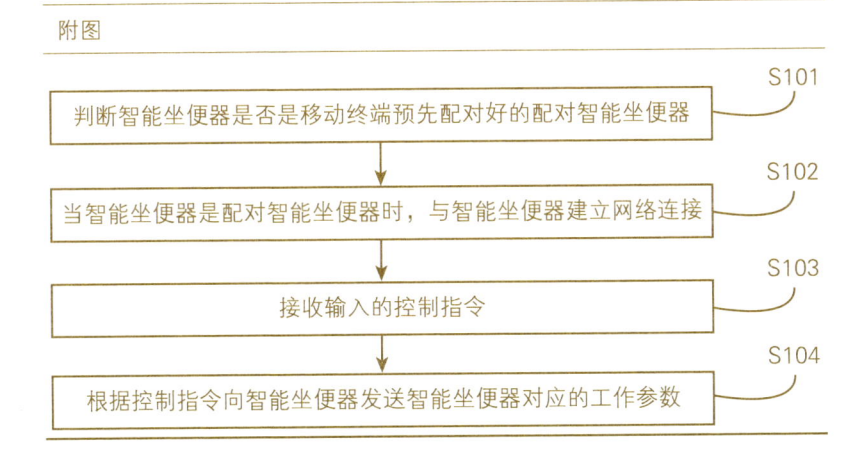

附图

S101　判断智能坐便器是否是移动终端预先配对好的配对智能坐便器

S102　当智能坐便器是配对智能坐便器时，与智能坐便器建立网络连接

S103　接收输入的控制指令

S104　根据控制指令向智能坐便器发送智能坐便器对应的工作参数

3.2.3 产业联盟策略

小米现存两种接入方案：一种是 IP 设备接入方案，一种是 BLE 设备接入方案。IP 设备接入方案包括 WiFi 模组、Linux SDK、Android SDK 和协议对接。BLE 设备接入方案则包括 Mi Ble Service 连接协议和广播协议。

接入流程为开发者认证资质、确认接入方案、开发测试、量产销售。

其现有的平台资源包括整套技术解决方案、米家智能云服务、米家商城平台的众筹推广、4000 万设备的互联互通。

迄今为止，基于小米的成功案例包括了空气净化器、小吉智能迷你滚筒洗衣机、素士声波电动牙刷、花花草草检测仪等。

3.3 智能家居系统的重点企业——海尔

海尔以 U-Home 系统为平台，采用有线与无线网络相结合的方式，把所有设备通过信息传感设备与网络连接，从而实现了"家庭小网""社区中网""世界大网"的物物互联，并通过物联网实现了 3C 产品、智能家居系统、安防系统等的智能化识别、管理以及数字媒体信息的共享。海尔智能家居使用户在世界的任何角落、任何时间，均可通过打电话、发短信、上网等方式与家中的电器设备互动。U+平台主要包括技术平台和资源平台（包括融资、线上/线下销售渠道体验店以及创客、园区等）。技术平台包括统一交互平台、互联平台、云服务平台以及大数据分析平台，通过这些技术层面可以达到硬件之间的互联互通、数据共享；资源平台和能力平台，通过接入很多硬件、软件、服务以及第三方平台，使平台的能力增强、资源增多、服务更加丰富,通过能力平台和资源平台结合在一起,从而提供一个完全开放的、能力比较强大的、资源很丰富的一站式的解决方案——各种各样生态圈所需的各种智慧场景的一站式的解决方案。

3.3.1　海尔智能家居平台介绍——U – HOME

海尔 U+智慧生活操作系统是全球首个智慧生活操作系统,它涵盖了整套智能家居解决方案。U+智慧家庭互联平台、U+云服务平台以及 U+大数据分析平台为该操作系统提供了强大的技术支撑。

基于这一平台,用户家庭里的各类家电、灯光、窗帘以及安防等全系列家居设备均可实现跨品牌、跨产品的互联互通,实现了较之前更加便捷的智能操作应用体验。

U+是一个开放性的合作平台,包括开放 SDK、API 标准,各品牌品类的接入,以及平台的开放,为合作者提供开发新应用、新服务的统一标准和资源。目前,这一系统向行业中所有的智能设备端开放,任何品牌的任何产品都可以加入。不仅是家居产品,未来海尔还将可穿戴产品、家中老人幼儿的举动等信息都实时联通起来。

海尔智慧家庭强调人与产品的互动,任何参与的资源方都可以直接与用户交互,并根据用户习惯持续优化自身的产品和服务。目前,海尔 U+智慧生活操作系统涵盖了智慧空气圈、智慧食品圈、智慧用水圈、智慧娱乐圈、智慧社区圈、智慧安防圈六大部分,未来海尔 U+还将持续扩大范围,为用户提供在衣食住行等日常生活方面的全方位服务。

```
维纳斯计划        E家联盟           部门整合    U+与百度平台、
                                              JD+平台对接
    ↑            ↑                ↑            ↑
         2001年       2007年              2016年
1999年       2003年         2012年   2014年
    ↓            ↓                ↓            ↓
         数字家庭       数字预装入户        GE与海尔战略合作
```

图 3-3-1 海尔

3.3.1.1 U-HOME 家居平台发展历史

1999年，微软提出了名噪一时的"维纳斯计划"。海尔是国内最早响应微软"维纳斯计划"的家电厂商之一，把家用 PC 主机装入家电，试图以此打造智能家居设备，智能家居项目由此确立下来。

2001年，在国家经济贸易委员会的牵头下，海尔成为数字家庭工作组的组长单位。

2003年，海尔成立"e家佳"联盟，联合国内多家家电厂商，希望共同构建数字家庭标准，同时向用户宣传和推广数字家电的产品和概念。

2007年，在 B2C 市场遭遇推广和销售障碍的海尔开始尝试结合房地产资源。通过和地产商的合作，将数字中控预装到用户家中，然后再借此实现视频监控系统、停车道闸系统、安全防盗系统等不同品牌产品的互联共通。

2012年年底，拓展数字家电业务的 U-Home 部门被划分到家电部门，海尔内部对不同事业部进行优化整合，黑、白家电归同一人管理。

2014年3月17日，海尔集团在上海举办了智慧生活体验分享会，在此次会议上，海尔发布了全新的 U+智慧生活操作系统，有中国气象局公众气象服务中心、百度云、腾讯微信、活法儿体质检测等对接如U+云平台。

2016年，通用电气（GE）与海尔集团依据此前签署的全球战略合作框架协议成立联合工作小组，全面推进在工业互联网、智能制造、消费者医疗等领域的战略合作，并将首次推动GE Predix作为工业互联网平台在国内制造业的相关应用。在智能家居领域，海尔利用自己在智能家居领域的专长，将与GE在LED照明、能源管理和家庭安防等领域合作，双方将共同探索在智能家居领域发展的新模式，设计以用户为导向的软件应用程序，引领从智能家居到智能社区最终到智能城市的转变。

3.3.1.2 U-HOME家居平台组成结构

从两个角度划分，第一个角度为宏观层面，第二个角度为单品层面，即海尔自己发布的U+7大生态圈，具体如表3-3-1所示。

表3-3-1 U-HOME家居平台组成

划分角度	序号	组成部分	名称	具体内容/备注信息
宏观角度划分	1	智慧社区	安家平台方案	安家平台是为家庭、社区、城市的智慧安防，提供安防报警、家居控制、远程监控等硬件设备及实现互联互通的操作软件，并聚合第三方服务资源的物联网平台
	2	智慧家庭	—	智慧家庭是基于海尔U-Home安家平台，从安全、健康、便利、节能的角度，结合智能安全、智能家居、智能家电等产品，通过云平台的综合智能分析，从整体上提供高品质生活的解决方案

续表

划分角度	序号	组成部分	名称	具体内容/备注信息
宏观角度划分	3	智慧养老	—	包括防跌倒报警器、家庭体验套装、老年智能终端、人员定位设备、健康小屋
宏观角度划分	4	智慧公寓	—	海尔U-Home依托安家平台，深入了解公寓行业需求潜心研发，专门针对公寓运营的平台级IT系统管理工具。该系统除了完善的公寓运营系统外，还具备强大的硬件管理能力，可直接或间接控制绝大部分的电器设备，实时收集设备运行数据
单品角度划分	1	空气盒子	U+智慧空气解决方案	空气盒子是2014年美国CES展上海尔首发，是国内首款个人健康空气管理智能硬件。空气盒子能够检测室内空气质量。更可以智能地将家中的空调、空气净化器等多款家电进行互联。
单品角度划分	2	手环、血压计	U+智慧健康解决方案	接入了包括手环、血压计等终端，把这些数据跟生态圈其他设备进行融合，结合起来提供一个更健康、舒适的智慧生活体验方案

续表

划分角度	序号	组成部分	名称	具体内容/备注信息
单品角度划分	3	smartcare安全套装	U+智慧安全解决方案	海尔租住研发端到端整体安全体系，根据智能家电的应用场景和系统特点，在APP、云端、网络通信、设备模块四个层面分别设置安全控制措施。同时，系统从身份验证、控制授权、访问加密、安全绑定、数据和隐私保护等典型业务应用的角度进行整体安全防护
	4	智能冰箱、智能烤箱	U+智慧美食解决方案	包括软硬件两部分，硬件部分包括智能冰箱、智能烤箱等，软件包括"我是星厨"等
	5	电视和平板电脑	U+智慧娱乐解决方案	通过各个设备的网络连接，实时最新娱乐全面共享，移动客户端远程操控连接，畅爽客厅最新娱乐方式
	6	热水器洗碗机	U+智慧用水解决方案	智能云热水器可以远程监控家中安全，一旦出现CO泄漏或者甲烷泄露，移动端将会远程报警提醒，细心呵护全家安全
	7	洗衣机、烘干机	U+智慧洗护解决方案	可通过移动终端远程操控洗衣机，选择洗衣程序、设置参数以及查看洗涤状态和时间。洗涤结束后自动推送信息到手机

图 3-3-2 U+组成结构

3.3.1.3 U-HOME 家居平台特点

海尔的 U-Home 有几大特点：首先，目标广泛；其次，重视标准；最后，融合各方资源。海尔 U-Home 涉及的单品基本涵盖了家电领域的所有产品，这不仅基于海尔多年家电行业的积累，也在于其在智能家电领域的雄心；《数字电视接收设备与家庭网络系统平台接口标准》、e 家佳标准等标准都与海尔有一定的关联，海尔"U-Home"正是在 e 家佳标准基础上，通过在网络技术、通信技术、软件、芯片方面的自主创新；2017 年 9 月 15 日，海尔主导的"核高基重大专项——面向智能家电的物联网安全操作系统海尔 UHomeOS 启动会"在京举行，标志着自主可控的智能家电物联网安全操作系统成功突破专利、安全、生态壁垒，为中国企业转型物联网提供了新的平台，也将加速中国由物联网大国到物联网强国的迭代进化。

3.3.1.4 U–HOME 家居平台的专利概况

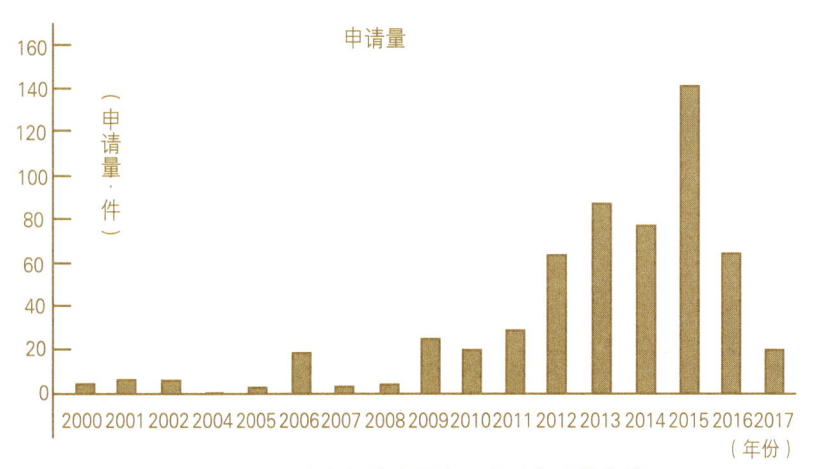

图 3–3–3 海尔智能家居中国专利申请量趋势

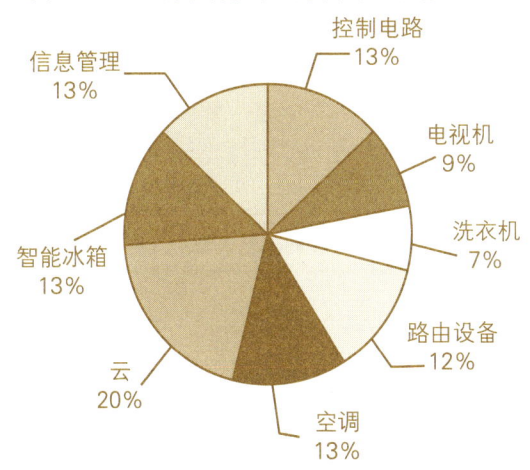

图 3–3–4 技术分支申请量占比

图3-3-3示出了海尔在智能家居领域的专利申请量,其智能家居起始于2000年的网络滚筒洗衣机、网络洗碗机等家用电器,通过联网的方式实现了家电的智能化。随后,我们可以看出2009年以后海尔的智能家居申请量逐年增加,基本上以每年20件的速度增加。

从图3-3-4可以看出云是海尔智能家居的一大重点,其次是空调、智能冰箱和信息管理等,电视机是占比相对较小的部分。

3.3.2 U-HOME家居产品的关键技术

U-Home家居产品中的相关技术向国家知识产权局申请的专利在590篇左右,涵盖了平台、网关、各类智能家电等。

3.3.2.1 U-HOME平台的关键技术

表3-3-2 平台关键技术

专利号	CN103869761	申请日	2012年12月14日	发明人	罗朝明
同族数	0	同族国家	0	被引用数	0
发明名称	家电控制方法及控制系统	针对产品		智能平台	
分类号	G05B 19/418	法律状态		授权且有效	
发明点	建立了指令集合相对应的映射关系				
摘要					
一种家电控制方法,其特征在于,包括获取场景模式选择信息;根据预先建立的场景模式和控制指令集合的映射关系,获取与选择的场景模式对应的控制指令集合;根据获取的控制指令集合控制相关家电设备执行相应操作;获取所述相关家电设备当前的工作状态并进行图形化显示					

续表

附图

```
┌─────────────────────────────────┐
│      获取场景模式选择信息         │──── S101
└─────────────────────────────────┘
              │
              ▼
┌─────────────────────────────────────────┐
│ 根据预先建立的场景模式和控制指令集合的映射关系，获取与 │──── S102
│      选择的场景模式对应的控制指令集合      │
└─────────────────────────────────────────┘
              │
              ▼
┌─────────────────────────────────────────┐
│ 根据获取的控制指令集合控制相关家电设备执行相应操作 │──── S103
└─────────────────────────────────────────┘
              │
              ▼
┌─────────────────────────────────────────┐
│ 获取所述相关家电设备当前的工作状态并进行图形化显示 │──── S104
└─────────────────────────────────────────┘
```

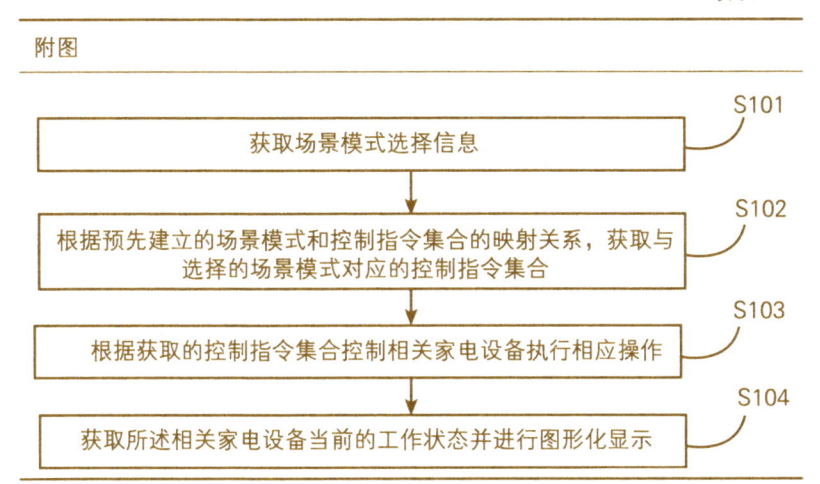

3.3.2.2 智能门锁

表3-3-3 门锁关键技术

专利号	CN105654591	申请日	2016年1月8日	发明人	王云涛
同族数	0	同族国家	0	被引用数	0
发明名称	智能门锁断电保持授权时间的方法及装置	针对产品		门禁	
分类号	G07C9/00	法律状态		公开	
发明点	通过设置本地存储器来存储时间，然后可以保证获取准确的时间信息					
摘要	一种智能门锁断电保持授权时间的方法及装置。该方法包括在智能门锁的存储器上存储包含有效期限的密码数据；每隔预定时间从网络上获取当前时间并保存到存储器上；在智能门锁无法从网络上读取当前时间的情况下，根据密码数据、当前时间判断用户输入的门锁密码是否过期，如果门锁密码未过期且正确，则开启智能门锁。借助于本技术方案，使智能门锁在换电池后即使网络不通也可以维持正常的密码有效期，进行正常使用					

续表

附图	

在智能门锁的存储器上存储包含有效期限的密码数据 —— 步骤201

每隔预定时间从网络上获取当前时间并保存到所述存储器上 —— 步骤202

在智能门锁无法从网络上读取当前时间的情况下,根据所述密码数据以及所述当前时间判断用户输入的门锁密码是否过期,如果门锁密码未过期且正确,则开启智能门锁 —— 步骤203

3.3.2.3 智能洗衣机

表3-3-4 洗衣机关键技术

专利号	CN1349013	申请日	2000年10月16日	发明人	张汉奇
同族数	1	同族国家	1	被引用数	6
发明名称	网络滚筒洗衣机		针对产品		洗衣机
分类号	D06F 33/02		法律状态		授权且有效
发明点	通过获取冰箱的目标用户来自动调节冰箱内的温度,提高冰箱的温度调节的智能化				
摘要					
网络滚筒洗衣机,包括一现有滚筒洗衣机(5),其特征在于它还包括中央处理器(CPU)(1)及固化在其中的程序、液晶显示单元(2)、通信接口电路(3)和电源电路(4)					

续表

附图

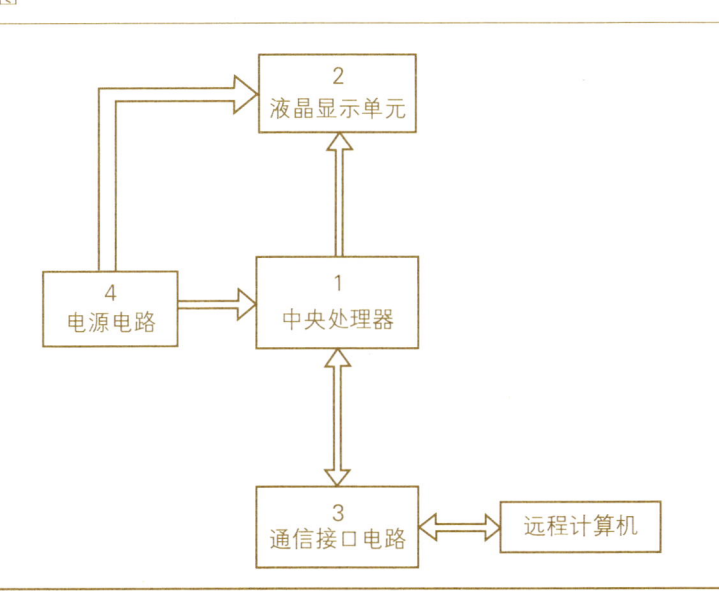

```
        ┌─────────────┐
        │      2      │
   ┌───▶│  液晶显示单元  │
   │    └─────────────┘
   │           ▲
   │           │
   │           ▼
┌──────┐   ┌─────────────┐
│  4   │   │      1      │
│电源电路│──▶│   中央处理器   │
└──────┘   └─────────────┘
                  ▲
                  │
                  ▼
           ┌─────────────┐      ┌──────────┐
           │      3      │◀────▶│ 远程计算机 │
           │  通信接口电路  │      └──────────┘
           └─────────────┘
```

3.3.2.4 智能网关

表3-3-5 网关关键技术

专利号	CN103023761A	申请日	2011年9月22日	发明人	喻子达等
同族数	1	同族国家	1	被引用数	0
发明名称	网关装置、智能物联网系统及该系统的混合接入方法	针对产品		网关	
分类号	H04L 12/66	法律状态		公开	
发明点	网关装置在接收到来自终端设备的多种格式的数据后,按照预设的数据帧格式对该数据进行统一封装处理并发送				

续表

摘要
一种网关装置、智能物联网系统及该系统的混合接入方法,其中该网关装置设置于智能物联网系统,该网关装置包括总线接口模块,其进一步包括数据接收模块,用于接收来自终端设备或来自其他网关装置的数据;封装处理模块,用于将来自终端设备的数据按照预设数据帧的格式进行封装处理;解封装处理模块,用于将来自其他网关装置的数据进行解封装处理,得到原数据帧;数据发送模块,用于将经过封装处理模块处理的数据发送至对应的网关装置,或将经过解封装处理模块处理的数据发送至对应的终端设备。实现了智能家庭物联网系统中有线控制信号与无线控制信号的双向转发功能,具有良好的可扩展性及安全性
附图

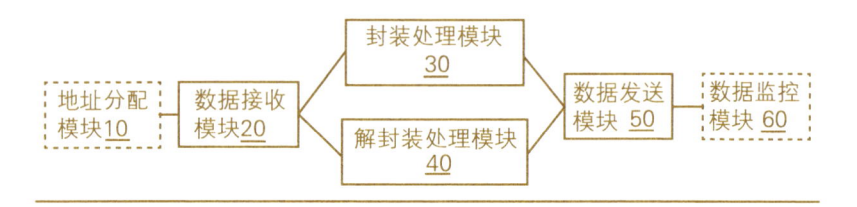

表3-3-6 网关关键技术2

专利号	CN104102180B	申请日	2013年4月10日	发明人	徐志芳等
同族数	1	同族国家	1	被引用数	0
发明名称	智能开关及其控制方法和装置、智能控制网络		针对产品		网关
分类号	G05B 19/418		法律状态		授权且有效
发明点	在智能控制网络中引入串行总线进行智能开关的远程数据收发,并在数据收发过程中引入基于令牌指令等轮询冲突避免机制,即充分利用了串行总线组网简单、通信范围大等优点,又可有效避免了串行总线之间多个智能开关之间的通信冲突				

3 智能家居系统

续表

摘要
一种智能开关及其控制方法和装置、智能控制网络,其中一种智能开关的控制方法包括按预定顺序轮询智能控制网络中接入同一串行总线的多个智能开关,每次轮询中执行以下操作:在所述串行总线中广播与当前允许经所述串行总线收发数据的智能开关对应的令牌指令,在数据收发满足预设停止条件时触发与另一智能开关对应的令牌指令的广播,实现了如智能家居网络、智能楼宇网络等智能控制网络抗干扰的远程智能控制

附图

```
                               ┌── 11
        ┌─────────────────────┐
        │        开始          │
        └──────────┬──────────┘
                   │
                   ▼            ┌── 12
        ┌─────────────────────────────────────┐
        │ 按预定顺序轮询智能控制网络中接入同一串行总线的多│
        │ 个智能开关,每次轮询中执行以下操作:在所述串行总 │
        │ 线中广播与当前允许经所述串行总线收发数据的智能开 │
        │ 关对应的令牌指令,在数据收发满足预设停止条件时触 │
        │ 发与另一智能开关对应的令牌指令的广播            │
        └─────────────────────────────────────┘
                   │
                   ▼
              下一轮轮询
```

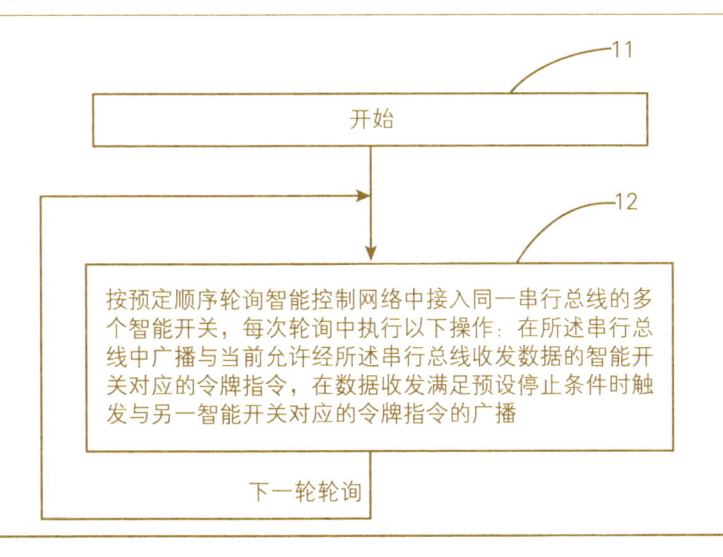

表 3-3-7 网关关键技术 3

专利号	CN104216343B	申请日	2013 年 6 月 3 日	发明人	徐志芳等
同族数	1	同族国家	1	被引用数	0
发明名称	智能开关的控制方法和装置、智能控制网络		针对产品		开关

· 297 ·

续表

分类号	G05B 19/418	法律状态	授权且有效
发明点	在智能控制网络中引入串行总线进行智能开关的远程数据收发，并在数据收发过程中引入基于令牌指令等轮询冲突避免机制，即充分利用了串行总线组网简单、通信范围大等优点，又可有效避免了串行总线之间多个智能开关之间的通信冲突		
摘要			
一种智能开关及其控制方法和装置、智能控制网络，其中一种智能开关的控制方法包括按预定顺序轮询智能控制网络中接入同一串行总线的多个智能开关，每次轮询中执行以下操作：在所述串行总线中广播与当前允许经所述串行总线收发数据的智能开关对应的令牌指令，在数据收发满足预设停止条件时触发与另一智能开关对应的令牌指令的广播，实现了如智能家居网络、智能楼宇网络等智能控制网络抗干扰的远程智能控制			
附图			

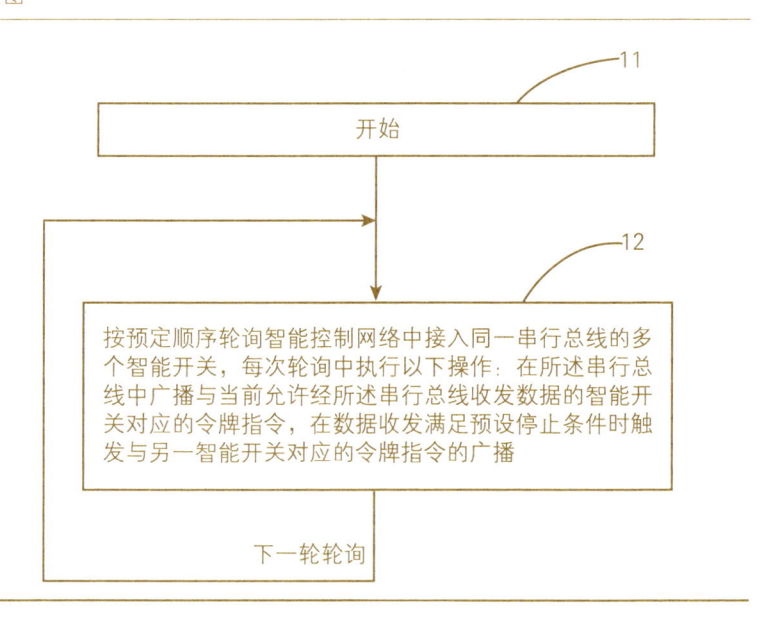

```
                    ┌─ 11
        ┌─────────────────────┐
        │        开始          │
        └──────────┬──────────┘
                   │
                   ▼                ─ 12
        ┌─────────────────────┐
        │ 按预定顺序轮询智能控制网络中接入同一串行总线的多 │
        │ 个智能开关，每次轮询中执行以下操作：在所述串行总 │
        │ 线中广播与当前允许经所述串行总线收发数据的智能开 │
        │ 关对应的令牌指令，在数据收发满足预设停止条件时触 │
        │ 发与另一智能开关对应的令牌指令的广播              │
        └──────────┬──────────┘
                   │
                下一轮轮询
```

3.3.3 产业联盟策略

3.3.3.1 海尔 U+开发者套件介绍

海尔 U+开发者套件是 U+平台硬件套件之一，该开发板可以演示 U+设备接入 U+平台的基本功能。标配组件为 LED 灯、按键、蜂鸣器、数码管、温湿度传感器、UART 接口、调试及程序下载接口，用户可根据实际项目要求定义 LED 指示的状态、按键功能及蜂鸣器响应，也可以通过扩展接口接入其他元器件。

3.3.3.2 海尔 U+开发者套件功能

①温湿度显示：通过数码管显示当前的环境温度和湿度。

②数值设置：包括整形、枚举、浮点数的手动设置和 APP 控制。

③开关控制：包括开关机、开关灯、蜂鸣器开关，可通过按键和手机 APP 实现控制。

④报警：手动触发三个报警上报。

⑤设备网络功能：网络连接状态显示；进配置操作，包括 SmartLink 和 SoftAP 两种入网配置方式。

⑥清配置操作。

⑦UART 串口接口。

⑧uPlug 模块接口。

3.3.3.3 海尔 U+WiFi 模块解决方案

海尔 U+WiFi 模块解决方案提供完整 U+架构服务，共包含四部分。

①海尔 U+WiFi 模块：快速实现智能家居设备的联网功能。

②U+云平台：进行设备管理以及大数据分析。

③U+通信协议：确保企业与海尔 U+云平台进行快速、安全、稳定的数据传输。

④海尔 U+SDK 开发包：方便企业结合自身产品需求快速开发定制产品 APP。

3.4 智能家居系统的重点企业——亚马逊

3.4.1 亚马逊智能家居平台介绍

亚马逊作为互联网行业的巨头之一，智能家居系统领域，自然少不了它的身影。我们首先来介绍一下亚马逊所推出的智能家居系统平台。

3.4.1.1 亚马逊智能家居平台发展历史

2014 年 11 月 6 日，亚马逊在官网发布了一款音箱 Amazon Echo，包括入门级的 Dot、标准版的 Echo 以及便携版的 Tap，标准版的 Echo 音箱的外形和普通蓝牙音箱类似，高度为 10 英寸，采用了圆柱形的设计。

这款音箱外形看起来非常普通，但是不要小看它

图 3-4-1 亚马逊智能音箱 Echo

哦，它普通的外表下隐藏着一颗强大的"内芯"——智能语音助手 Alexa，有了 Alexa 的支持，Echo 不仅是播放音乐的一个载体，更是智能家居系统的中央控制器。

3 智能家居系统

Alexa 是预装在亚马逊 Echo 内的个人虚拟助手，是 Echo 的大脑和灵魂，被看成是亚马逊版的 Siri 语音助手。Echo 的使用非常简单，将 Echo 插上电并联网，用户在手机上下载 Alexa App，这个 APP 是一个应用商店，里面有各式各样的功能，用户根据自己的喜好可以把功能添加到 Echo 里，就可以向 Echo 发出具体的语音指令了。

用户每次只要说"Alexa"之后伴随具体指令，Echo 就会把这个指令通过网络传送至云端的 Alexa 语音平台进行处理。比如，用户想要咨询天气情况，只要对着 Echo 说，"Alexa，今天天气如何？"Alexa 语音平台会马上读取天气网站的数据，然后通过 Echo 把这些信息阅读给用户。

2015 年 6 月，亚马逊宣布将 Alexa 语音平台接口开放给第三方，包括将 Alexa Skills Kit 开放给第三方软件开发商，以及将 Alexa Voice Service 开放给第三方智能硬件制造商。Alexa Skills Kit 包含一整套 API 和开发工具，这套 API 设计了标准的语言框架，让开发者们可以更加容易开发 Alexa 技能。Alexa Voice Service 为智能硬件厂商提供完整的系统整合方案。这种开放战略让更多的第三方开发者和设备制造商集成到 Alexa 中来，使得 Alexa 的控制范围不断扩大，不仅只是普通的扬声器或是天气预报工具，而是成了智能家居平台的灵魂。

起初 Echo 只能完成播放 Prime 音乐、设置闹铃、查询天气、回答问题等基础任务。随着人们越来越喜欢问 Alexa 问题，Alexa 多了越来越多的功能，Echo 开始支持 Spotify 音乐、Audible 有声电子书、NPR 新闻资讯等来自第三方的服务，也开始增加对家中的灯、空调、摄像头等电器设备的控制，比如，如果用户想要关闭家中某盏电灯，Alexa 语音平台会向这款设备的云平台发出请求，接到指令后云平台会向设备发出关闭指令。

进入 2017 年，Echo 已经成为整个行业的标杆型产品，用户体验广受好评。随着 Echo 的热销，Echo 迎来了更多机遇和挑战。亚马逊不断扩大 Echo 的研发团队，目前整个团队已经超过 1000 人。据 2017 年 6 月亚马逊官方数据，Alexa 已经拥有超过 1 万项技能，在服务的数量和领域上都有了飞速增长。

图 3-4-2 Echo 支持的应用

随着越来越多的智能家居领域的第三方客户加入 Alexa 智能语音生态圈，亚马逊的 Echo 在智能家居领域的上升空间十分可观，并且延伸到智能家居以外的其他领域。在 2017 届全球消费者电子产品展会上，福特公司表示将和亚马逊合作，通过福特 Svnc 车载系统和亚马逊 Echo 智能设备以及 Alexa 语音助手的连接，实现车辆和智能家居的双向互联，并可进行双向控制。

3.4.1.2 亚马逊智能家居平台组成结构

Echo 的使用过程为：用户在手机上下载 Alexa App，把喜欢的智能家居设备控制功能添加到 Echo 里，Echo 接收用户语音指令，通过内置的 Alexa 语音助手把指令发送给后台的 Alexa 语音平台，Alexa 语音平台基于云计算和人工智能技术完成指令处理，控制智能家居设备的操作，并把处理结果反馈给 Echo 前端。

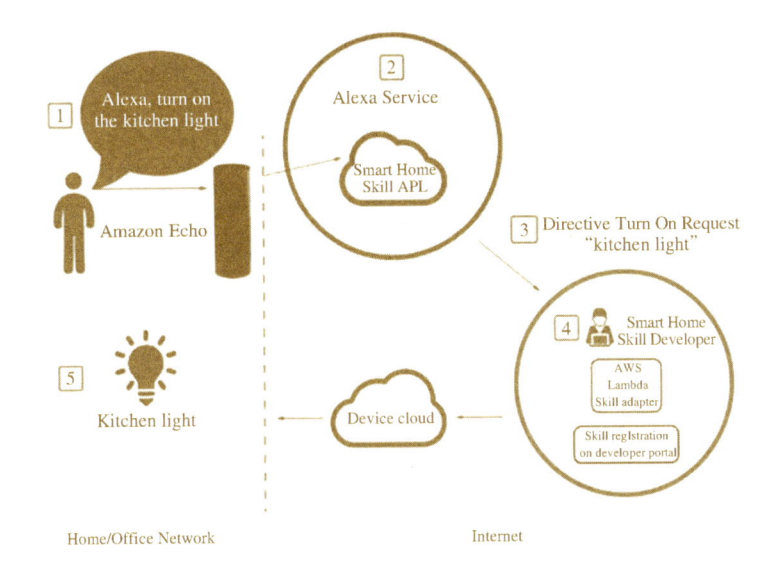

图 3-4-3 亚马逊智能家居平台组成结构

2015年，亚马逊将 Alexa 开发包向智能家居软件开发人员和智能家居硬件制造商开放。开发者只需登陆亚马逊的开发者中心（developer.amazon.com），进入 Alexa 的菜单后，选择开发插件（Alexa Sills Kit）或接入语音服务（Alexa Voice Service），开发者在 Alexa 中定义"意图"，当用户触发"意图"时调用开发者定义的接口，调用开发者自己的服务器进行回答。第三方通过 Alexa 开发包可以大大简化语音产品的开发流程，从而使得 Echo 技能数量增长迅速。

语音交互是 Echo 与用户的主要交互方式，伴随着智能移动设备的普及，语音交互作为一种新型的人机交互方式，引起了整个 IT 业界的重视。亚马逊选择采用语音交互控制方式，不仅因为语音识别技术在不断成熟，也是因为在家居环境里，用语音比操控屏幕更加方便。为了精确捕捉用户语音，亚马逊在 Echo 音箱里安装了多个远场麦克风并且内置除噪功能，可以捕捉到 12 米以外的声音。

除了语音识别技术，为了让 Echo 像人一样和用户正常交流，亚马逊在 Alexa 语音平台中集成了增强机器学习人工智能技术，机器学习可以让电脑在没有预定程序指引的情况下采取行动，这项技术此前被用于亚马逊商城的产品推荐和价格预测，也应用于亚马逊无人机配送、Echo 音箱和信的 Amazon Go 实体便利店。随着 Echo 用户的不断增加，亚马逊用获得的云因数据训练机器模型，对 Alexa 的人工智能技术进行了改进升级。借助人工智能服务，开发人员可以通过接口调用预先训练的服务为应用程序添加智能功能，而不必开发和训练自己的模型。

Alexa 语音平台使用的云平台是亚马逊自己的云服务产品——AWS（Amazon Web Services）。亚马逊于 2006 年推出以 Web 服务的形式向企业提供 IT 基础设施服务的简便存储服务，是科技行业中最早提供云服务的公司。从 2010 年左右开始，AWS 逐渐引起了全球的关注，当时硅谷和纽约的所有热门创业公司都开始利用 AWS 来运行网站。弹性、可拓展、低成本的基础设施服务，让亚马逊云服务牢牢占据着市场主导地位。正是得益于亚马逊的云服务，企业不必再为软件、硬件、安装、调试以及维护等诸多 IT 服务花费大量时间、人力以及资金成本，可以把运算、存储、网络、应用、管理等诸多烦琐的工作完全交给亚马逊 AWS 服务。经过 11 年的发展，亚马逊 AWS 是目前公有云市场的最大服务商，为大中小各型数十万家企业提供了完整的云服务。

3.4.1.3 亚马逊智能家居平台特点

亚马逊的智能家居平台以 Echo 音箱为入口确立了未来智能家

居的初步形态。亚马逊的主要目的并不在于利用 Echo 来盈利，每个 Echo 仅售价 200 美元，和热门的手机等电子产品相比价格非常低廉，亚马逊销售 Echo 的目的是要将亚马逊已有的电商用户数据迁移到智能家居平台，引导用户购买家庭日用产品或者订阅相应服务，比如，为洗衣机购买洗衣粉、为咖啡机购买咖啡豆、为冰箱购买啤酒。作为全球知名的电商平台，亚马逊掌握大量电商平台用户的购买数据，通过将这些用户数据迁移到智能家居平台，由后台云服务对用户数据进行人工智能的计算，能够更准确地了解用户需求，并了解何时这些需求应该得到满足，能够增加用户感兴趣的购买服务，从而让用户在不感到有压力的情况下作出购买决定。

从技术角度来看，和其他更早推出的成熟语音识别产品如苹果公司的 Siri 和谷歌公司的 Google Assistant 相比，亚马逊的 Alexa 似乎没有绝对的优势。但其实，亚马逊从 2011 年就开始通过收购和自主研发的方式进入语音识别技术领域，只是此前相当低调而已。而比技术更重要的是应用，苹果和谷歌的语音识别产品基本都是面向智能手机这类移动设备，而这些设备还有其他输入方式，语音并不是最有优势的解决方案。亚马逊通过音箱这种方式切入智能家居控制领域，对智能家居来说，比起遥控器或触摸来说，语音控制显然更加方便。从交互方式来说，在家庭场景下，语音交互显然比屏幕触控操作更加自然、更加自由。人们可以在家中的任何一个生活场景下用语音调用 Echo，而无须特意把目光和注意力放在任何一个设备屏幕上，这也是 Alexa 被用户接受的原因。因此，亚马逊 Echo 引起了业内的关注，甚至被誉为智能家居的真正入口。

作为云服务行业的领军企业，亚马逊充分利用已有的优势与智能家居相结合，云 + 语音的操控方式让用户通过无线控制智能家居设备有了新的体验感,也营造出了更加开放的商业模式。低廉的亚马逊无线网关 Echo 仅售卖 179 美金,可以提供上千种本地和云端联动。相比传统的无线互联模式需要智能硬件厂商专注本地的协议对接,这一做法激起了新的行业意识与方向,只要是接入同一云端的设备,不管是 Z-Wave 的锁还是 ZigBee 的灯泡,统统都可以被无线智能音箱网关控制,这使得 Echo 一经推出就受到了广大智能家居厂商的青睐。

3.4.2 亚马逊智能家居平台的关键技术

3.4.2.1 Alexa 语音识别

Echo 作为一款智能语音产品,语音识别技术是其核心技术。业界对语音识别技术的研究起步很早,提到与 Alexa 类似的语音识别助手,一般首先想到的就是苹果 Siri、Google Assistant、微软 Cortana 等。亚马逊 2014 年才推出 Echo,但亚马逊从 2011 年就开始准备进军语音识别技术市场了。

图 3-4-4　亚马逊语音技术发展历史

2011 年 9 月亚马逊收购语音识别公司 Yap,Yap 主要提供语音转换文本的服务。

2012年，亚马逊以2600万美元收购了语音技术公司Evi，继续加强语音识别在商品搜索方面的应用。

2013年，亚马逊继续收购语音技术公司Ivona Software，Ivona是一家波兰公司，是Nuance的竞争对手，主要做文本语音转换，其技术已被应用在Kindle Fire的文本至语音转换功能、语音命令和Explore by Touch应用之中，其被收购时支持17种语言44种声音。

2014年，亚马逊发布了Echo音箱，2015年6月，亚马逊宣布将Alexa语音平台开放给第三方智能家居软件开发人员和智能家居硬件制造商。

可见，亚马逊早期通过收购方式获得了很多语音识别的核心技术，除了收购，亚马逊也非常重视对语音识别技术的自主研发，2011年1月28日，亚马逊提交了一件与Echo的语音技术相关的美国专利申请（公开号：US2012198339A1），涉及基于音频的应用程序体系结构，利用已存在于住宅或其他位置内的音频信息的系统，包括若干网络接口；基于云的服务，能通过处所内音频监测设备（116）接入，以便经由网络接口接收来自多个用户处所（102）的基于音频的信息，用户处所分别与用户相关联。其中，基于云的服务向多个基于云的应用程序暴露若干应用程序接口，基于云的应用程序（120）至少部分地根据基于音频的信息向用户（104）提供服务。从专利申请的说明书附图中可看出，这就是Echo智能音箱的系统结构图，可见亚马逊从2011年年初开始已经做好了将语音识别技术和云服务应用到智能家居中的准备。亚马逊非常重视Echo的这项基础核心技术，在美国申请之后，又通过PCT途径同时在我国国家知识产权局、欧洲专利局和日本特许厅提交了申请，目前这些专利申请均在审查过程中，如果这项专利申请不能获得授权也许会对Echo未来的命运产生影响。

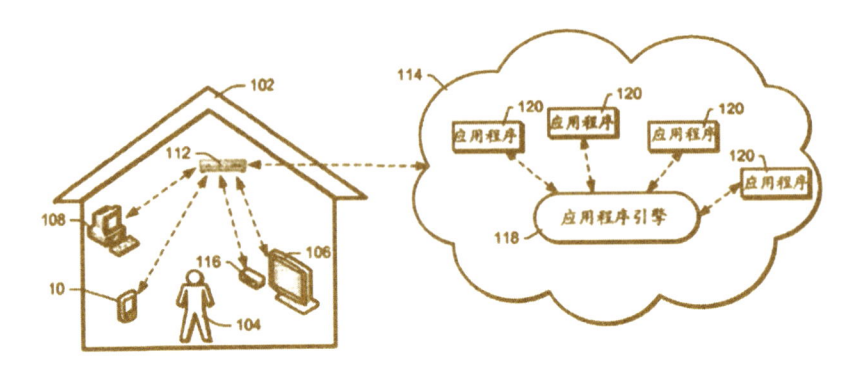

图 3 - 4 - 5　专利 US2012198339A1 说明书附图

为了准确接收用户的语音，亚马逊 Echo 还研发出一项核心技术——在 Echo 音箱中采用非线性排列的远程麦克风阵列，这使得 Echo 比其他语音助手有更强的听力。亚马逊针对该项技术于 2013 年 9 月 27 日提出了一件美国专利申请并获得了授权（授权公告号：US9286897B2），涉及带有多向解码的语音辨识器。

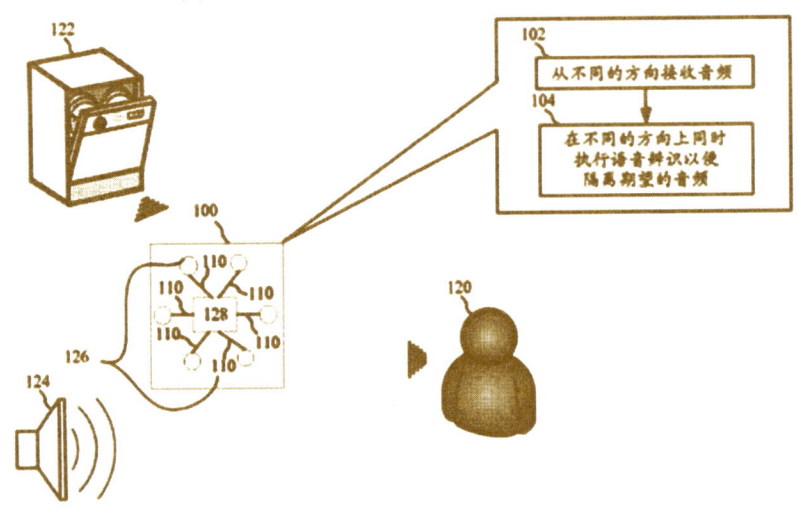

图 3 - 4 - 6　专利 US9286897B2 说明书附图

· 308 ·

自动语音识别 ASR 设备 100 包括麦克风阵列 126 和波束形成器 128，多个麦克风按圆形排列以便有利于从不同的方向接收音频信号，波束形成器 128 发出多个波束 110 以隔离来自不同方向的音频。麦克风阵列可以是固定的或者可转向的，在可转向时，麦克风阵列可以允许用于电子聚焦，其中数据处理技术可以被应用来将所述麦克风阵列聚焦在来自特定方向的音频上，通过将 ASR 处理聚焦到在用户的方向接收的音频上，此类转向可以用来隔离用户的语音。用户对 ASR 设备发出语音指令以控制其他智能家居设备如洗碗机 122。

此外，以下专利的被引用次数较多，它们也是亚马逊在语音交互领域布局的重点技术。

序号	公开号/公告号	发明名称	法律状态	被引用次数
1	US8700392B1	语音设备接口	授权有效	13
2	US9319816B1	使用超声波导频音节来表征环境	授权有效	12
3	US9070366B1	多领域语音处理架构	授权有效	12
4	US20150255069A1	预测语音识别中的发音	公开	11
5	US9076450B1	用于语音识别的直接音频	授权有效	7

3.4.2.2 人工智能

为了让 Echo 和用户进行语音沟通，需要语音助手 Alexa 不仅能够识别语音，还能够听懂人的意思，给人想要的内容，或是直接跟人对话，具有人工智能。人工智能技术是语音交互的重要技术支撑，有了它，Alexa 才能实现深度学习和进步，与用户进行轻松聊天与情感交流。

人工智能产业生态格局分为三层：顶层为 AI 应用层，利用中层输出的 AI 技术为用户提供智能化的服务和产品；中层为 AI 技术层，通过不同类型的算法建立模型，形成有效的可供应用的技术；

底层为基础资源支持层,由运算平台和数据工厂组成,亚马逊使用的是自家 AWS 云服务平台。为了能够满足用户需求,智能产品和服务需要多种不同的 AI 技术支撑。

作为电商领域的龙头企业,二十多年来,亚马逊在 AI 技术领域深耕多年,投入了大量资金,从商品个性化推荐、动态价格优化、供应链优化、预测式发货,再到自动化仓储、无人机送货、无人超市,无不是建立在 AI 技术的支持上的。

Echo 智能音箱虽然推出时间较晚,但其背后的 AI 技术却是相当成熟的。早在 2004 年 11 月 12 日亚马逊就提出了一件关于个性化推荐商品的美国发明专利申请并获得了授权(授权公告号:US7797197B2)。

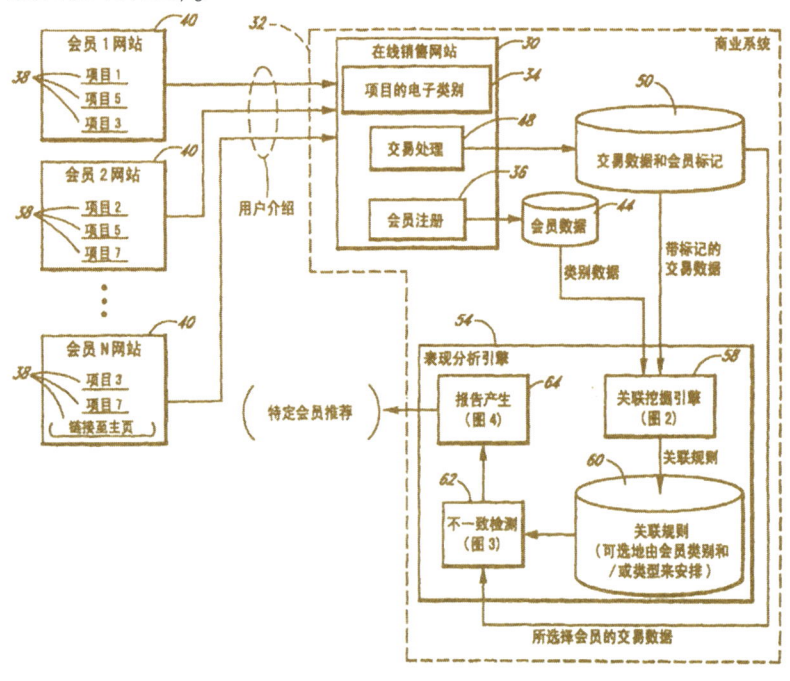

图 3-4-7 专利 US7797197B2 说明书附图

发明内容为：表现分析引擎（54）对向电子类别（34）中的特殊项目提供链接（38）的会员网站（40）的表现进行分析，并识别能够由这种会员网站（40）列出的类别项目，以改进表现。关联挖掘组件（58）对属于特殊类别或种类的会员网站（40）的交易数据（50）进行分析，以识别这种网站的用户频繁地一同购买的项目。针对给定的会员网站（40），所检测的项目关联用于评估特殊项目的期望销售量与实际销售量之间是否存在明显的不一致。所述分析的结果被合并到会员专有的表现报告中，它可以包括用于改进表现的特殊推荐。用于对在线商区、在线市场或在线拍卖系统中的在线销售方的表现进行分析，并向其提供推荐。

2009年4月29日提出一件美国专利申请（公开号：US2010280920A1），涉及根据多个用户的地址信息之间的相似性产生推荐。

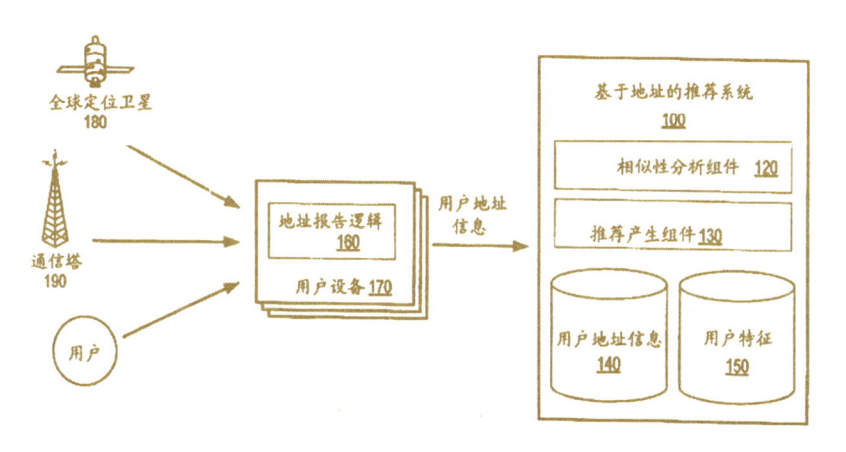

图 3-4-8 专利 US2010280920A1 说明书附图

发明内容包括根据多个用户的地址信息之间的相似性产生推荐,对于用户组中的每个给定用户确定所述给定用户已旅游到一个或多个不同地址并确定所述给定用户的一个或多个特征,确定具体用户已旅游到或将旅游到一个或多个具体地址中的一个或多个地址之间的相似性,根据所述用户组的所述具体用户的经确定的特征中的至少某些可产生对于该具体用户的推荐。

随着 Echo 的热销,亚马逊加大了对人工智能在语音交互技术方面的研发,2016 年人工智能项目团队超过了 1000 人。2014 年 5 月 20 日亚马逊提出了一件美国专利申请(公开号:US2015340033A1),涉及在自然语言处理中使用先前对话行为进行的语境解释。公开了用于在多轮对话交互中处理并且解释自然语言(诸如用户话语的解释)的特征。可以维持语境信息,所述语境信息有关用户话语的解释和对所述用户话语的系统响应。可以使用所述语境信息来解释后续用户话语,而非在没有语境的情况下解释后续用户话语。在一些情况下,可以使用基于规则的框架将后续用户话语的解释与先前用户话语的解释合并。可定义规则来确定可合并哪个解释以及在什么条件下可合并它们。

此外,以下专利的被引用次数较多,它们也是亚马逊在人工智能技术领域布局的重点专利技术。

提高人工智能水平的关键是算法改进和大容量数据的训练,Echo 拥有百万级用户数量,来自全球的海量用户数据为亚马逊人工智能技术的发展提供了良好的条件,通过不断学习用户的生活习惯,Echo 必将成为一款越来越懂主人心意的音箱。

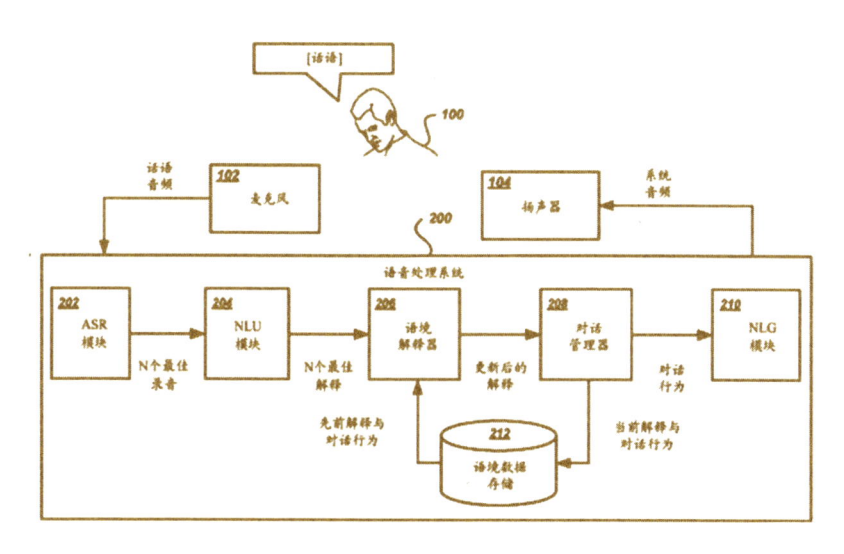

图 3-4-9 专利 US2015340033A1 说明书附图

序号	公开号/公告号	发明名称	法律状态	被引用次数
1	US7594189B1	统计选择在动态生成的显示中使用的内容项	授权有效	131
2	US7885844B1	为手工任务执行者自动推荐任务	授权有效	74
3	US7197459B1	混合机器/人工计算方法	授权有效	66
4	US7689457B1	对用户兴趣的聚类评价	授权有效	20
5	US8838659B2	改进知识库	授权有效	10

3.4.2.3 AWS 云计算平台

人工智能产业架构的底层是云计算服务平台，AWS 云计算服务平台是实现 Alexa 语音平台的人工智能技术的载体。AWS 云计算服务作为亚马逊一个成功的业务产品。AWS 为人工智能企业提供了三种可以立刻应用的人工智能服务：对话服务 Lex、语音服务 Polly 以及视觉服务 Reckginition，使人工智能应用者节省了模型搭建时间，将注意力集中在服务本身。

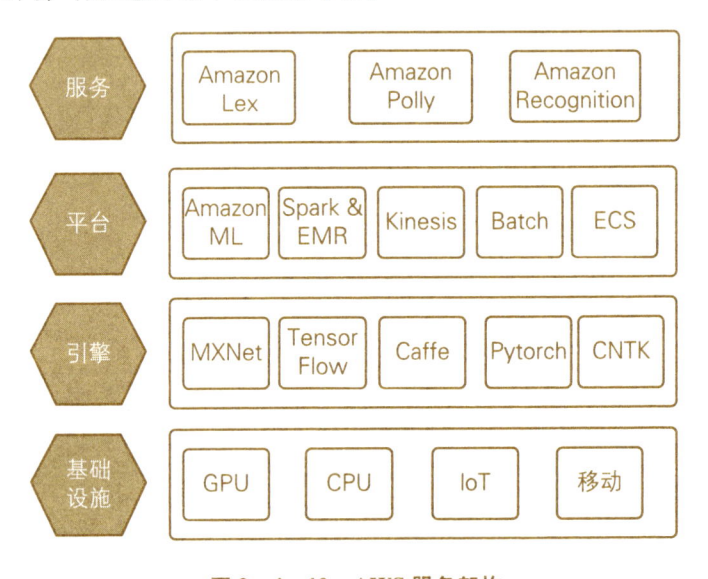

服务	Amazon Lex	Amazon Polly	Amazon Recognition		
平台	Amazon ML	Spark & EMR	Kinesis	Batch	ECS
引擎	MXNet	Tensor Flow	Caffe	Pytorch	CNTK
基础设施	GPU	CPU	IoT	移动	

图 3-4-10　AWS 服务架构

　　Lex 来源于 Alexa 背后的技术，使用自动语音识别技术 ASR 将语音转换为文本，然后用自然语言理解 NUL 技术理解文本的意图，能让开发者将对话接口用于任何使用语音或文本的应用中。作为 Lex 的客户之一，NASA 用 Lex 复制了一个火星探测车 Rov–E，使学生通过对话的形式学习火星的相关知识。iRobot 则开发了能用语音控制的扫地机器人。

　　语音服务 Polly 利用深度学习技术将文本转换成类似人类的声音，华盛顿邮报作为 Polly 的客户，利用这一功能开发语音版报刊。

　　视觉服务 Rekognition 则帮助人们识别图形，提取其中的信息。美国有线电视网络利用 Rekognition 对近十万条数据的学习建立了一个精确到秒的甄别器，用于快速识别视频内发表演说的政治家。

亚马逊早在 2006 年就推出了 S3（Simple Storage Service，简便存储服务），是科技行业中最早提供云服务的公司。AWS 云计算服务如今已迈入第 11 个年头，成为年化收入 140 亿美元，保有 43% 年增长率。AWS 提供超过 90 个大类的服务，拥有数百万月活跃用户，涵盖了不同的企业类型与企业规模。

2010 年 6 月 28 日，亚马逊提出了一件美国专利申请（US20100824723A），涉及如何为用户提供多个网络资源，资源提供服务允许用户以原子方式并通过单次调用资源提供服务来提供多个不同的网络资源。多个不同的网络资源包括形成一个或多个云计算平台的一部分的个别类型的资源，比如，一个或多个实体可托管并操作，包括比如存储服务、负载平衡服务、计算服务、安全服务或任何其他类似或不同类型的网络可访问服务的不同类型的网络资源的云计算平台。

在 S3 平台，亚马逊提供一项 Macie 服务，利用自然语言处理发现和分类敏感数据，查看个人身份信息、私钥和信用卡信息，Macie 服务将会持续不断监控不寻常的数据访问活动。也会帮助用户更好地理解与数据有关的其他风险，当客户访问敏感数据或者敏感数据存在不安全的地方，Macie 都提供自动报警服务。此外，Macie 还允许用户自定义自动纠错行为，比如重置访问控制列表或重置密码。

对此，亚马逊申请了多项与 Macie 服务相关的专利技术。2013 年 4 月 15 日，提出一件美国专利申请（US201313862923A），涉及使用安全存储装置的主机恢复，描述了用于使得主机计算装置能够将证书和对恢复所述主机计算装置的状态有用的其他安全信息存储在安全存储装置中的方法，所述安全存储装置如在所述主机计算装置上的可信平台模块（TPM）。当在发生故障（如断电、网络故障）

的情况下恢复主机计算装置时，所述主机计算装置可以从安全存储装置获得必要的证书，并且使用那些证书来启动各种服务，还原所述主机的状态以及执行各种其他功能。此外，安全存储装置（如 TPM）可将主机计算装置的启动固件测量和远程证明提供到网络上的其他装置，如当所述恢复的主机需要与网络上的其他装置通信时。

2013 年 1 月 22 日，提出一件美国专利申请（US201313746924A），涉及虚拟化环境中的特权加密服务，所述特权服务可被操作来在多租户远程程序执行环境中存储和管理加密密钥和/或其他安全资源。所述特权服务可以接收使用所述加密密钥的请求且发出对这些请求的响应。此外，所述特权服务可以在运行时间（比如，周期性或响应于所述请求）测量管理程序以尝试检测篡改所述管理程序的证据。因为所述特权服务正以比所述管理程序更具特权的系统管理模式操作，所以所述特权服务可以对虚拟机逃逸和其他管理程序攻击具鲁棒性。

此外，以下专利的被引用次数较多，它们也是亚马逊在云计算技术领域布局的重点专利技术。

序号	公告号/公开号	发明名称	法律状态	被引用次数
1	US8789208B1	用于导出快照的方法	授权有效	20
2	US8499066B1	预测长期资源使用	授权有效	16
3	US9424432B2	敏感数据的安全和持续保留	授权有效	12
4	US8429097B1	使用强化学习和领域特定约束的资源隔离	授权有效	9
5	US9032077B1	客户端可分配带宽池	授权有效	8

3.4.3 亚马逊智能家居平台生态圈

3.4.3.1 生态圈的形成

亚马逊利用 Echo 音箱作为用户入口，向智能家居软硬件厂商开放 Alexa 开发工具包、后台提供 AWS 智能家居云服务，开创了一个全新的智能家居生态圈。

为了鼓励第三方开发者和智能硬件厂商加入生态圈，亚马逊不仅将 Alexa 语音平台开放给第三方，同时还设立 Alexa 基金。Alexa 基金主要用于投资基于 ASK 的 Alexa 技能、基于 Alexa Voice Service 的硬件以及一些语音交互相关的技术，如文字转语音、自然语言处理、自动语音识别。在具体的项目选择标准上，亚马逊主要从创新性、消费者关联度、与 ASK 和 AVS 的关联度去衡量开发者的项目，一旦开发者提交的项目申请得到通过，亚马逊就会向其提供一笔资金。

Amazon 于 2015 年 8 月 28 日宣布两家新公司 Musaic 和 Rachio 将加入 Echo 开发平台，将获得 Amazon Alexa Fund 总额高达 1 亿美元研发费用。不断加入的第三方开出了更多更新的技能和智能硬件，这些新技能和新硬件吸引了更多的用户，有了大量用户又吸引了更多第三方为用户设计新技能，形成一个良性循环。截至 2017 年 8 月 25 日获得 Alexa 基金资助的品牌如下图所示。

AWS 云是 Alexa 语音平台的载体，是亚马逊智能家居生态圈的必要组成部分，为了吸引众多智能家居硬件厂商加入生态圈，亚马逊 AWS 服务为智能家居细分领域的企业提供定制型云服务项目，提供灵活的云服务。智能家居硬件厂商将自家硬件在 AWS 云端布

图 3-4-11 Alexa 基金资助的品牌

局只需三步即可完成：首先，设备联网，也就是实现手机和设备的连接，这样就可以用手机远程开启空调；其次，将数据上传云端，对厂商提供设备管理、OTA、设备管理等服务；最后，云端利用人工智能技术学习用户的习惯，然后判断用户的需求，实现对硬件的智能控制。

特别值得指出的是，2015 年 Echo 还获得了美国 IFTTT 的支持，IFTTT 是一个被称为"网络自动化神器"的创新型互联网服务，它的全称是 If this then that，意思是"如果这样，那么就那样"，如果"这个"网络服务满足条件，那么就自动触发"那个"网络服务去执行一个动作。而条件和动作都是可以由用户自定义设置。IFTTT 能将前后这两个不同的网络服务连通起来实现各种各样的功能。

IFTTT 使用了亚马逊的 AWS 云服务，云端互联了上千种智能家居硬件，而提供上万种互联功能。IFTTT 连接的智能硬件大部分都对接了亚马逊硬件 Echo。亚马逊 Echo 的频道名为 Alexa，用户可以将其与其他 116 个 IFTTT 频道相连，这也就意味着 116 种新服务的支持。

3.4.3.2 现有生态链企业

2015年5月,亚马逊将Alexa Skills Kit开放给第三方软件开发商后,当年年底Echo用户可使用的技能数达到了135项。随着Echo设备销量的越来越多和Alexa技能数量的不断增加,从2015年下半年开始,第三方硬件厂商意识到Alexa在智能家居领域的重大发展潜力,陆续有家电厂商开始与亚马逊合作,在自家产品中内置Alexa语音助手。

如今通过搭配其他智能家居,用户已经有了1万项的可选技能,多家汽车公司、星巴克及多家比萨连锁店提供了相关支持。除日常服务以外,还有Jeopardy、whimsical(异想天开)Magic Door等多款游戏也提供服务支持。Echo通过IFTTT的"Alexa"频道链接的服务包括Gmail、印象笔记、ToDoist、iOS备忘录以及贝尔金WeMo智能家居产品。当使用WeMo频道时,用户可以向Echo下达语音命令来控制WeMo照明开关。

在2017年的全球消费者电子产品展会上,亚马逊虽然没有参展,但其Alexa出现在各大厂商的产品发布会上,涵盖的产品类型包括个人助理、智能家居、手机、汽车、机器人五类。个人助理产品包括魔声(monster)的耳机、OnVocal的智能耳机、bixi的手势控制盘,智能家居产品包括联想的智能音箱、LG的智能冰箱、惠而浦(Whirlpool)的洗衣机、GE的Led铃声台灯、美泰(Mattel)的智能扬声器、Westinghouse的电视、wemo的智能灯、coway的空气净化器、LinkSYS的Velop路由器、dish的机顶盒、三星的真空吸尘器、First Alert的空调、Carrirer的空调、Incipio的智能开关、Somfy的智能门窗、Omaker和Onocal的便携式扬声器、Intel家庭影院,手机包括华为的mate9手机,汽车包括大众、福特和 inrix，机器人包括 LG 和优必选的智能机器人。这些产品都内置了 Alexa 语音助手以及可与 Alexa 赖以交互的音频 I/O 模块，使得 Alexa 的辐射范围越来越广泛。

图 3-4-12　2017CES 展会上支持 Alexa 的部分硬件厂商

虽然 Echo 在国外的销售异常火爆，但目前在国内还买不到 Echo，国内支持 Alexa 的智能家居硬件也没有国外产品多，只有联想的智能音箱、小米的智能灯等少数产品对接了 Alexa 语音助手。这一方面是由于中英文语言差异所导致的中文语音技术处理难度较大，另一方面是由于 Alexa 所支持的众多第三方技能具有本地化特征，很难移植过来。此外，Alexa 语音平台所在的亚马逊 AWS 云计算服务还无法在中国提供公有云服务。按照中国政府规定，所有云服务的数据中心必须设在国内，外资企业在华提供公有云服务需要 IDC 牌照，AWS 在国内还没取得 IDC 牌照，所以目前国内云服务主要以阿里、腾讯、华为云为主，无法与 AWS 进行对接，这进一步限制了国内硬件厂商加入亚马逊智能家居生态圈。

虽然国内用户还无法体验 Echo 带来的语音交互乐趣，但是联想今年推出的智能音箱也许可以缓解这样的相思之苦。这款智能音箱类似 Echo 的智能音箱，内置了八个远场降噪麦克风以及一对扬声器，集成了 Alexa 语音助手，用户可通过该音箱完成与 Echo 类似的功能。这款音箱仅售 799 元人民币，比 Echo 售价低，更重要的是它支持中文语音，在我们还无法享受 Echo 带来的服务时，联想的这款音箱无疑给了中国用户一个感受智用语音控制智能家居产品的机会。

值得一提的是，2017 年 7 月亚马逊推出与中国智能家居制造商 Broadlink 提供的家庭娱乐服务新技能。目前，Broadlink 智能遥控 RM pro、智能插座 SP3 已经与 Alexa 完成对接，用户可以通过它们获得娱乐设备的控制能力，包括打开电视、换台、开关插座等操作，未来 Broadlink 全系列产品都将与 Alexa 完成对接。Broadlink 智能设备将由亚马逊官方统一采购进入欧美仓库，然后在亚马逊国际商城中上线，最后经由其遍布全球的国际物流系统进行配送。为配合其智能家居战略，Broadlink 智能设备还将与 Echo 组成套装，由亚马逊官网在全球范围内推广售卖。

图 3 - 4 - 13　内置 Alexa 的联想智能音箱

在 Alexa 和 Echo 的产品形态已经被国内相关公司有所跟随的

情况下，2017年中国的智能家居市场也会及时以相似的语音交互界面和人工智能技术跟进。但由于中文语音技术的门槛、AWS 云服务进入中国的未知性以及第三方开发者参与意愿的限制，Alexa 想要在中国取得成功，还有很长的路要走。

3.5　本章结语

本章对智能家居系统进行了介绍，智能家居系统作为智能家居产品的坚强后盾，是智能家居单品变得系统化、智能化的基础。本章对典型的几款智能家居系统进行了介绍，包括小米、海尔、亚马逊的相关产品，并且从技术发展、专利情况、产品特色等方面进行了详细的分析。

接下来，对于隐藏在智能家居系统背后的另一个重要角色——人工智能，我们将进行详尽的介绍，了解一下人工智能的"前世今生"，并且一同来看一看人工智能与智能家居之间"剪不断理还乱"的关系。

4 智能家居与人工智能

谈智能家居，我们不可避免地要谈及人工智能，智能家居作为人工智能的一个具体应用场景，其发展依赖于人工智能的发展。2016年AlphaGo以4∶1的成绩战胜韩国国宝级围棋手李世石，一年之后，在AlphaGo与顶级围棋选手柯洁进行的"人机大战2.0"中，又以3∶0的成绩，再次震惊了世人，伴随着媒体的火热报道，人工智能似乎忽然之间就跳到了我们眼前。

如果细细回味，不难发现，近几年来，Amazon Echo音响和Google Home音响的热卖，百度董事长李彦宏乘坐无人驾驶汽车在五环路上飞驰，各类服务机器人或陪伴机器人的蜂拥而起，将人工智能从另一个角度迅速带入了人们的生活中、推到了风口浪尖上。它不再是那个电影《AI》中寻找母爱的机器人大卫，不再是那个可爱的垃圾处理机器人瓦力，而是那个偶尔能跟你调侃一下的Siri，或者那个能帮我们调节下气氛的台灯。随着近些年基础技术的飞速发展，人工智能悄然间"飞入寻常百姓家"，人们似乎感受到了它的温度，已然触手可及。

2016年，在我国浙江乌镇举办的第三届世界互联网大会上，乌镇智库以"乌镇指数"为名，发布了《全球人工智能发展报告（2016）》，将人工智能与产业、学术、投融资结合，进行了深入的阐述。此次世界互联网大会的召开以及"乌镇指数"的提出,反映了我国在世界人工智能发展领域中的重要地位,同时,也反映出我国政府对人工智能发展的重视。

2017年7月,国务院向各级政府下发《国务院关于印发新一代人工智能发展规划的通知》,并在《新一代人工智能发展规划》中指出,要"把人工智能发展放在国家战略层面系统布局、主动谋划",并提出了分三步走的战略目标:"第一步,到2020年人工智能总体技术和应用与世界先进水平同步;第二步,到2025年人工智能基础理论实现重大突破,部分技术与应用达到世界领先水平,人工智能成为带动我国产业升级和经济转型的主要动力,智能社会建设取得积极进展;第三步,到2030年人工智能理论、技术与应用总体达到世界领先水平,成为世界主要人工智能创新中心,智能经济、智能社会取得明显成效,为跻身创新型国家前列和经济强国奠定重要基础。"

人工智能就像一把开启未来的钥匙,其重要程度不言而喻。在此,让我们一起回顾一下人工智能的发展历程,看一看它与智能家居之间千丝万缕的联系,品一品它可能带给智能家居的升华和转变。

4.1 人工智能的发展

人工智能诞生之初,大致分为两大类别,也正对应着人类智能的不同模式,人类的智能可以归纳为两个主要方面,即归纳总结和逻辑演绎,其对应着人工智能中的联结主义(代表为人工神经网络)和符号主义,这也是人工智能的两个主要发展途径。

联结主义的基本思想,就是模拟人类大脑的神经元网络,并通过一套算法结合计算机，建立相同或相似的数学模型。而作为这一发展途径的典型代表，神经网络已被很多人所熟知，尤其是近年来提出的深度学习，给传统的神经网络带来了突破。符号主义的主要思想就是应用逻辑推理法则，从公理出发推演整个理论体系，在人工智能中，符号主义的一个典型代表就是进行机器定理证明，IBM推出的沃森，就是这一分支近年来的一个典型代表，它在与人类进行的知识竞赛中获得完胜。

4.1.1 人工智能的发展阶段

4.1.1.1 源起

提到人工智能，我们不得不提到计算机科学理论奠基人——艾伦·图灵（Alan Mathison Turing）。相信看过《艾伦·图灵传》或者《模仿游戏》的人，都会对这个不善言谈的天才印象深刻。1950年，图灵在发表的论文《计算机器与智能》中，提出了著名的图灵测试（The Turing test）：测试者与被测试者（一个人和一台机器）在隔离的情况下，通过电传设备展开对话，在进行多次测试后，如果有超过30%的测试者不能确定出被测试者是人还是机器，那么这台机器就通过了测试，并被认为具有智能。而30%这一指标，则是图灵对2000年机器思考能力的一个预测。此外，作为人工智能之父之一的马文·明斯基（Marvin Minsky）则将人工智能定义为"让机器做本需要人的智能才能够做到的事情的一门科学"。

提到马文·明斯基，人们就会联想到1956年夏天，那个著名的达特茅斯会议（Dartmouth Conference），这次会议被公认为是人工智能的起源；1960年，约翰·麦卡锡（John McCarthy）在美国斯坦福大学建立了世界上第一个人工智能实验室，人工智能逐渐被人们所熟知。在这近60年来的风雨历程中，人工智能的发展虽然经历了几个起伏，但是，在不同的阶段、不同的时期，总有不同的关联学科或技术的突破，一次次促进人工智能向前迈进，比如，专家系统的发展、神经网络技术、深度学习等，都在不同的发展阶段，对人工智能的发展起到了巨大的推动作用。那么，人工智能的发展总体可以分成哪些阶段？我们不妨以一个认知过程做类比，来聊一聊人工智能的发展阶段。

4.1.1.2　发展阶段

业内对人工智能的发展阶段有一个基本的共识，即就人工智能的发展路径而言，其可以分为三个阶段：弱人工智能（Artificial Narrow Intelligence）、强人工智能（Artificial General Intelligence）和超级人工智能（Artificial Super Intelligence），这也可以说是人工智能发展的不同层次，而层次之间的跃进则需要硬件技术和算法上的指数级提升。

虽然业内对于人工智能的三个阶段没有统一的、严格的定义，但是，对于不同的发展阶段的特征，有着较为一致的共识。

1. "它是谁"——弱人工智能

弱人工智能，是指能够真正地推理和解决问题的智能机器，它看上去似乎是智能的，但其实并不具备我们通常所理解的智能。

弱人工智能往往只能够模仿人脑的一些基本功能，比如，感知、记忆、学习或者部分决策等，它能够很好地处理信息，但是却无法真正地理解信息。它一般只能够达到专注于完成某个特别设定的任务，像听听声音（语音识别）、看看图片（图像识别）、下下围棋等，但是如果让它抽空穿插一下别的领域尝尝鲜，也许它就要烧个电路板什么的以示抗议了。比如,这两年给大家不断带来"惊喜"的AlphaGo,虽然在围棋圈里不断刷新纪录,但如果你让它给你安排安排日程,或者聊聊天,恐怕它就要高冷一把,当你不存在了。

通俗点讲,弱人工智能,就好比你拿了一样东西在它多种多样的传感器前晃了晃,他会准确地告诉你,这是什么、干什么用、组分、结构……也就是回答你"它是谁"或者"它是什么",而不会去思考"你为什么拿这个在我面前晃"或者"你要干什么"。

"人工智能"这个词,在很多人印象中,被科幻的电影桥段如加持了光环一般,而现实中的弱人工智能似乎会让我们觉得索然无味,如果你真这么认为,那么不妨让我们也来做个简单的图灵测试吧。

大家一起来品品几首诗,看看哪些是源自机器之手。

(1)悲秋:幽径重寻黯碧苔,倚扉犹似待君来;此生永失天台路,老凤秋梧各自哀。

(2)春雪:飞花轻洒雪欺红,雨后春风细柳工;一夜东君无限恨,不知何处觅青松。

(3)云峰:白云生处起高峰,鬼斧神工造化成;古往今来谁可上,九重宫阙握权衡。

(4)落花:红湿胭艳逐零蓬,一片春风细雨濛;燕子不知无处去,东流犹有杜鹃声。

(5)画松:孤耐凌节护,根枝木落无;寒花影里月,独照一灯枯。

答案将在后文揭晓(以上诗词摘自澎湃新闻网[①])。

上面古体诗中的机器诗,出自清华大学语音和语言技术中心(Center for Speech and Language Technologies,CSLT)的"薇

---

① http://www.thepaper.cn/newsDetail_forward_1616049.

薇"之手，而CSLT于2016年宣布，薇薇经过社会科学院等唐诗专家评定，通过了图灵测试，在参与测试者中，有31%的人将薇薇的作品认定为人类作品，虽然这一数据并未让我们大跌眼镜，但是，我们还是能够在字里行间感受到一丝韵味，"艺术"这一让人类骄傲的阵地上，仿佛也能听到机器的脚步在渐渐逼近。但是，严格意义上来说，目前的人工智能，只能说是在做一些"类艺术活动"，但与艺术所强调的"创造"还相去甚远。

就目前人工智能的发展水平来看，仍然处于典型的弱人工智能阶段，人们正在摸索前往"强人工智能"的道路。不妨让我们一起来看看强人工智能会是如何。

2. "你是谁"——强人工智能

与弱人工智能相比，强人工智能则是要努力去理解它所处理的信息，其往往包括了学习、认知、推理，甚至部分的创造能力，以达到能在无监督学习的情况下处理前所未见的细节或情况，并与人类进行交互式学习，以模仿人类大脑的无监督学习模式。相较于人类的智能，强人工智能就是要能够达到需要结合感情、认知和推理的高阶段的智能，就如美国特拉华大学教育心理学教授琳达·戈特弗雷森（Linda Gottfredson）的定义："一种宽泛的心理能力，能够进行思考、计划、解决问题、抽象思维、理解复杂理念、快速学习和从经验中学习等操作。"

如果说弱人工智能是在努力回答"它是谁"的问题，那么强人工智能则是在尝试回答"你是谁"的问题。强人工智能就是要在信息处理的基础上，能够在无监督或者人为强制干预的情况下，通过不断的自主学习或者交互，去细细"品味"出这些信息中所隐含的东西。这包括能够感受到其中的情感，能够认识到某些信息之间的内在联系，并基于这些隐含的内容进行关联、推理分析，甚至创造,从而逐渐勾勒出更多隐含信息的轮廓,以给出一些更加合理的结论或者创造性的解决办法。

打个比方,就像在跟女朋友约会时,你问她:"想吃点什么?"女士们往往会给出那个让众多男子汉抓耳挠腮,甚至倍感焦虑的回答——"随便"。而强人工智能,则是要在面对"随便"时,以无监督的方式去接收或主动寻取一些更加广泛、细微的信息,来不断完善、推理和分析:她说话的表情很开心、她的语气很温婉、她往常是什么样子的、今天是什么日子、她出门穿上了这件鲜亮的格子裙、我不妨再问她两个小问题……于是,在基于这些信息的基础上的简短交流后,它"恍然大悟":90%的概率,隔壁街拐角的那家江南小吃外加一些浪漫的小惊喜,就是她所期待的"随便"。于是乎,一场将会难倒很多男士的"危机"被化解掉了,而那个"你猜来猜去也猜不明白"的心思,也被勾勒了出来:原来,你其实是这样想的。怎么样?跟目前的弱人工智能所模仿的几首诗词相比(2、4、5为机器诗),是不是忽然感觉它很"懂"你?

就目前市场状况而言,弱人工智能已基本被人们所掌握,市场产品也以弱人工智能为主,强人工智能则是目前学术界和产业界在这一领域中的长期目标。那么,目前人工智能处在一个什么样的位置?我们的相关技术发展到一个什么样的阶段?通往强人工智能又需要具备些什么条件?我们将在后续章节中再一起讨论。

聊完了强人工智能,我们再来简单聊一下超级人工智能。

3. "我是谁"——超级人工智能

超级人工智能,往往意味着能够很好地模拟人类的智慧,并且开始具备自主思维意识,形成新的智能群体并模拟人类进行独立思考;除此之外,它在很多方面将超越人类,如大规模的数据处理,它能够不断地实现进化和自我改进。如果说强人工智能还是停留在努力地模仿的阶段，那么超级人工智能则如同一个新的物种的诞生，它不仅停留在模仿与分析，而是真正地开始了思考。牛津大学的哲学系教授尼克·博斯姆（Nick Bostrom）在其著作 Super Intelligence（《超级智能》）中，把这一阶段的人工智能描述为：在几乎所有领域中都比最聪明的人类大脑聪明很多，包括科学创新、通识和社交技能。他在上述著作中的观点也得到了马斯克、盖茨等人的支持。

有关超级人工智能的探讨，已经不能够仅局限于科技领域，它已经涉及了哲学、伦理等众多领域，在这里，我们不再在这些宏大的领域中展开讨论。如同人生的三大终极问题：我是谁？我从哪里来？我将到哪里去？如果说弱人工智能是在努力模仿并回答"它是谁"，强人工智能在富有感情地回答"你是谁"，那么超级人工智能将开始思考"我是谁"。自主意识的诞生和自我进化的实现，将开启一扇通向另一个世界的大门，我们还没有办法窥探门后的秘密，或者给出一些相对精准的猜测，因为无论从技术上，还是认识上，我们都还没有准备好。

4.1.2　人工智能的细分领域

人工智能的发展，基于其细分领域中的技术发展。自 AI 的概念正式诞生以来，人工智能的发展大致经历过了两次低潮与高峰，第一次发展高峰是在 20 世纪 50—60 年代，具有代表性的技术有感知神经网络技术等，而在 20 世纪 70—80 年代初，限于计算能力的不足和大规模数据处理的难以完成，人工智能的发展进入了第一个低潮期，随后的五代计算机的出现和神经网络算法的快速发展，将人工智能带入了第二个发展高峰。然而，在 20 世纪 80 年代末到 90 年代初，由于专家系统发展及政府重视程度等问题，人工智能的研究再次遭遇危机。在20世纪90年代末至今，随着超级计算机和深度学习等技术的不断发展，人工智能又逐步进入了一个新的加速发展阶段。从人工智能的上述发展可见，无论是低谷还是高峰，人工智能的发展都得益于或者碍于某些关联技术发展。下面，我们来一起了解一下人工智能所关联的技术领域。

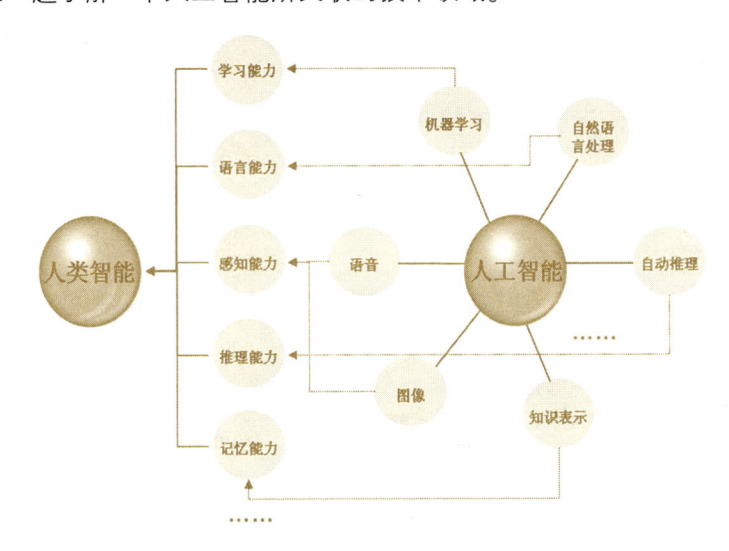

图4-1-1 人工智能涉及的领域

人工智能涵盖了很多技术领域，这些细分的领域，也正是对应着人类智能的不同能力。目前来看，人工智能主要包括机器学习/深度学习、自然语言处理、语音处理、图像识别、情感计算、知识表示等。就产品应用层面来说，跟我们联系比较紧密的，包括虚拟私人助手、智能机器人等。

近年来，与人工智能关系比较密切的，当属机器学习。机器学习一直是人工智能研究的核心领域，它主要是使机器基于机器学习算法从样本、数据和经验中学习规律，从而利用这些规律对新的样本作出识别或对数据的未来发展趋势作出预测。机器学习从 20 世纪 80 年代至今，发展热度一直未减，在机器学习领域中，深度学习技术在近年来备受追捧，AlphaGo 就是现阶段深度学习技术发展的一个代表。

机器学习的快速发展，离不开两个关键要素：海量数据基础和先进的算法。而得益于大数据相关技术的快速发展，再加上深度学习技术的不断更新，给人工智能发展的推进器中，不断增添着新的燃料。

伴随着人工智能技术的发展，在人工智能的各个分支领域中的新兴企业数量和投融资数量，也一直维持着高速的发展。据 2016 年数据统计，在人工智能的各个细分行业中，公司数量分布占比情况如图 4 - 1 - 2 所示。

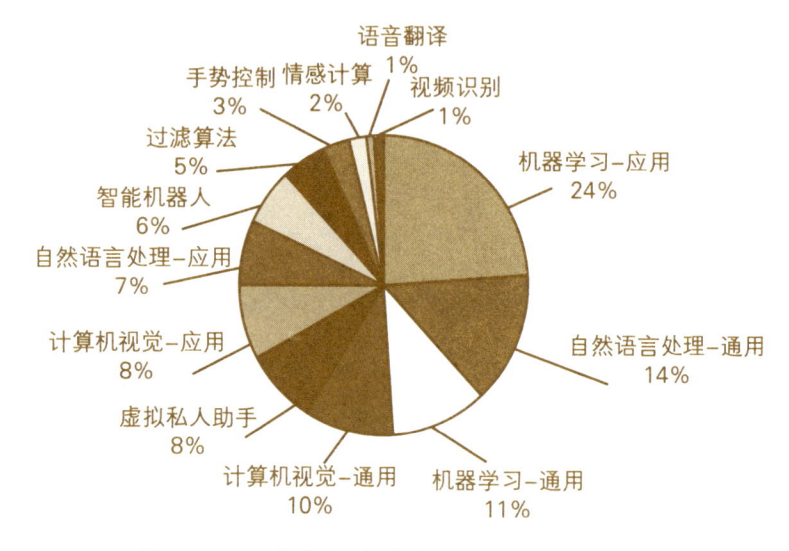

图 4 - 1 - 2　全球人工智能各细分行业公司数量占比

（数据来源：Venture Scanner）

市场需求从侧面刺激了人工智能技术的发展，图 4 - 1 - 2 也间接反映了人工智能的市场分布情况，大部分人工智能领域的企业，集中在机器学习、语言语音处理和机器视觉相关领域中，这些领域也正是近些年来人类对人工智能需求最集中的行业领域，而在这些领域中，技术的更新频率和从技术到应用的转化效率明显高于其他领域。

从产业生态角度看，人工智能也遵循着基础技术支撑层——技术层——应用层的模式，而我国人工智能产业的发展状况，这一模式的特点体现的较为明显。以这一方式划分，目前人工智能领域也可细分成如下的领域。

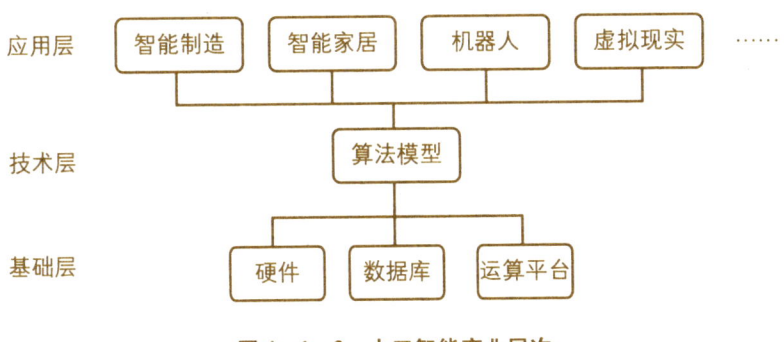

```
应用层    [智能制造] [智能家居] [机器人] [虚拟现实] ……

技术层              [算法模型]

基础层       [硬件]  [数据库]  [运算平台]
```

图 4-1-3 人工智能产业层次

基础层主要包括 GPU 芯片、传感器技术、超级计算机技术、云计算等，这一领域中汇聚了大量的行业巨头，如，谷歌、百度、阿里巴巴；而技术层则主要集中于算法上的改进；应用层，则主要集中精力于将人工智能的相关技术集成到具体的领域或产品中，以得到集成的具体解决方案，切入到特定的场景之中，这些场景，就包含前述章节中为大家详述的智能家居领域。

浅析完人工智能的技术分支之后，我们再来一起看看人工智能的发展现状。

4.1.3 人工智能的发展现状

科技的力量是巨大的,资本的力量也是巨大的,而当这两者结合的时候,就有可能带来变革的力量。那么,我们不妨从技术和资本两个角度,浅析一下目前人工智能的发展现状。

4.1.3.1 浅谈人工智能的发展难点

如同前文的介绍,目前业界正在尝试着摸索出一条通往强人工智能的道路,而要达成这一目标,至少需要具备两个方面的条件:硬件处理速度的提升和算法的改进,我们可以用更加通俗些的说法来解释,即让电脑变得更快和让电脑变得更智能。

硬件的运算能力,用 cps(calculations per second)做单位,即每秒计算次数。就职于谷歌的奇才雷·库兹威尔(Ray Kurzweil)曾提出一种简单的估算人脑运算能力的方式,即以一个专业方式对一部分脑结构的最大 cps 进行估算,然后考虑这一结构在整个大脑中的重量占比,从而估算整个人脑的 cps。虽然这一方法看上去"简单粗暴",但是在通过不同大脑区域的估算检验后,其结果都非常接近,约 10^{16} cps,即 1 亿亿次每秒。而根据最新的全球超级计算机排名,目前排名第一的"神威·太湖之光"超级计算机的运算能力是 9.3 亿亿 cps。

虽然超级计算机的运算能力跟人类大脑比较,已经有了满满的优越感,但是,毕竟它还是一个由 40 个运算机柜和 8 个网络机柜组成的庞然大物,参考电脑发展程度的指标——1000 美元能够购买到的 cps 量,要将人工智能实现升级和普及化,智能硬件需要走的路还很长。

目前,人工智能的主要芯片是 GPU,其计算能力大约是同期

CPU 的 5—6 倍。除此之外，目前的智能芯片还有如 FPGA 方案、TPU 方案，而被业界看好的，是 IBM 推出的 TrueNorth（TN），其仿照人脑的架构方式搭建。但是，这些与我们这个展开面积 0.25 平方米、功耗只有约 20 瓦的大脑来说，还是有点过于孱弱了。虽然智能芯片的发展之路还长，但终归还是让人们看到了一丝曙光，"工欲善其事，必先利其器"，在人工智能的竞争、发展之路上，智能芯片的重要性不言而喻，多国也先后将智能芯片的发展作为重大战略方向之一。

相比于硬件运算能力的提升，让电脑变得更加智能难度则要大得多。常规的思路有两个：模拟人类大脑、模拟生物进化，简单说，就是直接抄袭人脑，或者模仿人脑的演化方式。所谓模拟人类大脑，就是用电子神经元或算法搭建一个跟人脑神经结构相同的网络，一个比较有代表性的计划，是欧盟于 2013 年提出的"人脑计划"（Human Brain Project，HBP），根据这一计划，研究员将把人类大脑切成 8000 片，然后进行扫描并数字化处理，绘制人脑的详细图样，再利用超级计算机依据这一"图纸"搭建一个可以运转的、完整的人类大脑模型。此外，还有美国于 2013 年提出的"推进创新神经技术脑研究计划"。然而目前，我们才刚刚模拟出一个扁平虫的大脑，而这个大脑，只包含 302 个神经元。另一个方法，也即模拟人脑的演化，就是建立一个能够不断重复进行运转——评价过程的系统，就像生物的进化过程一样，优胜劣汰，并不断组合"繁衍"下一代系统，然而如何建立起一个能够自主运行的自我评价和繁衍的系统，却是一个难点。

4.1.3.2　人工智能专利态势

我们已经从比较宏观的角度谈了下目前人工智能发展的状况，那么我们不妨再从更接地气的技术角度，看看目前人工智能的发展状况。聊技术离不开聊专利,我们再度回到专利的角度,了解一下目前人工智能的发展现状。需要说明的是,考虑到技术的重要程度,以下数据仅关注发明专利。

以2016年的全球人工智能专利申请统计数据来看(PCT专利申请量),全球人工智能专利申请量累计约为7.7万余件,美国、中国、日本分别以2.68万、1.57万、1.46万位列前三,三国总体占比达到全球总量的73.85%,德国以0.43万专利申请位列第四位(数据来源:乌镇智库),但其量值上,已经与前三位相去甚远。这也与近年来大家的印象相吻合——中美正在人工智能领域中角力。

反观国内,截至2016年,按照区域分布,在人工智能领域中,专利申请排名前四的地区分别是北京、江苏、广东和上海,这四个地区,也同样是中国经济发展的重要地区。

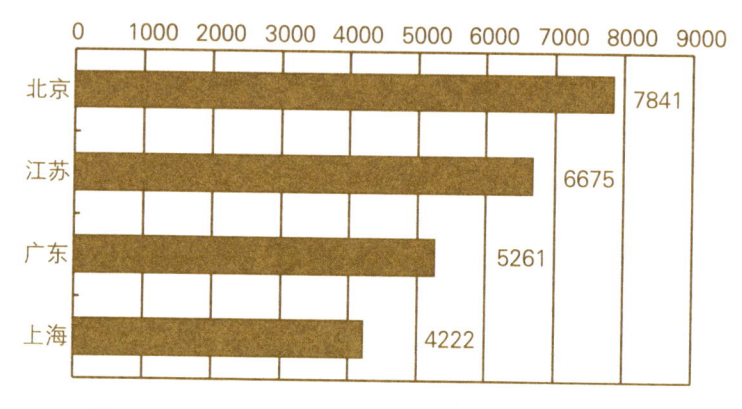

地区	专利申请量
北京	7841
江苏	6675
广东	5261
上海	4222

图4-1-4 2016年我国人工智能专利申请排名前四地区
(数据来源:乌镇智库)

从专利的细分领域角度来看,全球专利申请分布和我国的专利申请分布情况基本保持一致。但与国际申请相比国内申请在图像识别和计算机视觉、人脸识别领域要更加突出,这与我国在人工智能领域中,在上述细分领域技术发展较早有关。

4 智能家居与人工智能

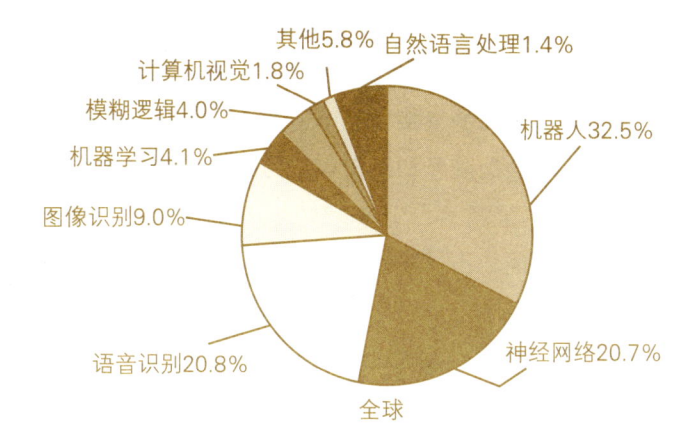

其他5.8% 自然语言处理1.4%
计算机视觉1.8%
模糊逻辑4.0%
机器学习4.1%
图像识别9.0%
语音识别20.8%
机器人32.5%
神经网络20.7%
全球

图 4-1-5 2016 年全球人工智能专利申请细分*

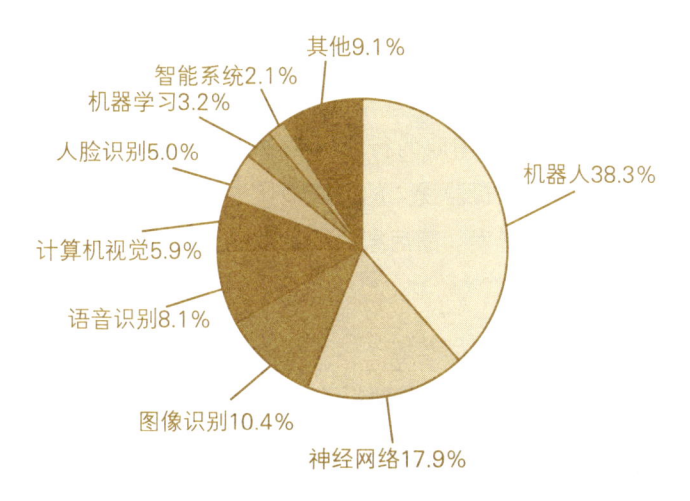

其他9.1%
智能系统2.1%
机器学习3.2%
人脸识别5.0%
计算机视觉5.9%
语音识别8.1%
图像识别10.4%
神经网络17.9%
机器人38.3%

图 4-1-6 2016 年中国人工智能专利申请细分**

总体来看，我国专利申请中，与智能家居关联较为密切或直接

---

* http：//www.iwuzhen.org/event5.html.
** http：//www.iwuzhen.org/event5.html.

· 337 ·

关联的分支领域，包括机器人、图像识别和计算机视觉、人脸识别、语音系统、智能系统，占比69.8%。此外，结合我国专利申请的特点，神经网络分支的直接专利申请量占比也较为突出，但在该领域中，以国内的科研院所和高校申请为主，其中也不乏企业与高校的联合申请。

虽然在人工智能的不同领域中，专利分布的大体情况相近，但是，各国在不同领域中还是有所侧重。以下对中、美在细分领域中的专利申请占进行对比。我国在人工智能领域中，在图像识别和计算机视觉领域，具有突出的优势，从2017年中国人工智能创新公司50强的排名情况可见，排名前10的企业，如格灵深瞳、insta360、旷视，无一例外，都是在机器视觉领域中崭露头角的新贵。从各企业的具体业务上看，则主要分布在图像识别、人脸识别、视觉类传感器或者智能芯片（数据来源：创业邦2017中国人工智能趋势报告），而国内的行业巨头，如百度等，在这一方向上也早已布局多年，在机器视觉的关联领域中，我国有着一定的技术积累，也可谓厚积薄发；而后续的公司则主要集中在自然语言处理和机器人领域。

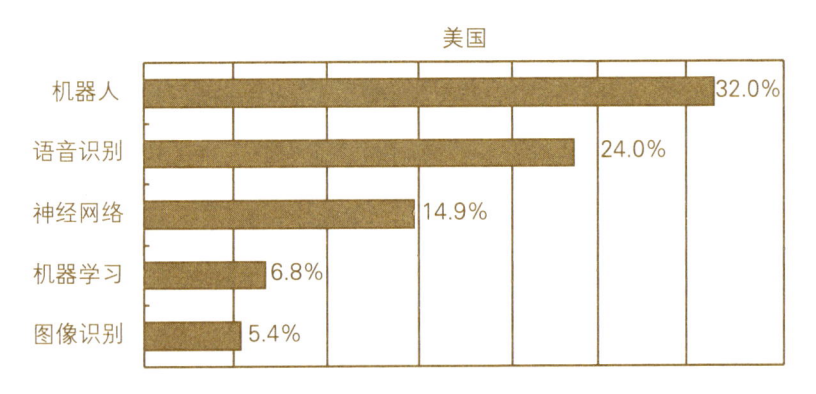

美国

领域	占比
机器人	32.0%
语音识别	24.0%
神经网络	14.9%
机器学习	6.8%
图像识别	5.4%

4 智能家居与人工智能

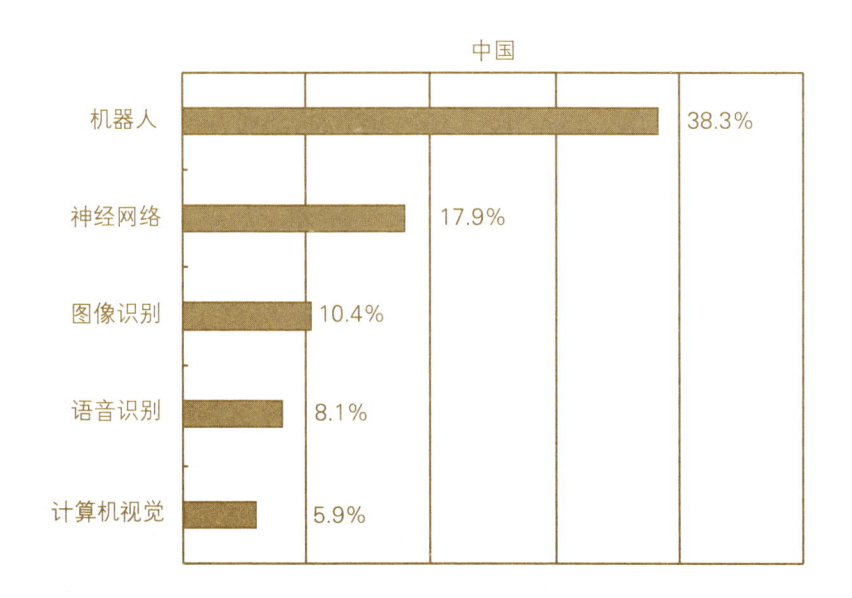

中国

领域	百分比
机器人	38.3%
神经网络	17.9%
图像识别	10.4%
语音识别	8.1%
计算机视觉	5.9%

图 4-1-7　2016 年中、美人工智能专利申请前 5 位领域 *

美国的细分行业领域中，除去共同的四个领域外，在机器学习这一更加注重基础理论研究的方面，占比也比较突出，这与美国人工智能领域的发展历史是分不开的。反观一下人工智能的近 60 年发展历程，机器学习作为人工智能的重要基础领域，一直受到美国学术界和产业界的重视，尤其近年来如火如荼的深度学习技术，谷歌、微软等行业巨头在这一领域中都有着一定的技术积累，而对于深度学习，大家只需要看看那个在围棋高手圈里一路打擂升级的 AlphaGo，就会有直观的感受了。

4.1.3.3　投融资现状

资本的力量是巨大的，技术的发展往往需要结合资本的力量，

---

* http://www.iwuzhen.org/event5.html.

才能真正转化为产业的变革。回想最近一次人工智能发展所经历的寒冬,大家就会有印象,当时多国政府及投资人对人工智能投资的减少,是那次人工智能发展进入低谷期的重要原因之一。那么,近年来人工智能领域中的投融资状况和企业状况如何?我们一起来看一看。

全球在人工智能领域中的投融资规模,一直保持着高速的增长,在投融资交易次数上,也是保持着快速的增长,2016年的投融资金额比2015年增长了64%,近年的相关金融数据变化可见图4-1-8。从投资的地理位置分布来看,主要集中在美国、欧洲地区,其次为中国、印度、以色列。

图4-1-8 近年人工智能领域投融资情况*

从企业累计融资规模看,位居前三位的是美国、中国、英国,与之相匹配的是人工智能领域的投资机构,排名前三的仍然是美

---

* CB Insights,http://m.mp.ofweek.com/gongkong/a445663627096.

国、英国、中国，分别为 900 亿、96 亿、43 亿美元，[①] 而从区域的投资次数看，也与上述两组数据正相关，排名依旧是美国、英国、中国。

国内行业巨头，如 BAT，在人工智能领域均在进行布局，但无论是研发、商业化还是产品线，均处于初步阶段。比如，百度先后成立了深度学习实验室、硅谷人工智能实验室、大数据实验室，在人工智能领域进行全面布局，在图像、语音处理领域，无人驾驶领域等，均有发力，此外，百度还成立了独立风险投资公司。百度除了直接关联的如度秘、无人驾驶汽车等产品外，还利用深度学习及大数据模型，不断优化着其服务性产品的质量，百度外卖、百度金融等的背后，都有着人工智能的身影。而阿里则更加侧重于机器人及云计算技术，其人工智能产品更多地应用在电商关联业务以及 B 端业务上；腾讯则侧重于机器学习平台、智能搜索等基础研究领域，相关的云搜、文智等都是为人熟知的产品。

目前，国内人工智能领域的创业公司竞争也日趋激烈。从这些企业的行业领域上看，在机器人、计算机视觉、智能金融和自然语言处理领域的竞争最为激烈。而在这些企业中，拥有自主研发的核心技术的企业占比超过 90%，并且这些新创企业都比较重视专利保护，其核心技术相关的专利拥有量 10 个以上的企业占比超过 50%。而从 2017 年初的统计数据看，人工智能领域中的企业大部分是小、微型企业，占比超过 70%，属于典型的轻资产型企业，这类企业里，有 57% 主营业务为面向 B 端，超过 28% 的企业主营业务方向为面向 C 端。

---

① http://www.iwuzhen.org/e170727.html.

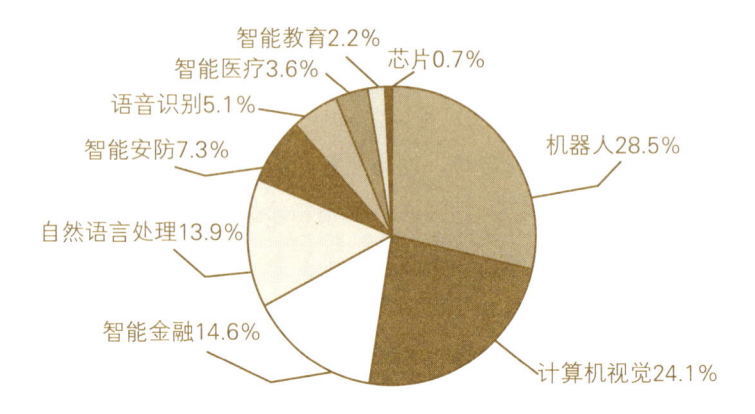

图4-1-9 2017年人工智能领域创业企业领域分布*

我国近年来在人工智能领域中的蓬勃发展得益于国家政策的大力支持,《"互联网+"人工智能三年行动实施方案》以及《"十三五"国家科技创新规划》的发布,无论从政策上还是信心上,都为我国AI领域的发展提供了巨大的推动力。

人工智能其实早已进入人们生活的众多领域,只不过它不像以往的产品一样,有着固定的感观或者相近的模式,人工智能是自己,也不是自己,他可以是拥有着鲜活外形的机器人,也可以是那个悄然潜入某些行业的算法模型,它在你我天天使用的手机里,也在马云在浙大旁边新开的小店背后。说到这里,不得不提的是与我们的日常生活越来越密切的智能家居,接下来,让我们一起来聊聊智能家居和人工智能的不解之缘。

4.2 智能家居与人工智能

智能家居是典型的人工智能方案集成领域之一,所谓的方案集

---

* 创业邦2017中国人工智能趋势报告,http://www.avicui.com/news-88441.html.

成，就是把人工智能相关技术集成到某一类产品或者某一具体的服务中，然后切入到特定的场景之中，如医疗、家居、金融。智能家居是以住宅作为平台，综合了网络通信、安防、自动控制技术、音视频技术等，将家居生活涉及的设施进行集成，构建的高效的住宅设施和家庭事务管理系统。简而言之，就是让我们的房子更加自动化、智能化，让家能够真正地"鲜活"起来。

近年来，智能家居的概念日益火爆起来，据研究机构 Juniper Research 预计，2018 年全球智能家居市场规模将达到 710 亿美元，其中中国市场占比将达到 32%，这也意味着国内将会形成一个超过 1400 亿人民币的巨大市场。市场的热度，已经从侧面反映出了智能家居发展的势不可挡。

那么，智能家居的发展历程如何？它与人工智能之间千丝万缕的联系又是怎样？就让我们一起来做一些回顾和了解吧！

4.2.1 缘分初起——从智能家居的发展说起

智能家居概念的提出，没有一个完全清晰的界定，这一概念也是随着智能硬件的发展逐步明朗化的。直至 1984 年，美国联合科技公司（United Technologies Building System）在美国哈特佛市（Hartford），对 City Place Building 使用了多种整合化和信息化的设备后，才出现了"智能型建筑"这一明确的概念，掀起了智能家居的序幕。而当时也仅是对这栋旧式的大楼进行了改造，对楼内的空调、电梯、照明等设备，通过计算机系统进行监测控制，并且在楼内提供了语音通信、电子邮件等服务。

追溯智能家居的发展历程，可以说这是一个"很久远"的故事了。早在 1939 年的纽约世博会上，美国西屋电气公司的 Elekcto 机器人亮相，这个能简单说话、播唱片、抽烟和吹气球的大个子，让众多人联想到了机器人管家。

图 4-2-1　Elekcto 机器人

1950 年，机械天才埃米尔·马西斯（Emil Mathias）提出了一个被称为"按钮庄园"的方案，在方案中，他设计了一个个的按钮来控制咖啡研磨机、智能窗户等，实现对家居设备的自动化控制。

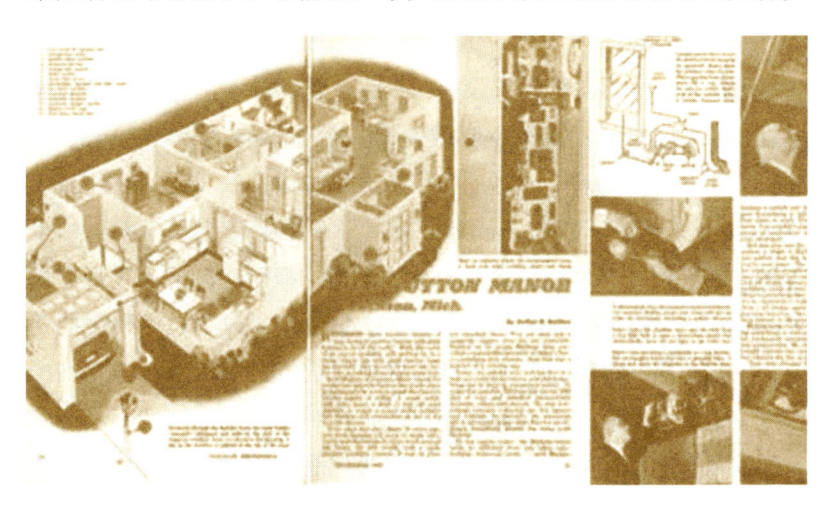

图 4-2-2　"按钮庄园"

4 智能家居与人工智能

1957年，迪士尼与孟山都公司合作，创造了"孟山都的未来之家"，这个大塑料屋子里有智能接收器、自动化水龙头等设备，已经颇具智能家居的雏形。

图 4-2-3 孟山都的未来之家

此后，进入20世纪80年代以后，智能家居越来越多地出现在人们的视野之中，这也正是智能家居的兴起阶段。在20世纪80年代中期，提出了住宅自动化概念，即将家用电器、通信设备等与安防设备进行综合统一，建立起一套综合系统，这一阶段的Smart Home，其定义是：将家庭中各种与信息相关的通信设备、家用电器和家庭安防设备，通过家庭总线技术连接到一个家庭智能系统上，进行集中或异地监视、控制和家庭事务性管理，并保持这些家庭设备和住宅环境的协调。随着PC技术的不断发展，在此后出现的智能家居概念或展品中，无论是1985年的"Kissimmee世外桃源",还是 1999 年微软发布的"智慧家庭"宣传片,几乎都是以 PC 机作为主要的控制设备,也是智能家居中的主角。

从智能家居的一般定义可以看出,实现智能家居,需要以下三个方面:其一,是要在建筑中搭建起一个可供各种设备进行交互的通信网络,就像人体的神经一样,能够为操作系统对智能设备的操控和交互提供途径。其二,是要建立起一套可与外界进行数据交互的平台,构成与外界的通信通道,以满足远程的操控和信息交互,这如同搭建起系统的对外 I/O 一样,便于在更大范围内的系统交互。其三,就是需要构成实现不同特定功能的智能设备子系统,这些子系统在相互配合的情况下,共同构成舒适、方便、智能的家居系统。在前述章节中,我们已经列举了多种智能家居单品,相信每一件都会让你眼前一亮。

最初的智能家居,如,20 世纪 80 年代到 90 年代初,这一阶段的智能家居,往往仅实现了家庭中的电器或设备的"联网"功能,无论从单品还是整个智能家居系统而言,都没有实现真正的"智能化",而此时更多的是家电等设备配合具有较强功能的智能芯片。因设备功能的提升而带来的进步,至少在普通的商用或家庭中,还没有体现出过多的人工智能的身影,可以说,这一阶段的智能家居更多的是将"物"简单相"联"。

从智能家居的发展历程上,我们可以体会到,智能家居的发展总是要与人工智能有着或多或少的联系——在早期人们的脑海里,就已经开始勾勒那个拥有智慧的机器管家了。进入 21 世纪之后,随着智能硬件、互联网技术、物联网等技术的不断发展,智能家居才开始变得真正智能起来,伴随着人工智能技术的不断进步,两者的结合也变得越来越紧密。

4.2.2　注定相遇——人工智能与智能家居的结合

智能家居一直是人们的一个梦想，近年来人工智能技术上的突破，又给这个梦想加了一把油。早期智能家电设备的自主控制、语音控制，安防中的人脸识别等，无疑都是建立在人工智能不同的细分领域技术发展的基础上的。智能家居的发展，离不开人工智能，无论从技术发展还是市场需求上看，这一场相遇与结合，是早已注定的。

谈及人工智能与智能家居的结合，笔者比较认同三阶段的发展观点，即控制——反馈——融合。

控制阶段，即通过各种方式的控制包括近程、远程、有线、无线等，实现对家居系统中的不同设备的直接控制并接收设备运行状态数据等。如同我们在单位控制一下家里电饭煲提前焖上米饭，或者给洗衣机定个时，回家正好赶上晾衣服。而这一切，本质上讲，与"按钮庄园"里那个神奇的按钮是极其相近的——虽然控制的原理和技术已经有了天壤之别。所以，近年来，很多人称这一阶段的智能家居为"伪智能家居"，因为它还没有真正意义上的实现智能，仅是方便了大家的控制，或者仅是将一堆的控制器集成在了电脑上或者手机上，而我们要作的，就是打开设备，翻找那众多的控制程序或者APP，再根据我们的需求点下"按钮"，用户虽然有了更好的体验，但是对众多的控制软件和标准不一的平台也非议颇多。借用创投圈的一句话："场景不对，努力白费"，处于这一阶段的智能家居，其实并没有真正发挥出人工智能的优势，而仅达到"浅尝辄止"的程度。

反馈阶段，即智能家居系统的"大脑"具有了一定程度的数据处理能力，并且拥有了一定程度对这些处理后的数据进行利用的能力，它能给使用者提供更好的人机交互体验，更像是一个"机器人管家"，而不仅是一堆绚丽的 APP。反馈阶段，更加注重的是反馈，它更符合现阶段弱人工智能的定义，即面对特定的问题，它能够给出适当的推理，并在预设的场景或前提下，给出一定的解决方案，即给用户反馈特定的信息。比如，小米手环推出的自动关灯功能，当用户不知不觉睡着时，它就可以在检测到用户进入睡眠状态后，自动关掉灯光，而不再是用户撑起睡意昏沉的脑袋冲着房顶大喊一声"关灯"；另一个典型的反馈使用例子，就是微软小冰，当它不再是仅仅跟你聊聊天，而是能够接收到你的家电使用情况，并且与家居系统交互数据时，它可能就会把数据反馈给你："主人最近电视看得有点多哦！"人工智能的反馈功能，为智能家居提供了更好的解决方案，这不仅是简单的人机对话，而是将多种类型的智能家居单品汇聚于更加智能化的系统中，使它们真正成为一体，进行更加协调和便利的控制，提供更加智能的解决方案，这一阶段的智能家居，才能让用户体会到它真的开始"活"了起来。当然，就目前的市场状况来看，要享受到如此的智能，你还需要多费些银两，购买特定的产品才行。

想象一下，如果你的手环或者类似"小冰"的智能助手，在你心情低落的时候，能够主动为你播放一曲你喜欢的恰合时宜的音乐，把室内的灯光调整得更加柔和，打开你经常眺望夜景的窗户的窗帘，并且为你沏上一杯喜爱的咖啡，再陪你聊聊天，你是不是不会再觉得那只是一堆电器而已？而这，正是融合阶段，它不再是一个"集成的遥控器"，或者一个会说话的"集成遥控器"，而是让你感觉到一座为你而定制的房屋，一座具有"灵魂"的房屋。这种融合，即是人工智能与智能家居的深度结合，以人工智能的强大数据处理功能、学习功能和提供解决方案的功能，融合智能家居系统中的各类智能单品,实现智能家居系统控制的智能化,提供与用户的更加便利的交互方式,简而言之,就是更加智能化、个性化、协同化。

然而,目前市场上的智能家居产品,大部分只做到了"控制"这一阶段,这些产品往往只能满足用户的普通显性需求;一部分产品具有了"反馈"的功能,但是,也只是能够满足用户初步的隐性需求。要实现智能家居的更加智能化,我们还需要更多的耐心,还有更长的路要走。

智能家居要实现质的飞跃,离不开人工智能的发展,而人工智能技术要落地,最重要的应用场景之一,就是智能家居。人工智能的发展,不断给智能家居提供了更好的解决方案,同时,智能家居也在发展中,不断给人工智能提出了新的要求。

4.2.3 好事多磨——面临的挑战

虽然智能家居与人工智能的结合,已经擦出了不少闪亮的火花,市面上也一代一代推出了让人眼花缭乱的产品,但是,就目前人工智能与智能家居的结合程度而言,两者的进一步发展,还面临着诸多的问题和挑战。

第一,硬件技术的发展问题。这不仅是智能家居单品的微型化问题,也是整个智能家居系统处理速度提高所面临的问题。硬件层面上,不仅要满足速度更快、更加微型化的需要,也要满足合理的价格水平这个条件,但高昂的研发费用和硬件成本,是智能家居推广的一大弱点。一个人工智能家庭机器人的价格高达几十万或上百万,过高的价格让普通家庭望而却步。

第二,数据层面问题。这一方面的问题主要包括:(1)数据压力问题,未来智能家居系统中所囊括的智能设备必然会越来越多,其采集和需要处理的数据也将迅速膨胀,但大量的数据源,却又是人工智能更好地工作的基础之一,由此带来的数据联接和数据安全问题,也在影响着智能家居的发展。(2)信息安全问题,智能家居互联的便捷性增加了数据信息暴露的风险,数据安全的潜在风险是人们无法回避的,而解决这一问题,除了从智能家居系统的设计角度出发外,也需要人工智能技术提供更加稳妥有效的数据信息保护方案。(3)良好的用户体验和实用功能,目前所生产出来的智能家居产品还只能算是自动化程度略高的产品,更多地强调联网,需要人工操作,缺乏一个真正智能的大脑来解决用户的需求,要真正将人工智能与家居产品联合在一起,应该让家电由之前的被动智能转向主动智能,进而能替用户进行思考和主动执行决策。

　　第三,行业标准问题。智能家居市场爆发点迟迟未到的原因还包括暂未有统一的标准,虽然不少公司都在积极推动及发展智能家居,但由于市面标准和服务内容体系各不相同,导致不同品牌之间的设备未能够互相连通和协同工作。各家竞争激烈,争夺消费者入口、数据以及用户数量,难以形成共赢的智能家居生态。

　　因此,要真正将人工智能引入家居行业还需要长期努力。一方面,硬件厂商需更懂用户需求;另一方面,互联网巨头掌握更好的人工智能技术,硬件家居厂商和互联网巨头协同合作以突破市场瓶颈。比如,LG将亚马逊的服务植入自己产品,用户可以通过语音识别来控制LG家电。海尔与魅族合作,用户通过魅族手机控制所有海尔智能家居产品。当智能家居各厂商达到更好的协作,以更好满足用户需求后,将会形成一个庞大的服务市场,才能真正激发出智能家居市场的潜力。所谓好事多磨,相信智能家居与人工智能的结合必然能给我们带来越来越多的惊喜,让我们一起期待吧!

4.3 智能家居的未来发展趋势

通过以上关于人工智能的发展、人工智能对智能家居影响的介绍，相信读者对人工智能的发展和智能家居的运用已经有了一个初步的了解。智能家居在提高生活的便利性、舒适性、高效性、丰富性等方面的作用是毋庸置疑的。毫无疑问，随着国家科技和经济水平的不断提升，智能家居的应用需求只会越来越强，那么智能家居在未来发展的前景和趋势又会是怎样呢？

4.3.1 更加智能

2017年7月，国务院向各级政府下发《国务院关于印发新一代人工智能发展规划的通知》，并在通知的"培育高端高效的智能经济"部分着重指出，需要加快推进智能家居与人工智能化升级，加强人工智能技术与家居建筑系统的融合应用，提升建筑设备及家居产品的智能化水平，研发适应不同应用场景的家庭互联互通协议、接口标准，提升家电、耐用品等家居产品感知和联通能力，支持智能家居企业创新服务模式，提供互联共享解决方案。由此可见，随着人工智能技术的成长，人工智能这项技术在智能家居未来发展中将扮演越来越重要的角色。

智能家居出现至今已有几十年时间，至今经历了两个阶段：第一个阶段是单品的智能化，即将所有家居连接到手机上，由 App 远程控制所有电器；第二阶段是智能互动，即两个或多个电器智能化可以联动起来，比如智能窗帘打开后室内的灯就会随之自动感应关闭，或智能空调打开后浴室里的浴霸随之加热。

现阶段人工智能作为第三阶段逐渐映入眼帘，未来完全人工智能化的智能家居将实现全自动、自学习、自感知的智能家居系统。也就是说摒弃手机，给智能家居装上更为智能的人工大脑，完全解放人为控制家居，让所有家居拥有明白用户心思的能力。当用户结束劳累了一天的工作后，回到家中，由人工智能调配，大门、洗澡间的热水、客厅的空调、照明灯……一切都无须控制便可以自动识别打开，人只作为享受的中心而不必为此过度操心。如果说这是个超级大脑的话，只要将现有的智能家居产品与其连接，成为它的眼睛、耳朵、四肢，一个完成态的智能家居第三阶段就横空出世了。

不远的未来，人们可以通过自然语言的方式完成与智能家居进行对话、表达需求、实现功能的过程。这一交互模式大大提升了用户的操作效率，使用户摆脱了物理层面的约束，可以更加自由地操控家居。而智能家居无屏或者小屏的形态，也有助于用户养成新的交互习惯。在家庭这种封闭、干扰较少的场景下，语音、图像等信号被硬件捕捉后，可以达到最好的识别效果。此外，在这种私密性较高的场景下，用户不容易受外界干扰，会用自然语言真实地表达自己的需求。

4.3.2 更加广泛

互联网给智能家居带来了第二次生命。由工业和信息化部牵头制定的《互联网"十三五"发展规划》出台，工业和信息化部支持重点领域应用示范工程，具体包括智能工业、智能农业、智能物流、智能交通、智能电网、智能环保、智能安防、智能医疗与智能家居九大领域，尤其是智能家居领域，惠及民生，能够提高民众生活品质，潜在应用需求更为迫切，未来发展前景更加广泛。

4.3.2.1 智能家居与物联网

2010 年 3 月 5 日，时任国务院总理温家宝在"两会"政府工作报告中指出,要加快物联网的研发应用,物联网首次被写进政府工作报告,物联网的发展进入了国家层面的视野。在国家大力推动工业化和信息化融合的大背景下,物联网的推广已经成为推进经济发展的又一个驱动器。

物联网用途广泛,智能家居也是其中之一。智能家居的各个行业都跟物联网有着千丝万缕的联系,智能照明、安防、楼控都离不开传感器的支持。相对于其他行业,智能家居是跟物联网联系非常近的行业,物联网的发展也会给智能家居行业带来联动效应,也会为智能家居引入新的概念及发展空间,无线智能家居系统是物联网应用的一个具体领域,这意味着,物联网大潮将会把无线射频的智能家居系统推到一个史无前例的市场高度。

2010年上海世界博览会吸引了全世界的目光,"城市,让生活更美好"的主题更是将未来美好生活诠释得淋漓尽致。在上海世界博览会的城市未来馆,展出了一个智能冰箱。它可以追踪放在冰箱里的菠菜、西红柿等食物的出产地、保质期,通过液晶屏提醒业主食物即将到期。但这还不是真正的智能生活,当物联网实现全城无缝连接,你的这个冰箱还将通过邮件、短信等方式提醒出门在外的你,该回来清理冰箱了,或者直接通过冰箱上的液晶触摸屏订购某种口感不错的黄瓜,智能生活才算开始。基于物联网的智能家居,表现为利用信息传感设备将家居生活有关的各种子系统有机地结合在一起,并与互联网连接起来,进行监控、管理信息交换和通信,实现家居智能化。其包括智能家居(中央)控制管理系统、终端(家居传感器终端、控制器)、家庭网络、外联网络、信息中心等。

未来,物联网智能家居可以更加有机地将物联网技术和智能家居结合在一起,如图4-3-1所示,进而使得现代的智能家居系统具有使用更方便、更容易维护、安装更简单的特点。物联网技术的应用，给智能家居的推广和普及降低了难度，而未来物联网技术会在智能家居中扮演越来越重要的角色，强大的感知技术，赋予智能家居某些"人的思维功能"，提供的服务更加实用，进而智能家居可以更快更好的发展。

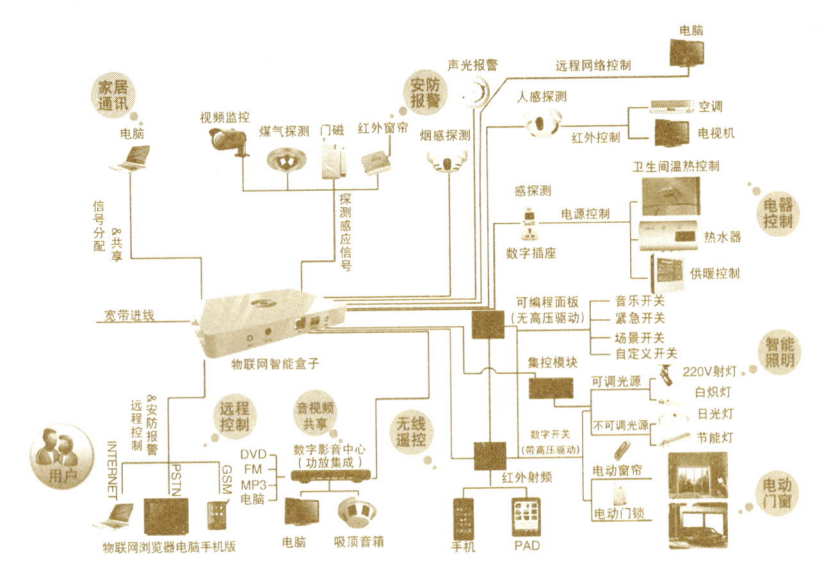

图 4-3-1　智能家居与物联网连接设想图

4.3.2.2　智能家居与云计算

云计算是建立在互联网的基础上进行的相关服务的使用、增加和交付模式，其是建立在计算机网络技术的基础之上的一种超级计算模式，在远程的数据中心里面，有成千上万台的电脑和服务器连成一片电脑云。目前，全球的云计算已经拥有一百多万台服务器，云计算技术被应用到人们生活的各个领域，现代化的系统设计中也应用到云计算技术。未来，用户可以将先进的智能家居信息统统储存到云计算位置，使用数据多副本容错技术提高云计算技术服务的可靠性。

4 智能家居与人工智能

云计算技术应用在物联网智能家居系统中，能够为人们提供一个舒适、便捷、安全的环境。云计算技术在智能家居系统的应用还体现在其远程控制上。如图4-3-2所示，远程控制可以帮助人们实现：在下班之前，对家里的温度、湿度等进行调控，设置成自己想要的温度以及湿度，也可以远程控制实现烧水、做饭等功能，让人们一回家，家里的条件都满足自己的意愿，让家里的一切都可以有条不紊地进行，让人们回家就会有好心情，提高人们对物联网智能家居系统的认可度。

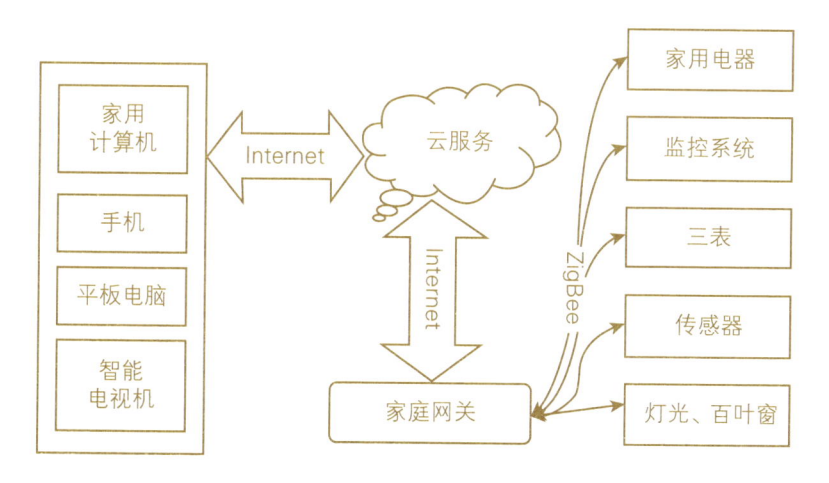

图4-3-2　基于云计算的智能家居系统

基于云计算的智能化家居系统的主要优势体现在以下几个方面：首先，在智能化家居系统中应用云计算能够有效地提高生活的安全性，随着智能化技术的不断普及，尤其是智能家居系统的逐步深化，其在安全性方面的表现也逐渐地引起了人们的关注，尤其是对于云计算的应用来说，其对于确保整个智能化家居系统环境的安全性更是具备着极大的优势，比如在自动报警方面的设置就能够针

· 355 ·

对家居环境中可能出现的一些瓦斯扩散等问题进行详细的监控，避免安全事故的发生；其次，在智能化家居系统中应用云计算还能够在更大程度上确保其整个家居环境的舒适性，其最为主要的表现方面就是对于家居环境湿度和温度的有效监控和调节，通过实时控制能够在较大程度上保障整个家居环境中的温度和湿度都能够在较大程度上满足人们的基本需求，进而保障人们始终处于舒适的状态之下；再次，基于云计算的智能家居系统在提升人们生活便利性方面也具备着较为突出的作用，这种便利性的提升主要表现在对于家居系统中的一些智能化电器设备的远程操控上，通过物联网就可以把家居系统中的一些设备和手机或者是掌上 PC 等设备进行有效地共联，提升了控制的便捷性，加强了人们生活的便利，减少了生活中的一些麻烦；又次，基于云计算的智能家居系统还能够在较大的社区范围内提升其管理的水平和效率，尤其是对于整个社区内部的供电效率存在着较大的积极作用，比如当整个社区存在一定的供电紧张问题时，就可以根据每一个住户中智能家居系统所表现出来的用电状况和需求进行恰当的设计，优先保障一些急需用电的设备的建筑，避免因为电力中断造成较为严重的后果，这也是通过云计算来实现的；最后，云计算技术在智能家居系统中的应用价值还在较大程度上体现在其对于一些数据的收集和统计上，尤其是能够针对整个智能家居系统的使用状况进行综合的统计和分析，进而就可以发现其中存在的一些不足，并且还可以针对这些不足提出一些恰当的解决办法，最终针对其智能家居系统进行优化升级，提升其技术的发展和进步。

因此，基于云计算的智能家居系统在当今社会发展中所体现出来的优势越来越明显，尤其是在安全性、舒适性、便捷性以及经济性上更是具有巨大优势。在智能家居系统中，借助云计算，将各种技术与涉及生活领域中的各大体系联系起来，如营养学、心理学、医学，建立智能家居云感知数据库，实现家庭内部物的联网，这种基于云计算的智能化家居系统发展必然会为将来的家居系统进步提供源源不断的动力和发展潜力。

4.3.2.3 智能家居与智能建筑

智能建筑是传统产业和高科技产业融合的典型的例子，建筑智能化提高了人们的工作效率、提升了建筑适用性、降低了使用成本，已经成为现代建筑的发展趋势。

智能建筑和智能家居是现代建筑技术、通信技术、计算机技术、自动控制技术、图像显示技术、综合布线技术、系统集成技术及其他高新技术相结合的产物。如图4-3-3所示，其是将建筑艺术与室内设计艺术与计算机技术、通信技术、信息处理技术和自动控制技术优化组合后集成起来的空间设计，其目的在于使投资更加合理、业务处理与管理更方便、效率更高，更适应信息化社会的需要，使工作与生活环境更加舒适、安全。它的出现不仅为人们创造了感觉舒适、节省能源、高度安全的工作和生活环境，而且通过多元信息的传输、控制、处理与利用，其丰富的信息资源，完善、便捷的信息交换，给人们的生活和工作带来了很大的方便。

随着科学技术的进步和发展，智能家居正在不断地满足人类追求舒适、方便和安全的永恒生活目标，这些目标的逐步实现主要体现在组成家庭空间的各种物理设备（信息、家电和通信等设备）及其自动化、数字化、网络化和智能化技术的不断发展和应用。归纳一下，从功能上看，这些应用主要实现了家居生活的自动化（电气设备的自动控制和调节）和信息化（基于网络的信息获取和传输）；而从使用方式上看，这些应用都是以设备为中心，为了使设备更好地服务于用户，必要时需要用户的主动参与（通过手机或办公室电脑远程启动家里的空调或热水器）。

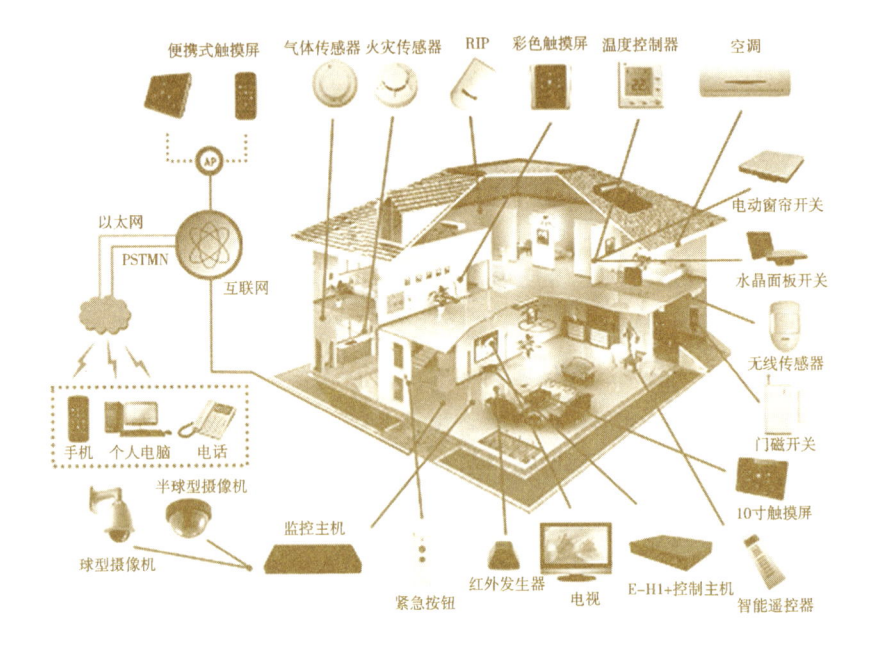

图4-3-3 智能家居与智能建筑架构图

住房和城乡建设部在《科技创新"十三五"专项规划》中明确提到推动智慧建筑技术发展，开展建筑智能传感及建筑结构自诊断等关键技术研发，建立健全建筑评估及系统性改造、工程全寿命期监测、检测、评估与维护的技术体系。由此可见，智能建筑和智能家居的开发与建设是21世纪科技发展的必然趋势。信息技术的大力普及和应用，加速了智能化建设的进程，更为建筑与家居智能化提供了可靠的技术保障，实施起来更加容易和简捷。由于智能建筑与家居系统具有安全、方便、高效、快捷、智能和个性化的独特魅力，因而具有非常广阔的市场前景，相信不久的将来就会在更多的开发建设项目中普及。

4.3.3　更加深入

可以预见，在未来的发展中，智能家居的发展除了更加智能、更加广泛，其自身的升级进化和深入改造也是势在必行。总结起来，有以下五个方向。

1. 向"一体化系统集成"方向深入发展

家居智能化需满足自动化管理、三表计量、安全防范监控、火灾报警、对讲呼叫、设备监控等六方面内容，把六项内容的智能化功能集成，从而降低成本，是智能家居未来发展的一个方向。

2. 向节能环保方向深入发展

智能化的本质之一是降低成本和提高效率，节能是降低成本的关键技术；环保是全球的要求，智能家居如何结合现有技术降低功耗、减少对家庭和小区的环境污染，提高生活环境的质量，这些也是其未来发展必须考虑的因素。

3. 向规范化、标准化方向深入发展

我国智能家居发展较晚，新技术、新产品层出不穷，标准和规范还在制定之中，产品的规范化、标准化方面仍存在着许多问题，考虑到和国际接轨的问题，规范化、标准化是智能家居快速发展、走入国际市场的必由之路。

4. 向个性化、定制化方向深入发展

追求个性化、定制化，也是智能家居在今后的发展过程中必须重点着墨的一个方面。智能家居在今后的研究当中，必须从居民的个体化需求来出发，不能单纯地开展一些简单的智能应用。人性化体现了"以人为本"的思想，是科学技术发展的目的和最终归宿。

因此，更加人性化也是智能家居未来发展的一个重要方向。此外，任何一个智能建筑，都不可能一模一样；每一个家庭，都有自己独特的风格。未来的家居智能化的应用，不可能出现一模一样的功能。所以，未来的智能家居系统的定制化服务，将会更加普遍化。一个有特点的智能家居、一个有别于其他家庭的智能住宅，将会出现在我们所有人的身边。